娃衣编织工坊

棒针钩针技法全图解

[韩] 孔恩京　郑荣京　崔贤真 / 著
林海淑 / 译

中国纺织出版社有限公司

原文书名：니트로 스타일링하는 사계절 인형옷
原作者名：공은경, 정영경, 최현진

著作权合同登记号：图字：01-2023-3693

图书在版编目（CIP）数据

娃衣编织工坊：棒针钩针技法全图解 /（韩）孔恩京，（韩）郑荣京，（韩）崔贤真著；林海淑译. -- 北京：中国纺织出版社有限公司，2025. 1. -- ISBN 978-7-5229-2130-3

Ⅰ. TS941.763-64

中国国家版本馆CIP数据核字第2024JP8237号

责任编辑：刘　茸　　特约编辑：赵佳茜
责任校对：王蕙莹　　责任印制：王艳丽

中国纺织出版社有限公司出版发行
地址：北京市朝阳区百子湾东里 A407 号楼　邮政编码：100124
销售电话：010—67004422　传真：010—87155801
http://www.c-textilep.com
中国纺织出版社天猫旗舰店
官方微博 http://weibo.com/2119887771
北京华联印刷有限公司印刷　各地新华书店经销
2025 年 1 月第 1 版第 1 次印刷
开本：787 × 1092　1/16　印张：15
字数：390 千字　定价：128.00 元

凡购本书，如有缺页、倒页、脱页，由本社图书营销中心调换

前言

本书以及本书中收录的娃衣，如果能为读者朋友们的日常带来一丝愉悦，那将是我最大的幸福。

为本书的出版给予我帮助的出版社编辑们，提供漂亮的玩偶以及准许我摄影的玩偶公司负责人，赞助毛线的 knitvillage，还有我的玩偶同好会伙伴们……在这里无法一一道谢，但请相信我对大家的这份无以言表的感激之情。

最后祝大家幸福！

✖ 孔恩京

继2年前出版的《毛衣，玩偶穿搭的完成》（니트로 완성하는 인형옷 스타일링），今年冬天我带着《娃衣编织工坊》和大家又见面了。上本书是为1/6尺寸大小的娃娃编写的，这一本是为了USD（身长25~33cm）和OB11(身长11cm）大小的球体关节娃娃编写的图书。

这一次我负责设计了刺绣帽衫外套和配件，还担任了插图设计。每当想到娃娃爱好者们在编织娃衣的时候可以有趣、轻松地享受快乐时光，我就有了努力工作的动力。

今年居家的时间变多了，自然会想着找些让自己心情愉悦的事情来做。编织应该算是其中之一吧，我就是因编织得到了慰藉。

真心希望遇见这本书的读者朋友们也幸福满满，少一些忧虑，多一些快乐来填满今年的记忆，也希望读者朋友们可以全身心体验娃衣编织的乐趣。

出版本书期间给予了我莫大支持的家人、共同著书的孔恩京老师、崔贤真老师还有工坊的学生、出版社负责人以及准许我摄影的娃娃作家们、赞助商负责人，还有可爱的读者朋友们，我在这里对各位表示深深的谢意。

✖ 郑荣京

仅仅 1 年前，我都不曾想过出书这件事。转眼间，署上我名字的书就这样捧在了手里。从决定出书到今天拿到书，回顾此过程我依旧觉得不可思议地歪着小脑瓜嘿嘿傻笑。

比起经验丰富的孔恩京老师，这是我的第一本书。起初真的是眼前一黑，压力很大。但是就在构思作品并一一实践的过程中我的压力消失了，心被新的挑战和欣喜填满。

翻开这本书的读者朋友中，有编织达人也会有编织小白，无论是谁我都希望大家在编织时是幸福的。我在设计娃衣时的愉悦，希望读者朋友们也能感受到。

细细的毛线通过双手诞生为美丽的小小新世界，这是多么让我们兴奋呀。

真心感谢无条件支持我的老公，在这里送上我的爱意和谢意。还有我坚实的后盾，家人们、朋友们，有你们真好。

感谢给予我这次出书机会的孔恩京老师和共同作者郑荣京老师，谢谢。

× 崔贤真

目录

第一章 编织前的准备

第二章 制作娃娃衣服

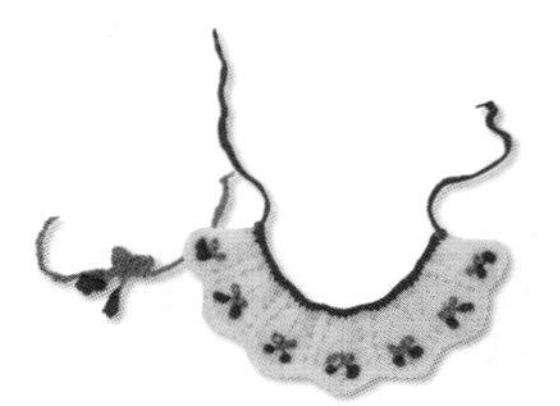

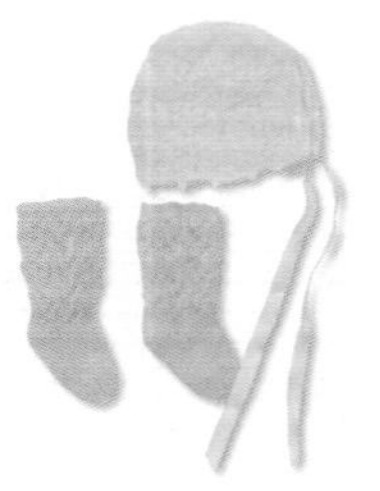

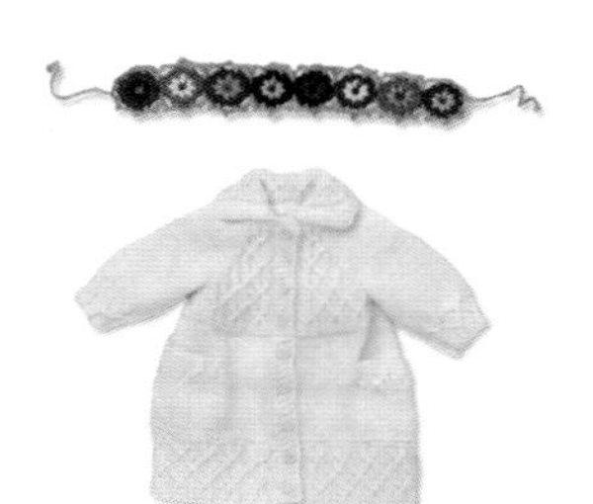

第三章 编织基础课程

作品图鉴

爱心围裙式连衣裙｜套头毛衣
樱桃迷你披肩和发绳

模特 * iMda Doll 3.0【Simonne】(左)

JerryBerry【petite berry】(右下)

打底连衣裙和丝袜：JJam

娃屋和橱柜：petit mini｜藤编篮子：gowoon_rattan

主要道具：夜莺的阁楼｜其他：作者收藏品

*注：【】中为娃娃型号。

星期系列运动装

模特 * Darak-i【miya】(左)
Doll Hwoo【Mashu】(右上)

娃屋：Petit mini | 柴犬玩偶：beni52
其他：作者收藏品

蕾丝开衫｜蕾丝波奈特帽子

模特 * iMda Doll 3.0【Gian】(左)

JerryBerry【petite berry】(右)

打底连衣裙和丝袜：JJam｜帽子：gowoon_rattan

娃屋：petit mini｜花盆涂鸦：夜莺的阁楼

其他：作者收藏品

Meadow Gold
SKIM MILK

露脐装和超短裤

模特 ✱ Diana Doll

娃屋和家具：Petit mini｜猫屋：gowoon_rattan｜摆件：夜莺的阁楼｜其他：作者收藏品

蕾丝礼服和披肩

模特 * iMda doll 3.0【Modigli】(左) & Doll Hwoo【Sleeping T-ya】(右)

娃屋和衣橱：petit mini | 藤编椅子、包包和帽子：gowoon_rattan | 其他：作者收藏品

蕾丝波奈特帽子和袜子

模特 * Diana Doll

连衣裙：JJam | 娃屋：Petit mini

费尔岛花样马甲｜简约高领套头衫
青果领阿兰花样坎肩和贝雷帽
套头毛衣｜樱桃发绳

模特 * Diana Doll（左 & 中间）
JerryBerry【petite berry】(右下)
JerryBerry【petite cozy】(右上)
TTYA【Sori】(右中)

衬衫：Nine9Style｜裤子 by TTYA｜裙子：Nine9Style

娃屋和书柜：Petit mini｜主要摆件：夜莺的阁楼

其他：作者收藏品

The House At
Pooh Corner

小熊连帽开衫
流苏斗篷和荷叶边波奈特帽子｜恐龙连帽外套

模特 ✱ JerryBerry【petite berry】(右 1)

JerryBerry【petite cozy】(左 & 右 2、3)

娃屋、迷你推车、南瓜：Petit mini

藤编篮子：gowoon_rattan｜摆件制作及涂鸦：夜莺的阁楼

其他：作者收藏品

刺绣连帽外套｜结编花样外套
复古发带｜流苏斗篷和荷叶边波奈特帽子｜贝雷帽｜泡泡手腕包

模特 ✦ iMda Doll 3.0【Simonne】(右) & iMda Doll 3.0【Angelique】(左)
JerryBerry【petite berry】(右下)

服装和打底裤：JJam｜娃屋和雪橇：Petit mini｜主要摆件：夜莺的阁楼｜其他：作者收藏品

圣诞图案马甲和帽子

模特 ✱ JerryBerry【petite berry】(左)

JerryBerry【petite cozy】(右)

娃屋和壁炉：Petit mini |

主要摆件：夜莺的阁楼 | 其他：作者收藏品

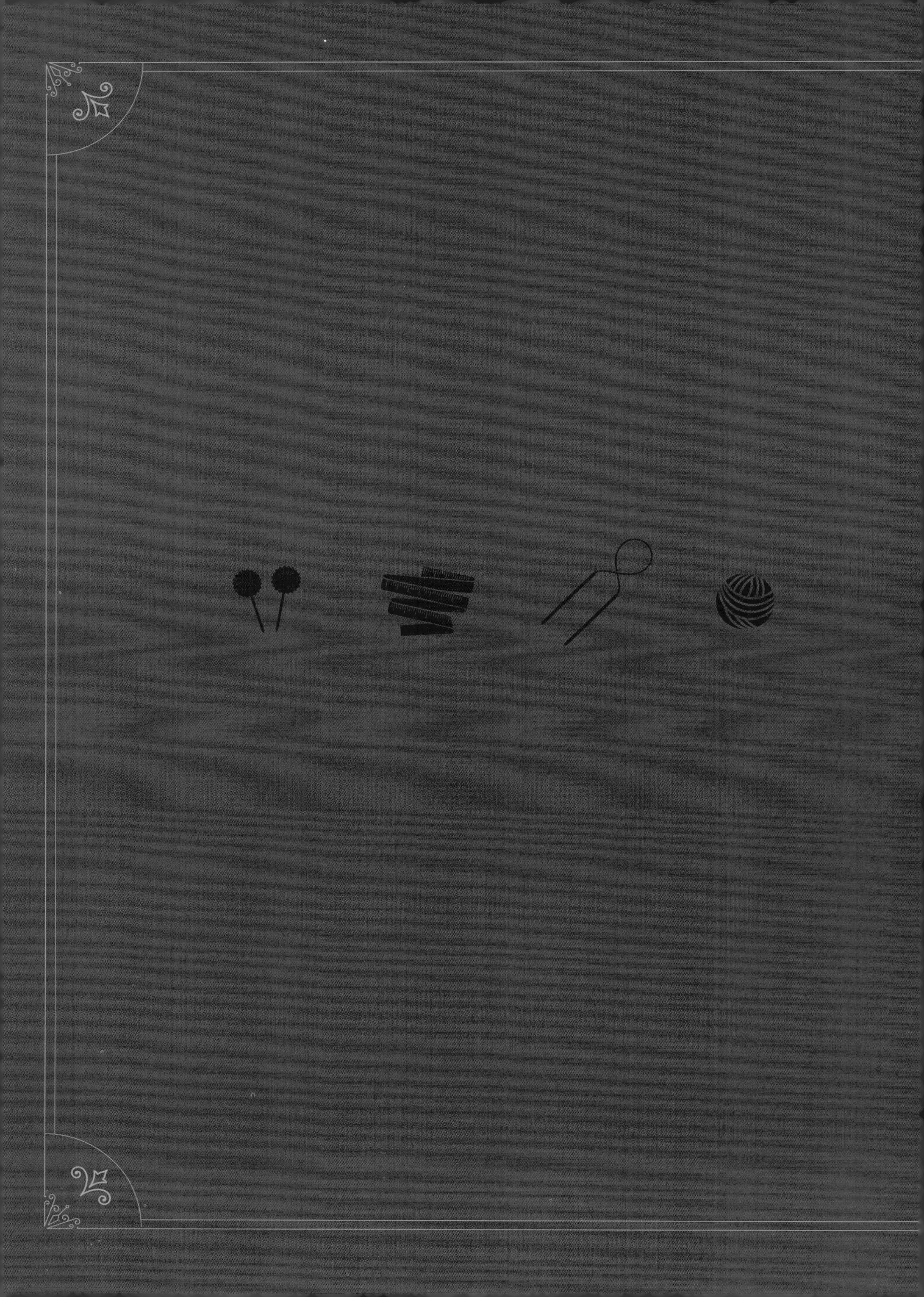

第一章

编织前的准备

手工编织娃娃衣服

编织说明

1. 这款娃衣适合我的娃娃吗?

手工编织的娃衣具有很好的伸缩性，所以适用于大小相仿的娃娃。但即便娃娃的大小相近，由于身形各异，本书中收录的娃衣作品也有可能不合体。请参考每款娃衣相关的娃娃说明。

2. 请务必编织密度样片

由于使用的线材和针号以及编织习惯不同，娃衣尺码会出现很大差异。因此请务必测量密度后再开始编织。方法如下:

(1) 按提示准备毛线和针号。(无须考虑品牌)
(2) 尽可能将样片织的大一点。(15cm × 15cm 左右)
(3) 使用蒸汽熨斗轻轻熨烫织物，使用密度尺测量 10cm × 10cm 尺寸内的针数和行数判断密度。
(4) 比对自己测量的密度和书中密度后，判断是否需要更换线材或针号，以及是否需要调整针数或行数。

3. 测量尺寸的方法

本书中介绍的娃衣和配件都标注了大小(尺码)。不是娃娃的尺寸，而是娃衣和配件的尺码。测量方法如下:

衣长 从上至下测量衣服的部分。

胸围 袖窿处开始测量绕胸部上方位置一圈。

袖长 测量从肩膀处袖子开始的地方到袖口。由上至下编织时，领围下方就是袖子的起始位置。

帽围 测量除帽檐外的最宽的部分。

4. 线材采购

娃衣主要使用细线。本书中采用了 Lang 公司的各类毛线以及 Reinforcement、Schachenmayr 公司的 Regia 2 股线(2ply)等。可通过网店、拼布店、法绣店进行购买。

5. 编织娃衣的主要线材和针

线股	线粗细标识	主要针号
1 股线(1ply)	极细线：蕾丝(lace)	0.7~1.5mm
2 股线(2ply)	极细线：蕾丝(lace)	1.0~1.75mm
3 股线(3ply)	极细线：蕾丝(lace)	1.5~2.25mm

工具和材料

环形针 棒针一般分为环形针和直棒针。编织娃衣通常使用40~60cm长，1.0~2.5mm粗细的针。

直棒针 如图中所示的双头针称为双头棒针。

蕾丝钩针 钩针分蕾丝钩针和常规钩针两类。用于挑起脱落的针数或起针。

缝衣针 缝纽扣或者装饰物时使用。

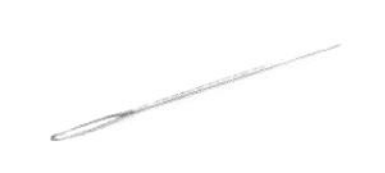

毛线缝针 用于缝合织物和整理线头。小号缝针更便于使用。

珠针 用珠针固定织物后进行熨烫十分方便。缝合或连接织物时也会使用。

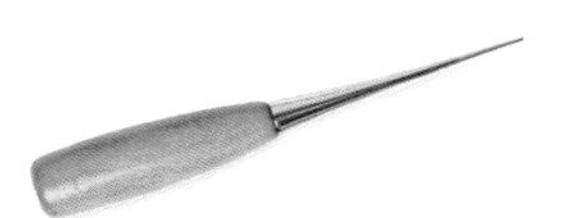

锥子 确认扣眼或穿绳时使用。

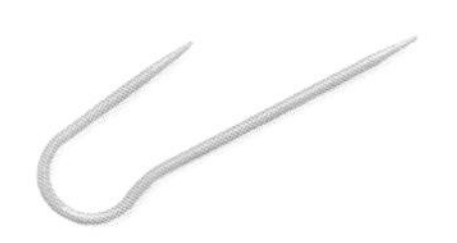

麻花针 编织交叉针（麻花花样）时使用。也可以用于编织短款手套。

迷你剪刀 主要用于剪线头。

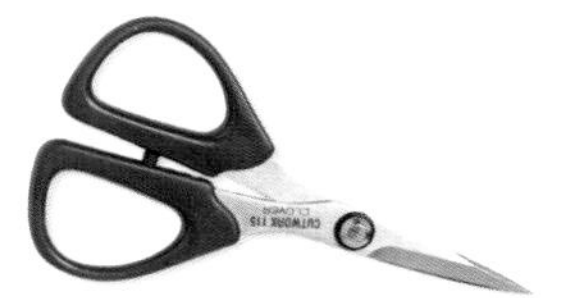

剪刀 为了防止剪到织物请使用尖头剪刀。

毛线和缝衣线 主要使用2~3股粗细的蕾丝线和马海毛线。缝纽扣的缝衣线也要准备。

棒针针号测量尺 将棒针插入测量尺的洞中确认棒针粗细。最小能够测量1.0mm直径的测量尺为最佳。

迷你制球器 用于制作小毛球。

计数器 用于记录织物的行数。

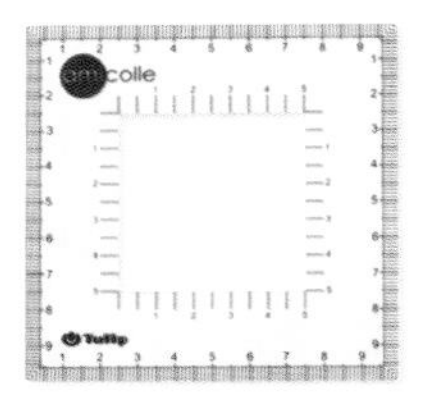

密度测量尺 用于测量织物的行数和针数。

卷尺 用于测量玩偶和织物的尺寸。

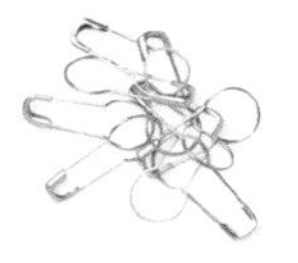

记号扣 用于区分图案或标记衣身和袖子。

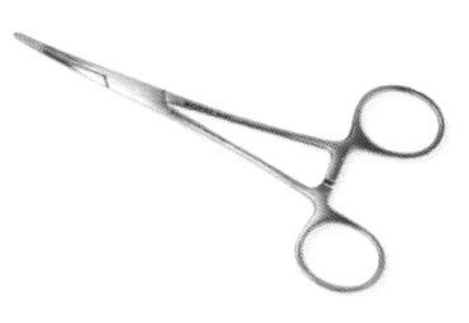

镊子 用于翻转织物或扩大扣眼。

读图方法

编织方法图与编织符号图

❶ 表示起针针数（33 针）和宽度（4.5cm）。

❷ 表示编织的方向。花样展示图为正面，因此编织时正面编织行按编织图编织，反面编织行则按相反符号编织。例如，反面行的编织符号标记为下针，那么实际编织时编织上针。

❸ 表示下摆的长度（0.5cm）和行数（3 行）。

❹ 表示袖窿减针前的长度（1.4cm）和行数（11 行）。

❺ 表示袖窿到肩部的长度（2.1cm）和行数（17 行）。

❻，❻ 表示肩部的针数（6 针）。

❼ 表示使用的编织方法和符号。

❽ 马甲首先织右肩，接下来换新线完成左肩。这时在开始处（左肩）标记“换新线”。

- 部分编织图较大印于两个页面，重叠处用红线做了标记，将两页纸上的红线裁开拼接在一起便是原图。

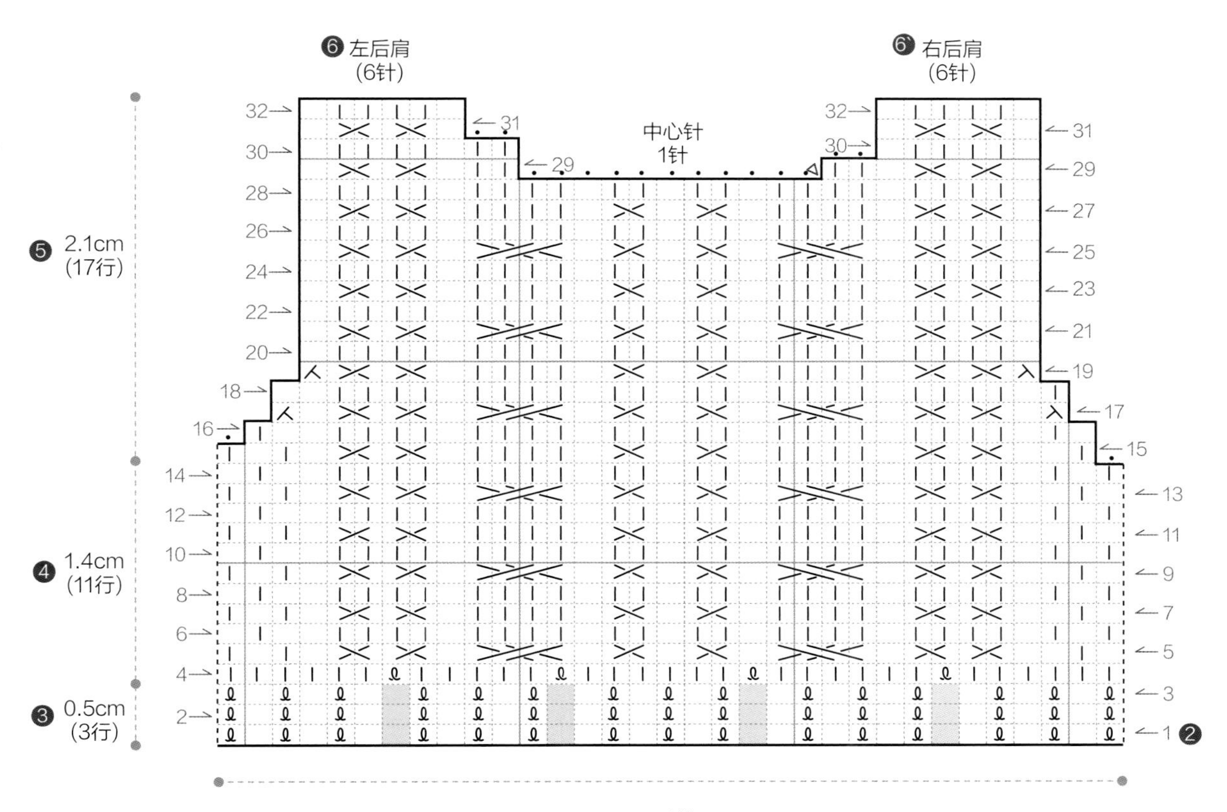

❼ 下针

= 上针

下针左上2针并1针

下针右上2针并1针

收针

下针向左扭加针

下针扭针

无针

左上1针交叉

右上1针交叉

左上2针交叉

右上2针交叉

❽ ◁ 换新线

平面图

第29页的平面图是俯视状态，使用从领口开始向下编织的技法。首先从领口织到袖窿处，接下来分开衣身和袖子后，连接前后片编织。(可以理解为从上向下中间切开的圆筒形。) 即平面图将衣身各个部位铺开展示，实际编织时要同步进行编织。袖子在袖窿处重新挑针圈织。

❶ 表示领口起针。起针针数为33针。

❷ 表示领口高度(0.5cm)和行数(3行)。

❸ 表示编织方向的箭头，从领口向下进行编织。

❹ 表示育克的高度(1.4cm)和行数(11行)。

❺ 育克完成后，进行衣身和袖子的分针并卷针加针。平面图表示卷针加1针(前片1针+后片1针=共2针)。

❻ 表示衣身袖窿处到下摆前的长度(1.8cm)和行数(14行)。

❼ 表示下摆的长度(0.5cm)和行数(3行)。

❽ 表示衣身的宽(9cm)和总针数(57针)。

❾ 表示扣眼行，在第1、11、21、31行留出扣眼。

❿ 表示袖窿到袖口前的长度(2cm)和行数(15行)。

⓫ 表示袖口长度(0.5cm)和行数(3行)。

⓬ 表示袖口宽(2.8cm)和总针数(16针)。

⓭ 表示每个编织部分的名称和编织方法以及针号。

⓮ 表示下摆的编织方法和针号。

⓯ 表示前襟的针数(5针)。

- 图中“1行平”，“2行平”等用语表示“按1(2)行的编织图进行编织”。例如：标有平针的图中，若下一行编织下针时提示“2行平”，那么表示织“下针1行，上针1行”，一共编织2行。

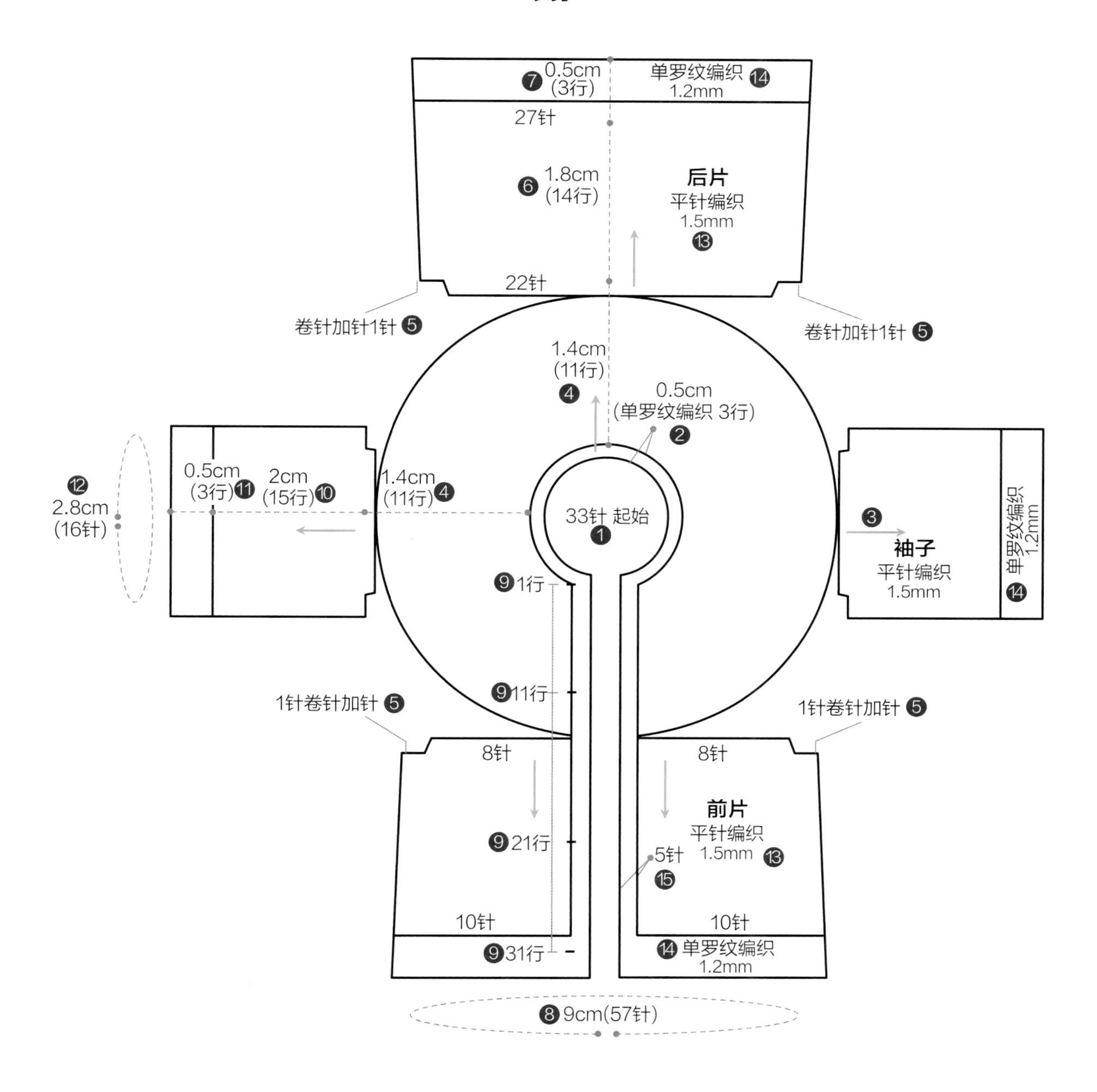
衣身
0.5cm
(3行)
单罗纹编织
1.2mm
27针
1.8cm
(14行)
后片
平针编织
1.5mm
22针
卷针加针1针
卷针加针1针
1.4cm
(11行)
0.5cm
(单罗纹编织 3行)
2.8cm
(16针)
0.5cm
(3行)
2cm
(15行)
1.4cm
(11行)
33针 起始
袖子
平针编织
1.5mm
单罗纹编织
1.2mm
1行
11行
1针卷针加针
1针卷针加针
8针
8针
前片
平针编织
1.5mm
21行
5针
10针
10针
31行
单罗纹编织
1.2mm
9cm(57针)

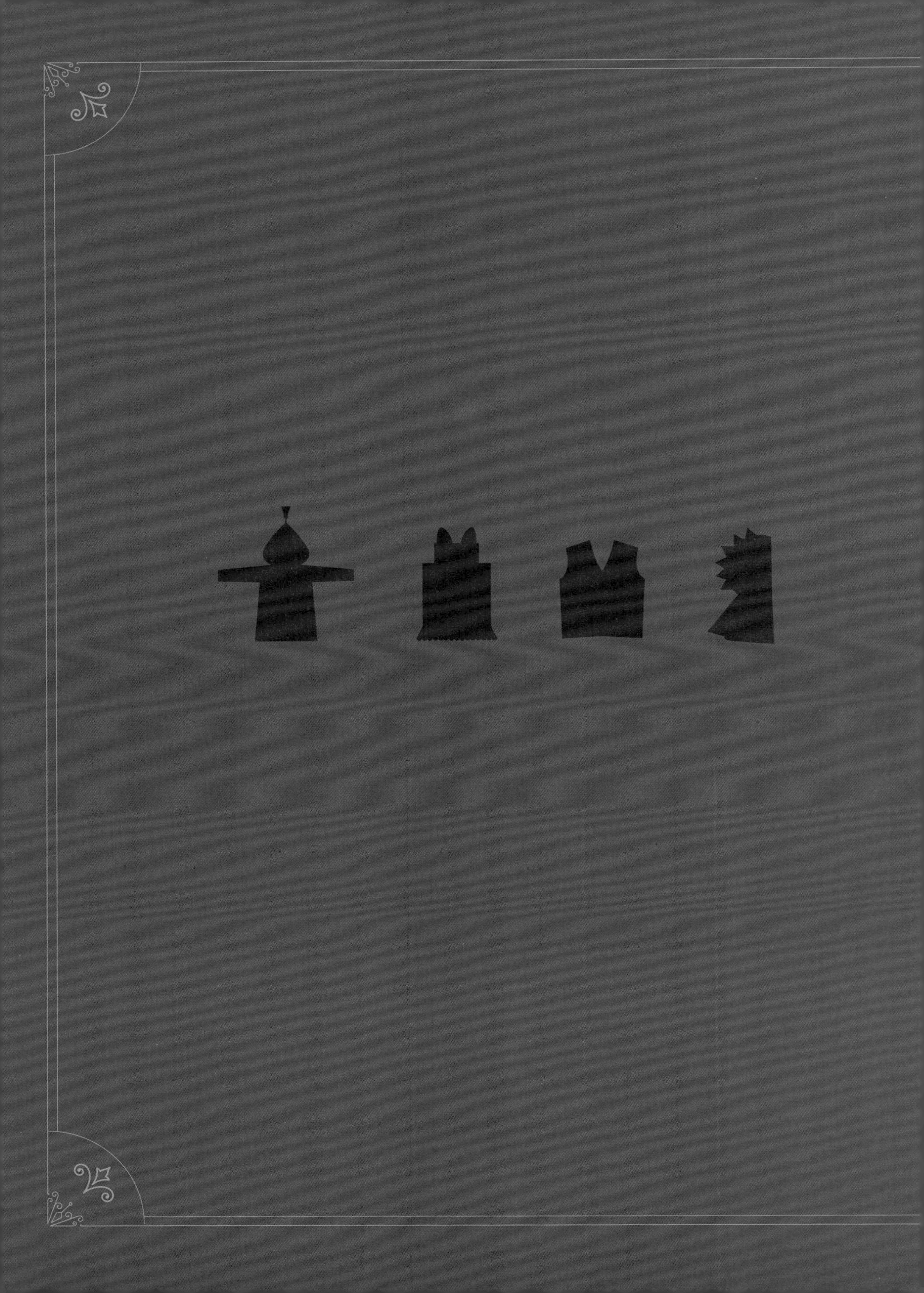

第二章

制作娃娃衣服

手工编织娃娃衣服

星期系列运动装

一身漂亮的运动装，更会让你对运动跃跃欲试吧？
这次介绍的运动服选用了明亮的色彩和星期主题，在衣服背面用提花编织字母。
图片仅展示粉色周日套服，
大家可以根据自己的喜好选择运动服的颜色以及日期。

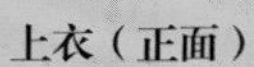

上衣（正面）

上衣（背面）

裤子

模特 Darak-i【miya】

适用尺寸 Diana Doll，身高 31~33cm 娃娃

尺寸

上衣：胸围 18.6cm，衣长 11.2cm，袖长 11.2cm

裤子：腰围 14.6cm，臀围 16.5cm，裤长 15.7cm，裤腿围 9.3cm

使用线材 LANG Jawoll 粉色（0190），白色（0001），其他浅色线若干

可替代线材 3 股线（3ply）

针 直棒针 · 1.5mm（4 根），1.75mm（4 根）| 常规钩针 · 0 号

其他工具 拉链、剪刀、毛线缝针、记号扣、缝衣线、缝衣针、珠针

编织密度 上衣和裤子均为平针编织 45 针 × 57 行 = 10cm × 10cm

制作方法

上衣

难易程度★★★★☆

- 由上至下的编织方法。别线锁针起针，从锁针的里山挑针编织衣身。
- 领口罗纹拆除别线后编织。
- 条纹处用白色线提花编织。

A 衣身

起针	使用常规钩针0号和其他浅色线（该线材后期会拆除，以下称“别线”）钩出锁针55针。之后使用粉色线和1.75mm直棒针，在锁针的里山处挑起55针。
第1行	粉色下针。
第2行	（粉）下针滑针1针，下针1针，上针1针，下针5针，下针右加针1针，下针2针，下针左加针1针，下针1针，（白）下针2针，（粉）下针2针，（白）下针2针，（粉）下针1针，下针右加针1针，下针2针，下针左加针1针，下针15针，下针右加针1针，下针2针，下针左加针1针，下针1针，（白）下针2针，（粉）下针2针，（白）下针2针，（粉）下针1针，下针右加针1针，下针2针，下针左加针1针，下针5针，上针1针，下针2针/共63针。
第3行	（粉）上针滑针1针，上针1针，下针1针，上针10针，（白）上针2针，（粉）上针2针，（白）上针2针，（粉）上针25针，（白）上针2针，（粉）上针2针，（白）上针2针，（粉）上针10针，下针1针，上针2针。
第4行	（粉）下针滑针1针，下针1针，上针1针，下针6针，下针右加针1针，下针2针，下针左加针1针，下针2针，（白）下针2针，（粉）下针2针，（白）下针2针，（粉）下针2针，下针右加针1针，下针2针，下针左加针1针，下针17针，下针右加针1针，下针2针，下针左加针1针，下针2针，（白）下针2针，（粉）下针2针，（白）下针2针，（粉）下针2针，下针右加针1针，下针2针，下针左加针1针，下针6针，上针1针，下针2针/共71针。
第5行	（粉）上针滑针1针，上针1针，下针1针，接下来维持条纹的配色用粉色线编织上针直到剩余3针，下针1针，上针2针。接下来至第11行每个单数行都相同。
第6行	（粉）下针滑针1针，下针1针，上针1针，下针7针，下针右加针1针，下针2针，下针左加针1针，下针3针，（白）下针2针，（粉）下针2针，（白）下针2针，（粉）下针3针，下针右加针1针，下针2针，下针左加针1针，下针19针，下针右加针1针，下针2针，下针左加针1针，下针3针，（白）下针2针，（粉）下针2针，（白）下针2针，（粉）下针3针，下针右加针1针，下针2针，下针左加针1针，下针7针，上针1针，下针2针/共79针。
第8行	（粉）下针滑针1针，下针1针，上针1针，下针8针，下针右加针1针，下针2针，下针左加针1针，下针4针，（白）下针2针，（粉）下针2针，（白）下针2针，（粉）下针4针，下针右加针1针，下针2针，下针左加针1针，下针21针，下针右加针1针，下针2针，下针左加针1针，下针4针，（白）下针2针，（粉）下针2针，（白）下针2针，（粉）下针4针，下针右加针1针，下针2针，下针左加针1针，下针8针，上针1针，下针2针/共87针。
第10行	（粉）下针滑针1针，下针1针，上针1针，下针9针，下针右加针1针，下针2针，下针左加针1针，下针5针，（白）下针2针，（粉）下针2针，（白）下针2针，（粉）下针5针，下针右加针1针，下针2针，下针左加针1针，下针23针，下针右加针1针，下针2针，下针左加针1针，下针5针，（白）下针2针，（粉）下针2针，（白）下针2针，（粉）下针5针，下针右加针1针，下针2针，下针左加针1针，下针9针，上针1针，下针2针/共95针。
第12行	（粉）下针滑针1针，下针1针，上针1针，下针10针，下针右加针1针，下针2针，下针左加针1针，下针6针，（白）下针2针，（粉）下针2针，（白）下针2针，（粉）下针6针，下针右加针1针，下针2针，下针左加针1针，下针25针，下针右加针1针，下针2针，下针左加针1针，下针6针，（白）下针2针，（粉）下针2针，（白）下针2针，（粉）下针6针，下针右加针1针，下针2针，下针左加针1针，下针10针，上针1针，下针2针/共103针。

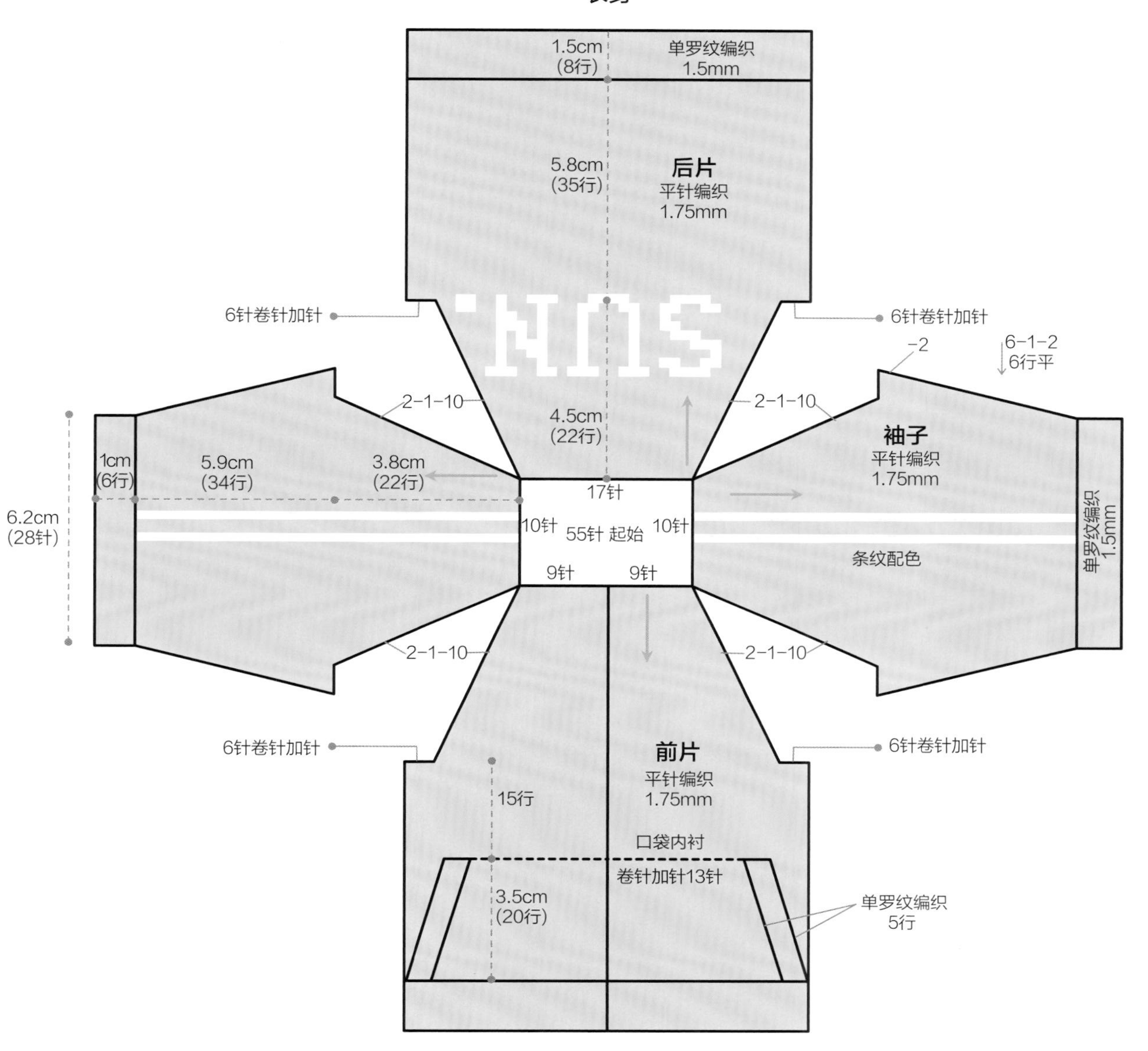

（上接第36页）

第20行	（粉）下针滑针1针，下针1针，上针1针，下针14针，下针右加针1针，下针2针，下针左加针1针，下针10针，（白）下针2针，（粉）下针2针，（白）下针2针，（粉）下针10针，下针右加针1针，下针2针，下针左加针1针，下针4针，（白）下针2针，（粉）下针2针，（白）下针2针，（粉）下针2针，（白）下针2针，（粉）下针2针，（白）下针2针，（粉）下针3针，（白）下针1针，（粉）下针3针，（白）下针1针，（粉）下针2针，（白）下针2针，（粉）下针3针，下针右加针1针，下针2针，下针左加针1针，下针10针，（白）下针2针，（粉）下针2针，（白）下针2针，（粉）下针10针，下针右加针1针，下针2针，下针左加针1针，下针14针，上针1针，下针2针/共135针。
第21行	（粉）上针滑针1针，上针1针，下针1针，上针28针，（白）上针2针，（粉）上针2针，（白）上针2针，（粉）上针17针，（白）上针2针，（粉）上针2针，（白）上针1针，（粉）上针2针，（白）上针3针，（粉）上针3针，（白）上针4针，（粉）上针4针，（白）上针4针，（粉）上针19针，（白）上针2针，（粉）上针2针，（白）上针2针，（粉）上针28针，下针1针，上针2针。

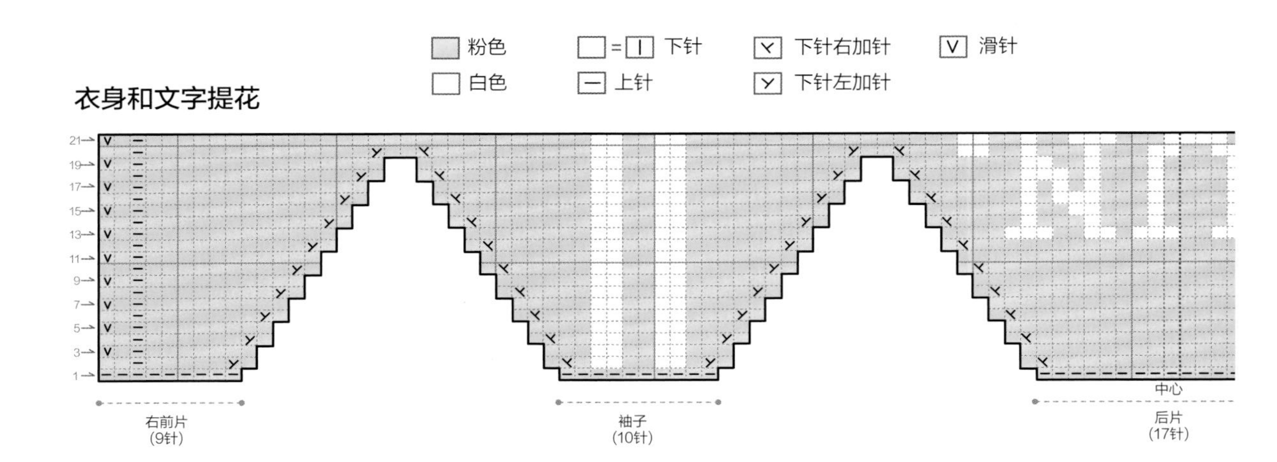

B 后片文字提花

第13行	(粉)上针滑针1针, 上针1针, 下针1针, 上针20针, (白)上针2针, (粉)上针2针, (白)上针2针, (粉)上针12针, (白)上针3针, (粉)上针2针, (白)上针2针, (粉)上针1针, (白)上针3针, (粉)上针2针, (白)上针3针, (粉)上针2针, (白)上针4针, (粉)上针11针, (白)上针2针, (粉)上针2针, (白)上针2针, (粉)上针20针, 下针1针, 上针2针。
第14行	(粉)下针滑针1针, 下针1针, 上针1针, 下针11针, 下针右加针1针, 下针2针, 下针左加针1针, 下针7针, (白)下针2针, (粉)下针2针, (白)下针2针, (粉)下针7针, 下针右加针1针, 下针2针, 下针左加针1针, 下针1针, (白)下针2针, (粉)下针2针, (白)下针2针, (粉)下针2针, (白)下针1针, (粉)下针4针, (白)下针1针, (粉)下针3针, (白)下针1针, (粉)下针3针, (白)下针1针, (粉)下针4针, 下针右加针1针, 下针2针, 下针左加针1针, 下针7针, (白)下针2针, (粉)下针2针, (白)下针2针, (粉)下针7针, 下针右加针1针, 下针2针, 下针左加针1针, 下针11针, 上针1针, 下针2针/共111针。
第15行	(粉)上针滑针1针, 上针1针, 下针1针, 上针22针, (白)上针2针, (粉)上针2针, (白)上针2针, (粉)上针15针, (白)上针1针, (粉)上针2针, (白)上针2针, (粉)上针3针, (白)上针1针, (粉)上针4针, (白)上针1针, (粉)上针7针, (白)上针1针, (粉)上针12针, (白)上针2针, (粉)上针2针, (白)上针2针, (粉)上针22针, 下针1针, 上针2针。
第16行	(粉)下针滑针1针, 下针1针, 上针1针, 下针12针, 下针右加针1针, 下针2针, 下针左加针1针, 下针8针, (白)下针2针, (粉)下针2针, (白)下针2针, (粉)下针8针, 下针右加针1针, 下针2针, 下针左加针1针, 下针2针, (白)下针3针, (粉)下针5针, (白)下针1针, (粉)下针4针, (白)下针1针, (粉)下针3针, (白)下针3针, (粉)下针1针, (白)下针1针, (粉)下针5针, 下针右加针1针, 下针2针, 下针左加针1针, 下针8针, (白)下针2针, (粉)下针2针, (白)下针2针, (粉)下针8针, 下针右加针1针, 下针2针, 下针左加针1针, 下针12针, 上针1针, 下针2针/共119针。
第17行	(粉)上针滑针1针, 上针1针, 下针1针, 上针24针, (白)上针2针, (粉)上针2针, (白)上针2针, (粉)上针17针, (白)上针1针, (粉)上针1针, (白)上针1针, (粉)上针1针, (白)上针1针, (粉)上针3针, (白)上针1针, (粉)上针4针, (白)上针1针, (粉)上针3针, (白)上针3针, (粉)上针16针, (白)上针2针, (粉)上针2针, (白)上针2针, (粉)上针24针, 下针1针, 上针2针。
第18行	(粉)下针滑针1针, 下针1针, 上针1针, 下针13针, 下针右加针1针, 下针2针, 下针左加针1针, 下针9针, (白)下针2针, (粉)下针2针, (白)下针2针, (粉)下针9针, 下针右加针1针, 下针2针, 下针左加针1针, 下针7针, (白)下针2针, (粉)下针2针, (白)下针1针, (粉)下针4针, (白)下针1针, (粉)下针3针, (白)下针1针, (粉)下针1针, (白)下针3针, (粉)下针6针, 下针右加针1针, 下针2针, 下针左加针1针, 下针9针, (白)下针2针, (粉)下针2针, (白)下针2针, (粉)下针9针, 下针右加针1针, 下针2针, 下针左加针1针, 下针13针, 上针1针, 下针2针/共127针。
第19行	(粉)上针滑针1针, 上针1针, 下针1针, 上针26针, (白)上针2针, (粉)上针2针, (白)上针2针, (粉)上针19针, (白)上针2针, (粉)上针2针, (白)上针1针, (粉)上针3针, (白)上针1针, (粉)上针4针, (白)上针1针, (粉)上针2针, (白)上针1针, (粉)上针21针, (白)上针2针, (粉)上针2针, (白)上针2针, (粉)上针26针, 下针1针, 上针2针。

(下转第35页)

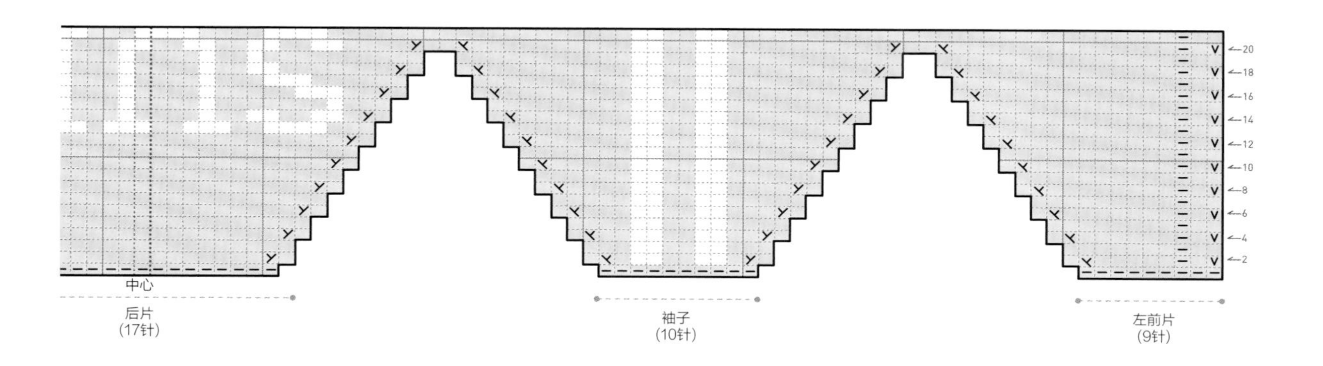

C 衣身和袖子分片编织的部分

剪断后片文字提花用的白色线，用粉色线编织所有针。

第22行	下针滑针1针，下针1针，上针1针，下针16针，织袖子用的30针挂在别线后，卷针加针6针，下针37针，织袖子用的30针挂在别线后，卷针加针6针，下针16针，上针1针，下针2针。
第23行	上针滑针1针，上针1针，下针1针，上针15针，上针左上2针并1针，上针4针，上针左上2针并1针，上针35针，上针左上2针并1针，上针4针，上针左上2针并1针，上针15针，下针1针，上针2针/共83针。
第24行	下针滑针1针，下针1针，上针1针，下针织到剩余3针，上针1针，下针2针
第25行	上针滑针1针，上针1针，下针1针，上针织到剩余3针，下针1针，上针2针。
第26~33行	重复编织第24、25行4次。
第34行	下针滑针1针，下针1针，上针1针，（下针5针，下针左上2针并1针，下针4针）×7，上针1针，下针2针/共76针。
第35行	上针滑针1针，上针1针，下针1针，上针织到剩余3针，下针1针，上针2针。
第36行	下针滑针1针，下针1针，上针1针，下针织到剩余3针，上针1针，下针2针。

分别编织口袋内衬和外片。

D 右侧口袋的外片

第37行	上针滑针1针，上针1针，下针1针，上针13针，剩余针不织直接翻转织物/共16针。
第38行	下针13针，上针1针，下针2针。
第39行	上针滑针1针，上针1针，下针1针，上针13针。
第40行	下针1针，下针左加针1针，下针12针，上针1针，下针2针/共17针。
第41行	上针滑针1针，上针1针，下针1针，上针14针。
第42行	下针14针，上针1针，下针2针。
第43行	上针滑针1针，上针1针，下针1针，上针13针，上针右加针1针，上针1针/共18针。
第44行	下针15针，上针1针，下针2针。
第45行	上针滑针1针，上针1针，下针1针，上针15针。
第46行	下针1针，下针左加针1针，下针14针，上针1针，下针2针/共19针。
第47行	上针滑针1针，上针1针，下针1针，上针16针。
第48行	下针16针，上针1针，下针2针。
第49行	上针滑针1针，上针1针，下针1针，上针15针，上针右加针1针，上针1针/共20针。
第50行	下针17针，上针1针，下针2针。
第51行	上针滑针1针，上针1针，下针1针，上针17针。
第52行	下针1针，下针左加针1针，下针16针，上针1针，下针2针/共21针。
第53行	上针滑针1针，上针1针，下针1针，上针18针。
第54行	下针18针，上针1针，下针2针。
第55行	上针滑针1针，上针1针，下针1针，上针18针，断线后将线圈移到另一根棒针上。

E 衣身中间部分和口袋内衬

从反面开始编织。

第37行	卷针加针13针，上针44针，剩余针数不织/共57针。
第38行	卷针加针13针，下针57针/共70针。
第39行	上针。
第40~43行	下针开始平针编织4行。
第44行	下针17针，（下针3针，下针右加针1针，下针3针）×6，下针17针/共76针。
第45~49行	上针开始平针编织5行。
第50行	下针17针，（下针3针，下针右加针1针，下针3针）×7，下针17针/共83针。
第51~55行	上针开始平针编织5行后断线并将线圈移到另一根棒针上。

F 左侧口袋外片

从反面换新线，开始编织剩余针。

第37行	上针13针，下针1针，上针2针/共16针。
第38行	下针滑针1针，下针1针，上针1针，下针13针。
第39行	上针13针，下针1针，上针2针。
第40行	下针滑针1针，下针1针，上针1针，下针12针，下针右加针1针，下针1针/共17针。
第41行	上针14针，下针1针，上针2针。
第42行	下针滑针1针，下针1针，上针1针，下针14针。
第43行	上针1针，上针左加针1针，上针13针，下针1针，上针2针/共18针。
第44行	下针滑针1针，下针1针，上针1针，下针15针。
第45行	上针15针，下针1针，上针2针。
第46行	下针滑针1针，下针1针，上针1针，下针14针，下针右加针1针，下针1针/共19针。
第47行	上针16针，下针1针，上针2针。
第48行	下针滑针1针，下针1针，上针1针，下针16针。
第49行	上针1针，上针左加针1针，上针15针，下针1针，上针2针/共20针。
第50行	下针滑针1针，下针1针，上针1针，下针17针。
第51行	上针17针，下针1针，上针2针。
第52行	下针滑针1针，下针1针，上针1针，下针16针，下针右加针1针，下针1针/共21针。
第53行	上针18针，下针1针，上针2针。
第54行	下针滑针1针，下针1针，上针1针，下针18针。
第55行	上针18针，下针1针，上针2针。

G 连接口袋的内衬和外片

将口袋的内衬正面朝上放在下面，外片放在上面。接下来，将口袋的外片和内片重叠的部分进行并针编织。

第56行	下针滑针1针，下针1针，上针1针，下针左上2针并1针18次，下针47针，下针左上2针并1针18次，上针1针，下针2针/共89针。
第57行	更换1.5mm棒针，上针滑针1针，上针1针，下针编织到剩余2针，上针2针，前襟第1针滑针，扭针编织单罗纹。
第58行	下针滑针1针，下针1针，（上针1针，下针扭针1针）重复编织到剩余3针，上针1针，下针2针。
第59行	上针滑针1针，上针1针，（下针1针，上针扭针1针）重复编织到剩余3针，下针1针，上针2针。
第60~65行	重复编织第58~59行3次。接下来断线穿入毛线缝针，进行单罗纹收针。

H 口袋外片斜边罗纹

使用1.5mm棒针在织物的正面口袋斜线处挑起21针。参考第209页“竖向挑针”。

第1行（反面）	下针/共21针。
第2行（正面）	下针1针，（下针扭针1针，上针1针）重复编织到剩余2针，下针扭针1针，下针1针。
第3行	上针1针，（上针扭针1针，下针1针）重复编织到剩余2针，上针扭针1针，上针1针。
第4行	下针1针，（下针扭针1针，上针1针）重复编织到剩余2针，下针扭针1针，下针1针。
第5行	上针1针，（上针扭针1针，下针1针）重复编织到剩余2针，上针扭针1针，上针1针。

断线后穿入毛线缝针，进行单罗纹收针。

I 领口罗纹边

挑针	使用1.75mm棒针，拆除别线的同时挑起55针。
第1行（正面）	下针滑针1针，下针1针，（上针1针，下针扭针1针）重复编织到剩余3针，上针1针，下针2针。
第2行	上针滑针1针，上针1针，（下针1针，上针扭针1针）重复编织到剩余3针，下针1针，上针2针。
第3~12行	重复编织第1、2行5次。

断线穿入毛线缝针，进行单罗纹收针。

J 袖子

1 圈织袖子。将挂在别线上的30针移至1.75mm的2根棒针上，各编织15针。

2 用第3根棒针，在第2根棒针和衣身处的卷针加针之间挑1针，每个卷针加针处都挑针，在第1根棒针和卷针加针之间挑1针（15+15+8=38针）。

3 延续从衣身部分向下编织时的白色条纹配色进行圈织。

第1行	下针29针，第2根棒针的最后1针和第3根棒针的第1针并针，下针6针，第3根棒针的最后1针和第1根棒针的第1针并针/共36针。
第2~6行	下针。
第7行	下针28针，下针右上2针并1针，下针2针，下针右上2针并1针，下针2针/共34针。
第8~12行	下针。
第13行	下针28针，下针右上2针并1针，下针2针，下针右上2针并1针/共32针。
第14~33行	下针。

K 袖口边

第34行	将条纹配色用的白色线断线后，使用粉色线和**1.5mm棒针**编织（上针3针，上针左上2针并1针，上针3针）× 4/共28针。
第35~40行	（下针扭针1针，上针1针）× 6。

断线后穿入毛线缝针，进行单罗纹收针。

L 收尾

1 在反面整理线头后熨烫。

2 在衣身前片的反面，将每个口袋内衬的上方和侧面（拉链方向）锁缝。

3 将拉链对齐前襟用珠针固定后，用回针缝在前襟正面1针上针的位置进行缝合。

星期系列文字提花

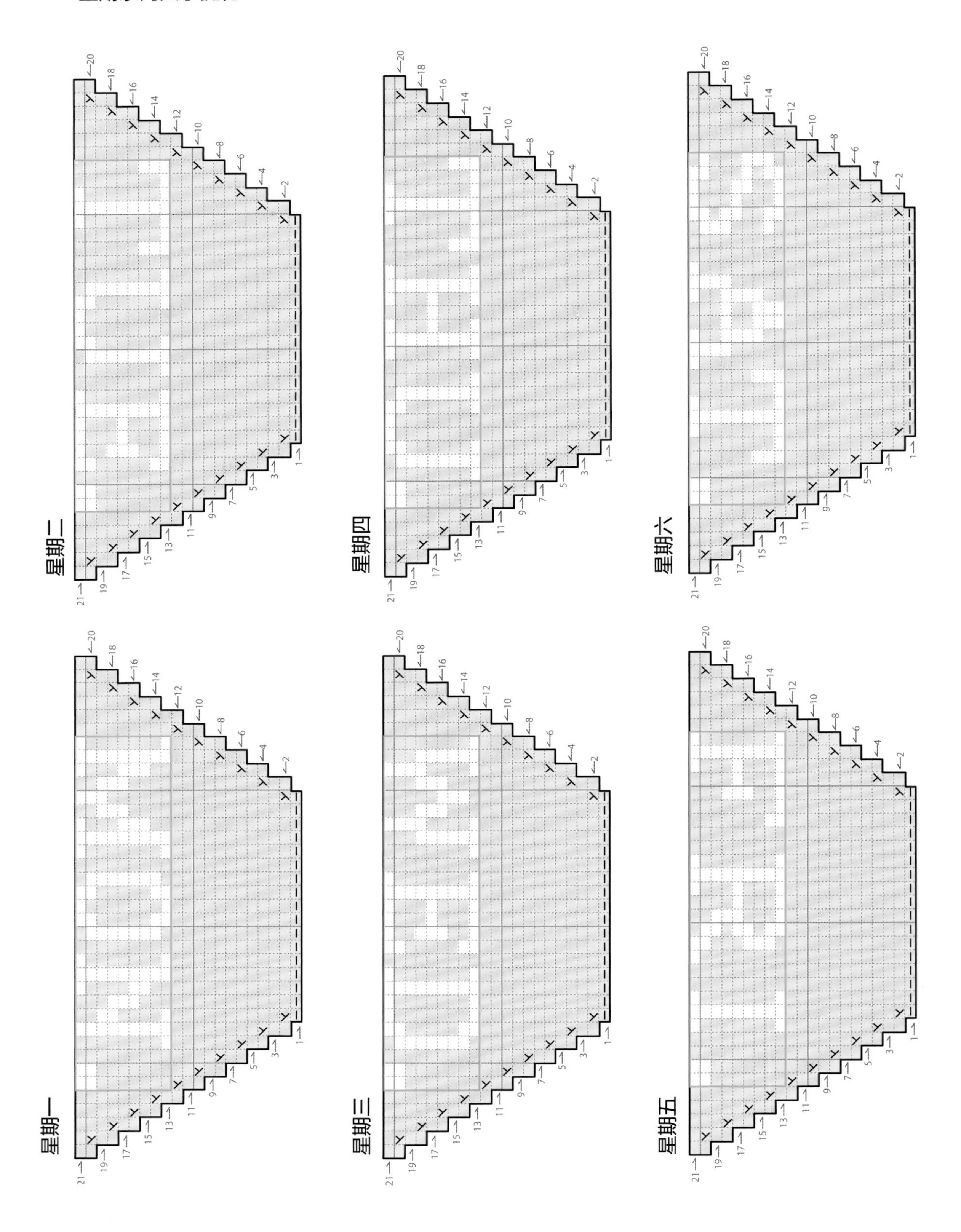

制作方法

裤子

难易程度 ★★★☆☆

× 裤子从裤脚开始向上编织至腰间。

× 单独编织左右裤腿后，从臀部将织好的两条裤腿合并编织至腰间。

A 裤腿

右裤腿 从裤脚罗纹边开始编织。

起针	使用粉色线和1.5mm棒针起38针。
第1行	（下针扭针1针，上针1针）×19。
第2行	（下针1针，上针扭针1针）×19。
第3~6行	重复编织第1~2行2次。
第7行	（下针扭针1针，上针1针）×19。
第8行	更换1.75mm棒针，下针1针，（下针3针，下针向左扭加针1针，下针3针）×6，下针1针/共44针。

裤腿侧缝处两条白色提花：平针编织

第9行	（粉）下针19针，（白）下针2针，（粉）下针2针，（白）下针2针，（粉）下针19针/共44针。
第10行	（粉）上针19针，（白）上针2针，（粉）上针2针，（白）上针2针，（粉）上针19针。
第11~60行	重复编织第9~10行25次。
第61行	（粉）下针19针，（白）下针2针，（粉）下针2针，（白）下针2针，（粉）下针18针，下针向左扭加针1针，下针1针/共45针。
第62行	（粉）上针20针，（白）上针2针，（粉）上针2针，（白）上针2针，（粉）上针19针/共45针。
第63行	（粉）下针19针，（白）下针2针，（粉）下针2针，（白）下针2针，（粉）下针19针，下针向左扭加针1针，下针1针/共46针。
第64行	（粉）上针21针，（白）上针2针，（粉）上针2针，（白）上针2针，（粉）上针19针。
第65行	（粉）下针1针，下针向左扭加针1针，下针18针，（白）下针2针，（粉）下针2针，（白）下针2针，（粉）下针20针，下针向左扭加针1针，下针1针/共48针。
第66行	（粉）上针22针，（白）上针2针，（粉）上针2针，（白）上针2针，（粉）上针20针。
第67行	（粉）下针1针，下针向左扭加针1针，下针19针，（白）下针2针，（粉）下针2针，（白）下针2针，（粉）下针22针，卷针加针2针/共51针。
第68行	（粉）上针24针，（白）上针2针，（粉）上针2针，（白）上针2针，（粉）上针21针。

留出15cm左右线头后断线，将线圈移至另一根棒针。

左裤腿

第1~60行	前60行与右裤腿的编织方法相同。
第61行	（粉）下针1针，下针向左扭加针1针，下针18针，（白）下针2针，（粉）下针2针，（白）下针2针，（粉）下针19针/共45针。
第62行	（粉）上针19针，（白）上针2针，（粉）上针2针，（白）上针2针，（粉）上针20针。
第63行	（粉）下针1针，下针向左扭加针1针，下针19针，（白）下针2针，（粉）下针2针，（白）下针2针，（粉）下针19针/共46针。
第64行	（粉）上针19针，（白）上针2针，（粉）上针2针，（白）上针2针，（粉）上针21针。
第65行	（粉）下针1针，下针向左扭加针1针，下针20针，（白）下针2针，（粉）下针2针，（白）下针2针，（粉）下针18针，下针向左扭加针1针，下针1针/共48针。
第66行	（粉）上针20针，（白）上针2针，（粉）上针2针，（白）上针2针，（粉）上针22针。
第67行	（粉）卷针加针2针，下针22针，（白）下针2针，（粉）下针2针，（白）下针2针，（粉）下针19针，下针向左扭加针1针，下针1针/共51针。
第68行	（粉）上针21针，（白）上针2针，（粉）上针2针，（白）上针2针，（粉）上针24针/共51针。

不断线将左右裤腿合并编织。首先编织挂在棒针上的线圈，同时维持两条裤腿的白色条纹配色。

裤子

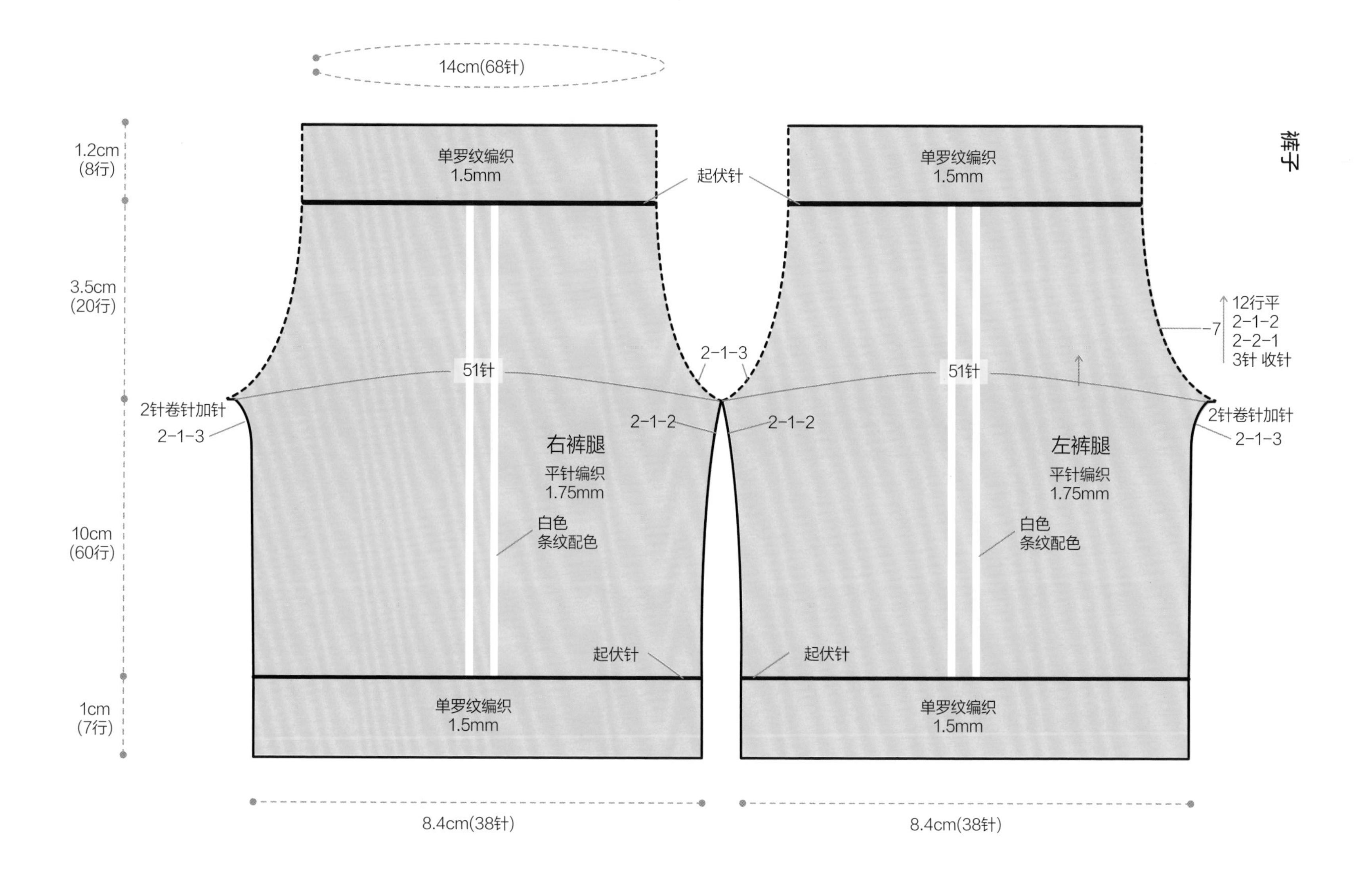

14cm(68针)
1.2cm
(8行)
3.5cm
(20行)
10cm
(60行)
1cm
(7行)
单罗纹编织
1.5mm
起伏针
单罗纹编织
1.5mm
12行平
2-1-2
2-2-1
3针 收针
-7
2-1-3
51针
51针
2针卷针加针
2-1-3
2-1-2
2-1-2
2针卷针加针
2-1-3
右裤腿
平针编织
1.75mm
左裤腿
平针编织
1.75mm
白色
条纹配色
白色
条纹配色
起伏针
起伏针
单罗纹编织
1.5mm
单罗纹编织
1.5mm
8.4cm(38针)
8.4cm(38针)

第69行	收针3针，（粉）下针21针，（白）下针2针，（粉）下针2针，（白）下针2针，（粉）下针19针，下针左上2针并1针，开始编织移至另一根棒针上的线圈，（粉）下针右上2针并1针，下针19针，（白）下针2针，（粉）下针2针，（白）下针2针，（粉）下针24针/共97针。
第70行	收针3针，（粉）上针21针，（白）上针2针，（粉）上针2针，（白）上针2针，（粉）上针40针，（白）上针2针，（粉）上针2针，（白）上针2针，（粉）上针21针/共94针。
第71行	收针2针，（粉）下针19针，（白）下针2针，（粉）下针2针，（白）下针2针，（粉）下针18针，下针左上2针并1针，下针右上2针并1针，下针18针，（白）下针2针，（粉）下针2针，（白）下针2针，（粉）下针21针/共90针。
第72行	收针2针，（粉）上针19针，（白）上针2针，（粉）上针2针，（白）上针2针，（粉）上针38针，（白）上针2针，（粉）上针2针，（白）上针2针，（粉）上针19针/共88针。
第73行	（粉）下针右上2针并1针，下针17针，（白）下针2针，（粉）下针2针，（白）下针2针，（粉）下针17针，下针左上2针并1针，下针右上2针并1针，下针17针，（白）下针2针，（粉）下针2针，（白）下针2针，（粉）下针17针，下针左上2针并1针/共84针。
第74行	（粉）上针18针，（白）上针2针，（粉）上针2针，（白）上针2针，（粉）上针36针，（白）上针2针，（粉）上针2针，（白）上针2针，（粉）上针18针。
第75行	（粉）下针右上2针并1针，下针16针，（白）下针2针，（粉）下针2针，（白）下针2针，（粉）下针36针，（白）下针2针，（粉）下针2针，（白）下针2针，（粉）下针16针，下针左上2针并1针/共82针。
第76行	（粉）上针17针，（白）上针2针，（粉）上针2针，（白）上针2针，（粉）上针36针，（白）上针2针，（粉）上针2针，（白）上针2针，（粉）上针17针。
第77行	（粉）下针17针，（白）下针2针，（粉）下针2针，（白）下针2针，（粉）下针36针，（白）下针2针，（粉）下针2针，（白）下针2针，（粉）下针17针。
第78行	（粉）上针17针，（白）上针2针，（粉）上针2针，（白）上针2针，（粉）上针36针，（白）上针2针，（粉）上针2针，（白）上针2针，（粉）上针17针。
第79~82行	重复编织第77~78行2次。
第83行	（粉）下针17针，（白）下针2针，（粉）下针2针，（白）下针2针，[（粉）下针5针，下针左上2针并1针，下针5针]×3，（白）下针2针，（粉）下针2针，（白）下针2针，（粉）下针17针/共79针。
第84行	（粉）上针17针，（白）上针2针，（粉）上针2针，（白）上针2针，（粉）上针33针，（白）上针2针，（粉）上针2针，（白）上针2针，（粉）上针17针。
第85行	（粉）下针1针，[（粉）下针3针，下针左上2针并1针，下针3针]×2，（白）下针2针，（粉）下针2针，（白）下针2针，[（粉）下针5针，下针左上2针并1针，下针4针]×3，（白）下针2针，（粉）下针2针，（白）下针2针，[（粉）下针3针，下针左上2针并1针，下针3针]×2，（粉）下针1针/共72针。
第86行	（粉）上针15针，（白）上针2针，（粉）上针2针，（白）上针2针，（粉）上针30针，（白）上针2针，（粉）上针2针，（白）上针2针，（粉）上针15针。
第87行	（粉）下针15针，（白）下针2针，（粉）下针2针，（白）下针2针，（粉）下针30针，（白）下针2针，（粉）下针2针，（白）下针2针，（粉）下针15针。
第88行	白色线断线后，[（粉）下针8针，下针左上2针并1针，下针8针]×4/共68针。
第89行	更换1.5mm棒针，（下针扭针1针，上针1针）×34。
第90行	（下针1针，上针扭针1针）×34。
第91~96行	重复编织第89~90行3次。

断线后穿入毛线缝针，进行单罗纹收针。

B 收尾

1 将左右裤腿的缝合边，从裤脚开始至裆部进行行和行缝合。

2 从左右裤腿相交的裆部开始到腰部进行行和行缝合。

泡泡手腕包

环保纸袋的简约自然风格遇上毛线的设计感，创造出这款可爱的包包配件。

将包带随意地系上，为娃娃搭配一下吧。

基本信息

模特 JerryBerry【petite berry】

适用尺寸 USD 以上大小娃娃可佩戴

尺寸 宽 7cm，高 6cm，包带长 4cm/2cm

使用线材 Lang Novena 青绿色（0018）

可代替线材 3 股线（3ply）

针 环形针 · 2.5mm（1 根），2.75mm（1 根）

其他工具 麻花针，毛线缝针，剪刀

编织密度 花样编织 41 针 × 52 行 =10cm × 10cm（2.75mm 针），起伏针 38 针 × 50 行 =10cm × 10cm（2.5mm 针）

制作方法

难易程度 ★ ★ ★ ★ ☆

- 从下往上加入花样进行编织。
- 单独编织2片后，缝合侧面与底部后完成。

A 包身前片

起针(1行)	使用2.75mm环形针，长尾起针法起29针。
第2行	下针2针，上针4针，下针1针，上针2针，下针1针，上针9针，下针1针，上针2针，下针1针，上针4针，下针2针。
第3行	上针2针，下针4针，上针1针，左上1针交叉，上针1针，下针5针，右上1针扭针交叉，下针2针，上针1针，右上1针交叉，上针1针，下针4针，上针2针。
第4行	下针2针，上针4针，下针1针，上针2针，下针1针，上针2针，上针扭针2针，上针5针，下针1针，上针2针，下针1针，上针4针，下针2针。
第5行	上针2针，左上2针交叉，上针1针，左上1针交叉，上针1针，下针4针，左上1针扭针交叉，右上1针扭针交叉，下针1针，上针1针，右上1针交叉，上针1针，右上2针交叉，上针2针。
第6行	下针2针，上针4针，下针1针，上针2针，下针1针，上针1针，上针1针扭针，上针2针，上针1针扭针，上针4针，下针1针，上针2针，下针1针，上针4针，下针2针。
第7行	上针2针，下针4针，上针1针，左上1针交叉，上针1针，下针3针，左上1针扭针交叉，下针2针，3针3行的枣形针1针，下针1针，上针1针，右上1针交叉，上针1针，下针4针，上针2针。
第8行	下针2针，上针4针，下针1针，上针2针，下针1针，上针5针，上针1针扭针，上针3针，下针1针，上针2针，下针1针，上针4针，下针2针。
第9行	上针2针，左上2针交叉，上针1针，左上1针交叉，上针1针，下针2针，左上1针扭针交叉，下针5针，上针1针，右上1针交叉，上针1针，右上2针交叉，上针2针。
第10行	下针2针，上针4针，下针1针，上针2针，下针1针，上针5针，上针扭针2针，上针2针，下针1针，上针2针，下针1针，上针4针，下针2针。
第11行	上针2针，下针4针，上针1针，左上1针交叉，上针1针，下针1针，左上1针扭针交叉，右上1针扭针交叉，下针4针，上针1针，右上1针交叉，上针1针，下针4针，上针2针。
第12行	下针2针，上针4针，下针1针，上针2针，下针1针，上针4针，上针1针扭针，上针2针，上针1针扭针，上针1针，下针1针，上针2针，下针1针，上针4针，下针2针。
第13行	上针2针，左上2针交叉，上针1针，左上1针交叉，上针1针，下针1针，3针3行的枣形针1针，下针2针，右上1针扭针交叉，下针3针，上针1针，右上1针交叉，上针1针，右上2针交叉，上针2针。
第14行	下针2针，上针4针，下针1针，上针2针，下针1针，上针3针，上针1针扭针，上针5针，下针1针，上针2针，下针1针，上针4针，下针2针。
第15~26行	重复编织第3~14行1次。
第27~30行	**更换2.5mm环形针**，下针编织。

B 包带（前）

第31行	下针收针5针，下针5针，剩余线圈移至另一根棒针上休针。
第32~50行	下针，将线圈移至另一根棒针上休针。
第31行	在休针中的包身前片第1针上换新线，下针收针9针，下针5针，剩余线圈移至另一根棒针上休针。
第32~40行	下针，将线圈移至另一根棒针上休针。
第31行	在休针中的包身前片第1针上换新线，下针收针5针收尾。留出10cm左右的线头后断线。

C 包身后片

起针	使用2.75mm环形针，长尾起针法起29针。
第1~30行	与“包身前片”的编织方法相同。

包身前片

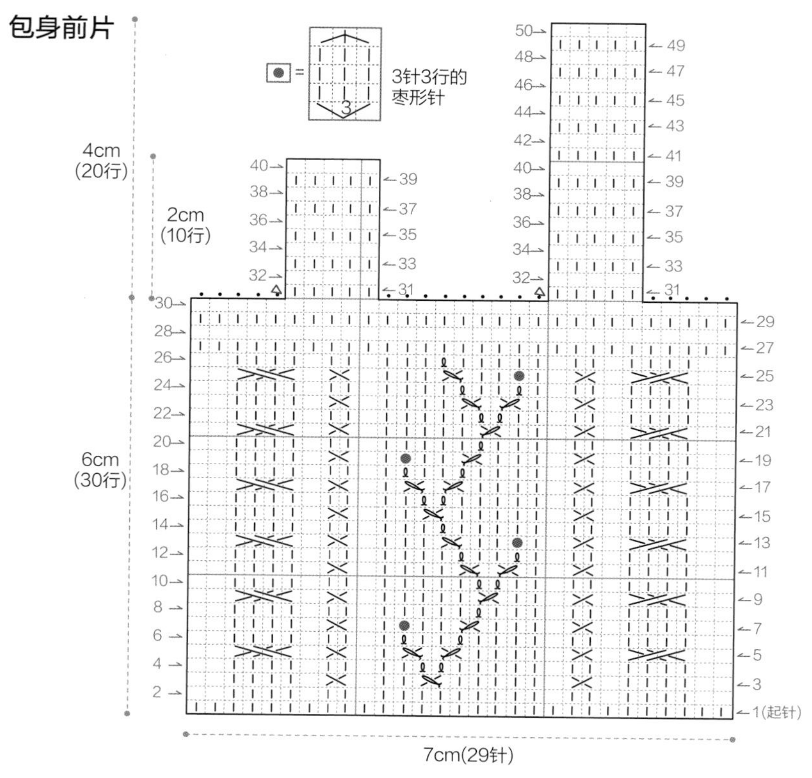
3针3行的
枣形针
4cm
(20行)
2cm
(10行)
6cm
(30行)
1(起针)
7cm(29针)

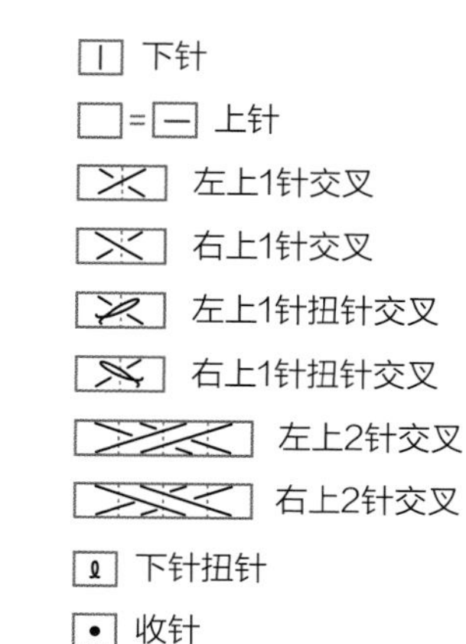
下针
上针
左上1针交叉
右上1针交叉
左上1针扭针交叉
右上1针扭针交叉
左上2针交叉
右上2针交叉
下针扭针
收针

包身后片

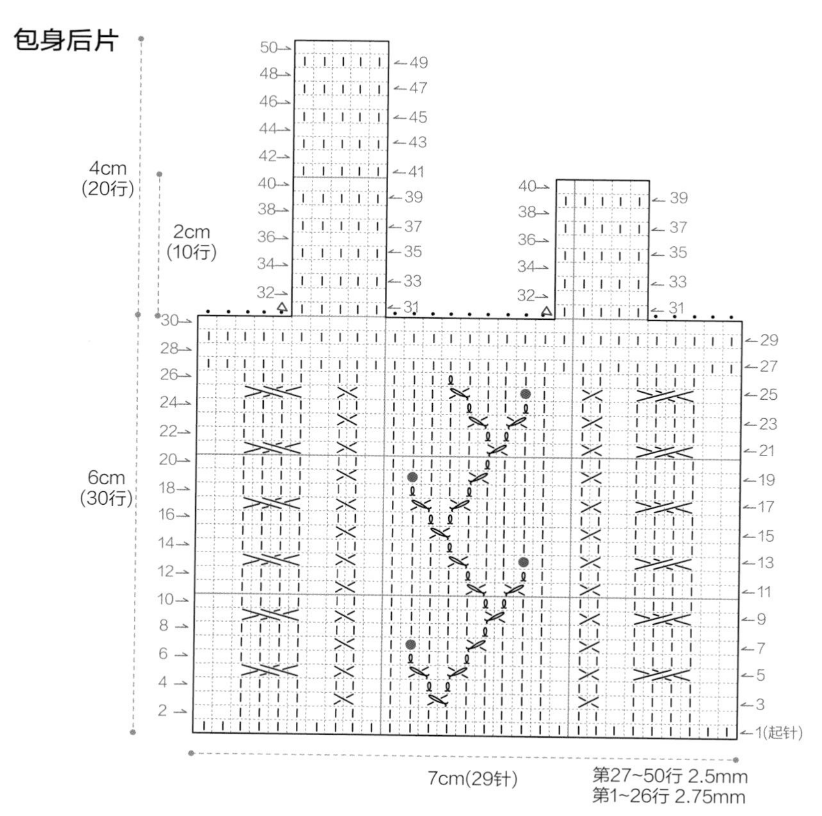
4cm
(20行)
2cm
(10行)
6cm
(30行)
1(起针)
7cm(29针)
第27~50行 2.5mm
第1~26行 2.75mm

D 包带（后）

第31行	下针收针5针，下针5针，剩余线圈移至另一根棒针上休针。
第32~40行	下针，将线圈移至另一根棒针上休针。
第31行	在休针中的第1针上换新线，下针收针9针，下针5针，剩余线圈移至另一根棒针上休针。
第32~50行	下针。将线圈移至另一根棒针上休针。
第31行	在休针中的包身后片的第1针上换新线，下针收针5针。留出10cm左右的线头后断线。

E 收尾

1 将包身的前片和后片的正面相对。对齐两侧包带同时入针收针缝合。

2 将包身的正面向外，行和行缝合包的侧边。底部使用卷针缝合。

前后缝合

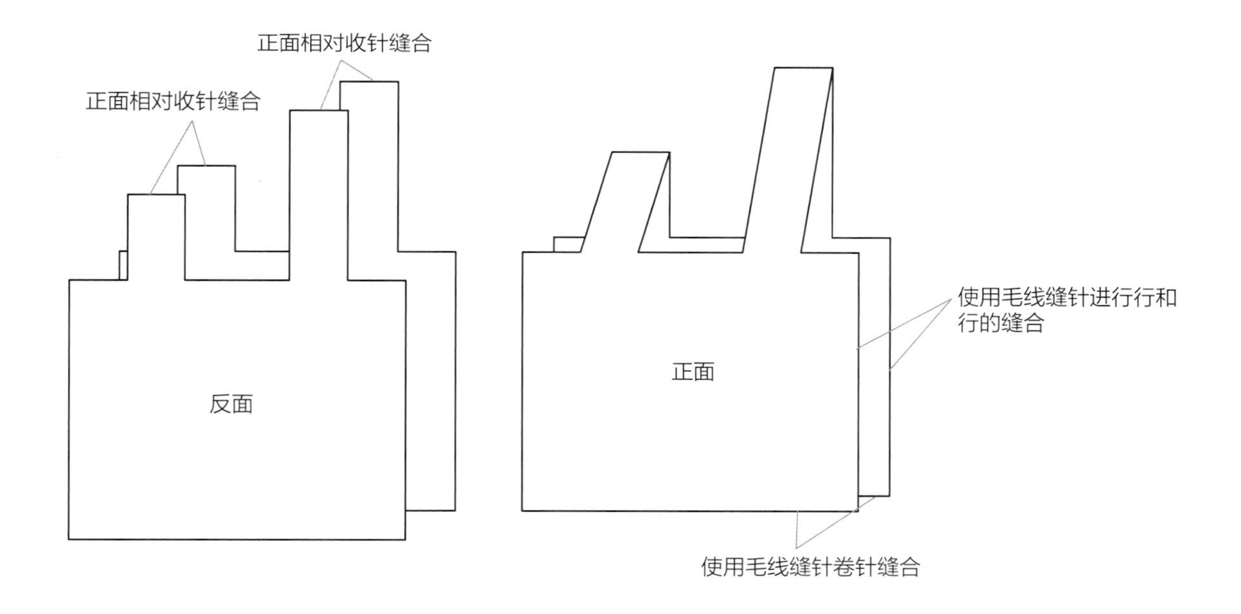

蕾丝开衫

挑选适合的线材和花样，
设计了一款蕾丝质感的毛衣作品。
袖口处的丝带突显了作品的优雅和美丽，是换季时节的最佳搭配单品。

基本信息

模特 iMda Doll 3.0【Gian】

适用尺寸 Diana Doll，Darak-i，身高 31~33cm 的娃娃

尺寸 胸围 22.5cm，衣长 12.5cm，袖长 10.7cm

使用线材 Lang Lace・浅紫色（0009）

可代替线材 2 股线（2ply）

针 直棒针・1.75mm（4 根）｜环形针・2.0mm（1 根）

其他工具 剪刀，毛线缝针，记号扣，缝衣线，缝衣针，纽扣 5.0mm（5 颗），缎带

编织密度 花样编织 40 针 × 50 行 =10cm × 10cm

正面

背面

制作方法

难易程度 ★★★★☆

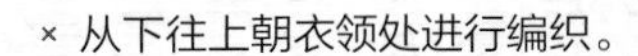

× 从下往上朝衣领处进行编织。
× 衣身的前片和后片同时进行一片式编织。
× 在前后衣身处用收针标注袖子位置，编织到袖窿时按照“衣身前片+袖子+衣身后片+袖子+衣身前片”的顺序组合，从育克到领口一起编织。

A 衣身

起针~花样A	
起针	使用2.0mm环形针，长尾起针法起101针。
第1行	花样A的起始行，下针/共101针。
第2~4行	下针滑针1针，下针100针。
第5行	下针滑针1针，下针5针，（空加针1针，下针2针，下针右上2针并1针，下针左上2针并1针，下针2针，空加针1针，下针1针）×10，下针5针。
第6行	下针滑针1针，下针4针，上针91针，下针5针。
第7~12行	重复编织第5~6行3次。

花样B	
第13~14行	下针滑针1针，下针4针，上针91针，下针5针。
第15行	下针滑针1针，下针1针，空加针1针，下针左上2针并1针，下针1针，（下针1针，下针左上2针并1针，空加针1针）×30，下针6针。
第16~17行	下针滑针1针，下针4针，上针91针，下针5针。
第18行	下针滑针1针，下针4针，上针1针，（上针1针，上针左上2针并1针，上针2针）×18，下针5针/共83针。

花样C	
第19行	下针滑针1针，下针4针，（下针2针，空加针1针，下针2针，下针左上2针并1针，下针2针，空加针1针，下针中上3针并1针，空加针1针，下针2针，下针右上2针并1针，下针2针，空加针1针，下针1针）×4，下针6针。
第20行	下针滑针1针，下针4针，上针73针，下针5针。
第21行	下针滑针1针，下针4针，（下针2针，空加针1针，下针1针，下针左上2针并1针，上针1针，下针右上2针并1针，下针1针，空加针1针，下针1针，空加针1针，下针1针，下针左上2针并1针，上针1针，下针右上2针并1针，下针1针，空加针1针，下针1针）×4，下针6针。
第22行	下针滑针1针，下针4针，上针1针，（上针4针，下针1针，上针7针，下针1针，上针5针）×4，下针5针/共83针。
第23行	下针滑针1针，下针4针，（下针2针，空加针1针，下针1针，下针左上2针并1针，上针1针，下针右上2针并1针，下针3针，下针左上2针并1针，上针1针，下针右上2针并1针，下针1针，空加针1针，下针1针）×4，下针6针/共75针。
第24行	下针滑针1针，下针4针，上针1针，（上针4针，下针1针，上针5针，下针1针，上针5针）×4，下针5针。
第25行	下针滑针1针，下针4针，（下针2针，空加针1针，下针1针，空加针1针，下针左上2针并1针，上针1针，下针右上2针并1针，下针1针，下针左上2针并1针，上针1针，下针右上2针并1针，空加针1针，下针1针，空加针1针，下针1针）×4，下针6针。
第26行	下针滑针1针，下针4针，上针65针，下针5针。
第27行	下针滑针1针，下针1针，空加针1针，下针左上2针并1针，下针1针，（下针2针，空加针1针，下针4针，空加针1针，下针右上2针并1针，下针1针，下针左上2针并1针，空加针1针，下针4针，空加针1针，下针1针）×4，下针6针/共83针。
第28行	下针滑针1针，下针4针，上针73针，下针5针。
第29~38行	重复编织第19~28行1次，不编织扣眼。
第39行	下针滑针1针，下针4针，（下针2针，空加针1针，下针2针，下针左上2针并1针，下针2针，空加针1针，下针中上3针并1针，空加针1针，下针2针，下针右上2针并1针，下针2针，空加针1针，下针1针）×4，下针6针。
第40行	下针滑针1针，下针4针，上针73针，下针5针。

开始编织花样B	
第41~42行	下针滑针1针，下针4针，上针73针，下针5针。
第43行	下针滑针1针，下针1针，空加针1针，下针左上2针并1针，下针1针，（下针1针，下针左上2针并1针，空加针1针）×24，下针6针。
第44~46行	下针滑针1针，下针4针，上针73针，下针5针。

B 衣身和袖子分片编织的标记位置

第47行	下针滑针1针，下针20针，收针4针，下针33针，收针4针，下针21针。

将线圈移至另一根棒针。

C 袖子（2个）

起针~花样A

起针	使用2.0mm环形针，长尾起针法起38针。
第1~4行	下针/共38针。
第5行	下针2针，（空加针1针，下针2针，下针右上2针并1针，下针左上2针并1针，下针2针，空加针1针，下针1针）×4。
第6行	上针。
第7~12行	重复编织第5~6行3次。

花样B

第13~14行	上针
第15行	（下针1针，下针左上2针并1针，空加针1针）×12，下针2针。
第16~17行	上针。
第18行	上针17针，上针左上2针并1针2针，上针17针/共36针。

花样C

第19行	下针1针，（下针1针，空加针1针，下针2针，下针左上2针并1针，下针2针，空加针1针，下针中上3针并1针，空加针1针，下针2针，下针右上2针并1针，下针2针，空加针1针，下针1针）×2，下针1针。
第20行	上针。
第21行	下针1针，（下针1针，空加针1针，下针1针，下针左上2针并1针，上针1针，下针右上2针并1针，下针1针，空加针1针，下针1针，空加针1针，下针1针，下针左上2针并1针，上针1针，下针右上2针并1针，下针1针，空加针1针，下针1针）×2，下针1针。
第22行	上针1针，（上针4针，下针1针，上针7针，下针1针，上针4针）×2，上针1针。
第23行	下针1针，（下针1针，空加针1针，下针1针，下针左上2针并1针，上针1针，下针右上2针并1针，下针3针，下针左上2针并1针，上针1针，下针右上2针并1针，下针1针，空加针1针，下针1针）×2，下针1针/共32针。
第24行	上针1针，（上针4针，下针1针，上针5针，下针1针，上针4针）×2，上针1针。
第25行	下针1针，（下针1针，空加针1针，下针1针，空加针1针，下针左上2针并1针，上针1针，下针右上2针并1针，下针1针，下针左上2针并1针，上针1针，下针右上2针并1针，空加针1针，下针1针，空加针1针，下针1针）×2，下针1针。
第26行	上针。
第27行	下针1针，（下针1针，空加针1针，下针4针，空加针1针，下针右上2针并1针，下针1针，下针左上2针并1针，空加针1针，下针4针，空加针1针，下针1针）×2，下针1针/共36针。
第28行	上针。
第29行	下针1针，（下针1针，空加针1针，下针2针，下针左上2针并1针，下针2针，空加针1针，下针中上3针并1针，空加针1针，下针2针，下针右上2针并1针，下针2针，空加针1针，下针1针）×2，下针1针。
第30行	上针。
第31~32行	重复编织第13~14行1次。
第33行	（下针左上2针并1针，空加针1针，下针1针）×12。
第34~35行	重复编织第16~17行1次。
第36行	上针。
第37行	收针2针，下针32针，收针2针，断线后将线圈移至另一根棒针。编织另一个袖子。

（上接第55页）

第65行	下针滑针1针，下针10针，下针左上2针并1针，下针右上2针并1针，下针12针，下针左上2针并1针，下针右上2针并1针，下针13针，下针左上2针并1针，下针右上2针并1针，下针12针，下针左上2针并1针，下针右上2针并1针，下针11针/共67针。
第66行	下针滑针1针，下针4针，上针57针，下针5针。
第67行	下针滑针1针，下针9针，下针左上2针并1针，下针右上2针并1针，下针10针，下针左上2针并1针，下针右上2针并1针，下针11针，下针左上2针并1针，下针右上2针并1针，下针10针，下针左上2针并1针，下针右上2针并1针，下针10针/共59针。
第68行	下针滑针1针，下针（起伏针）。
第69行	下针滑针1针，下针1针，空加针1针，下针左上2针并1针，下针5针，下针左上2针并1针，下针右上2针并1针，下针8针，下针左上2针并1针，下针右上2针并1针，下针9针，下针左上2针并1针，下针右上2针并1针，下针8针，下针左上2针并1针，下针右上2针并1针，下针9针/共51针。
上针收针。	

衣身

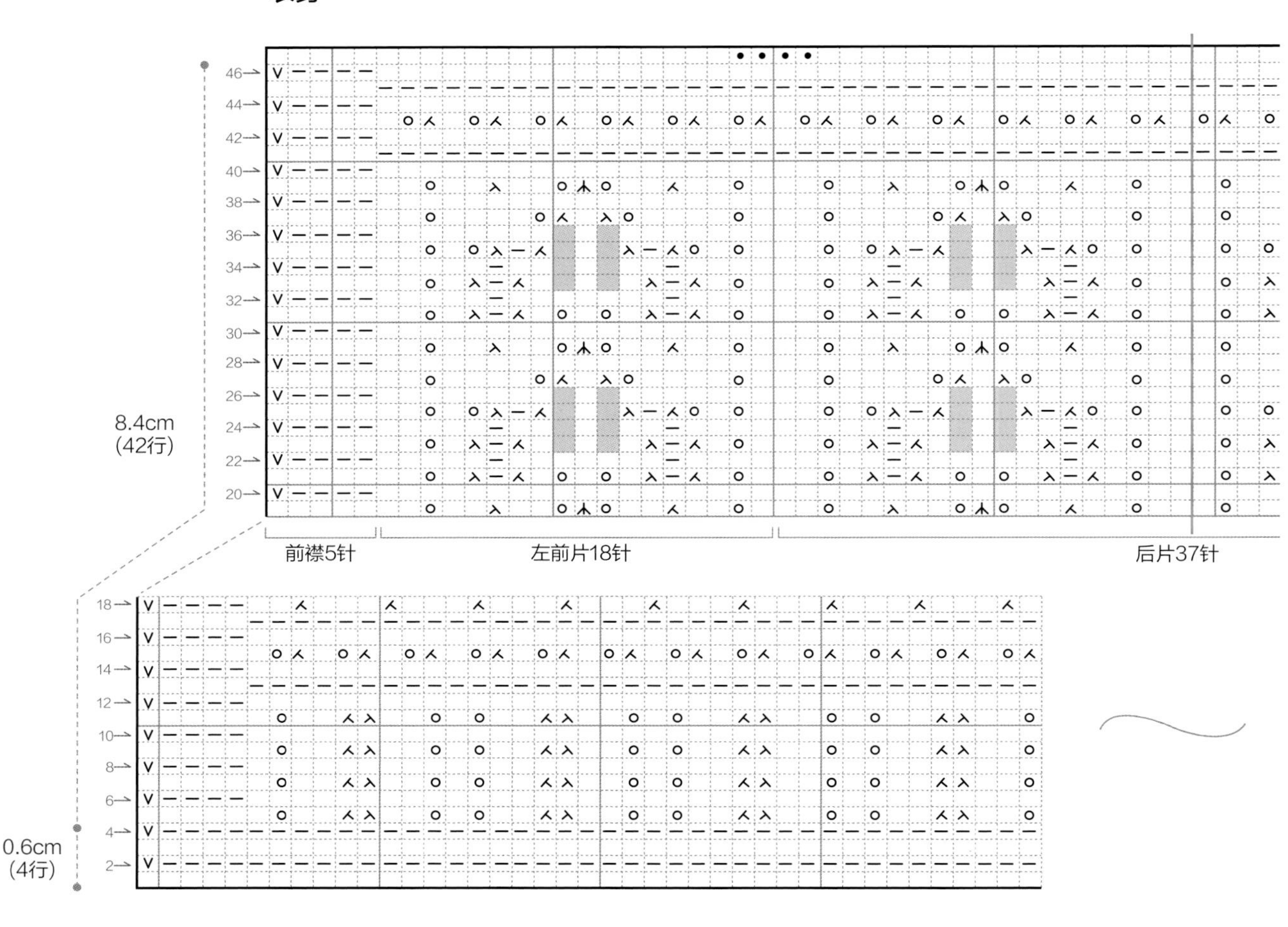

25cm(起始101针)

- [□=|] 下针
- — 上针
- 下针右上2针并1针
- 下针左上2针并1针
- 下针中上3针并1针
- O 空加针
- V 滑针
- • 收针
- [grey box] 无针

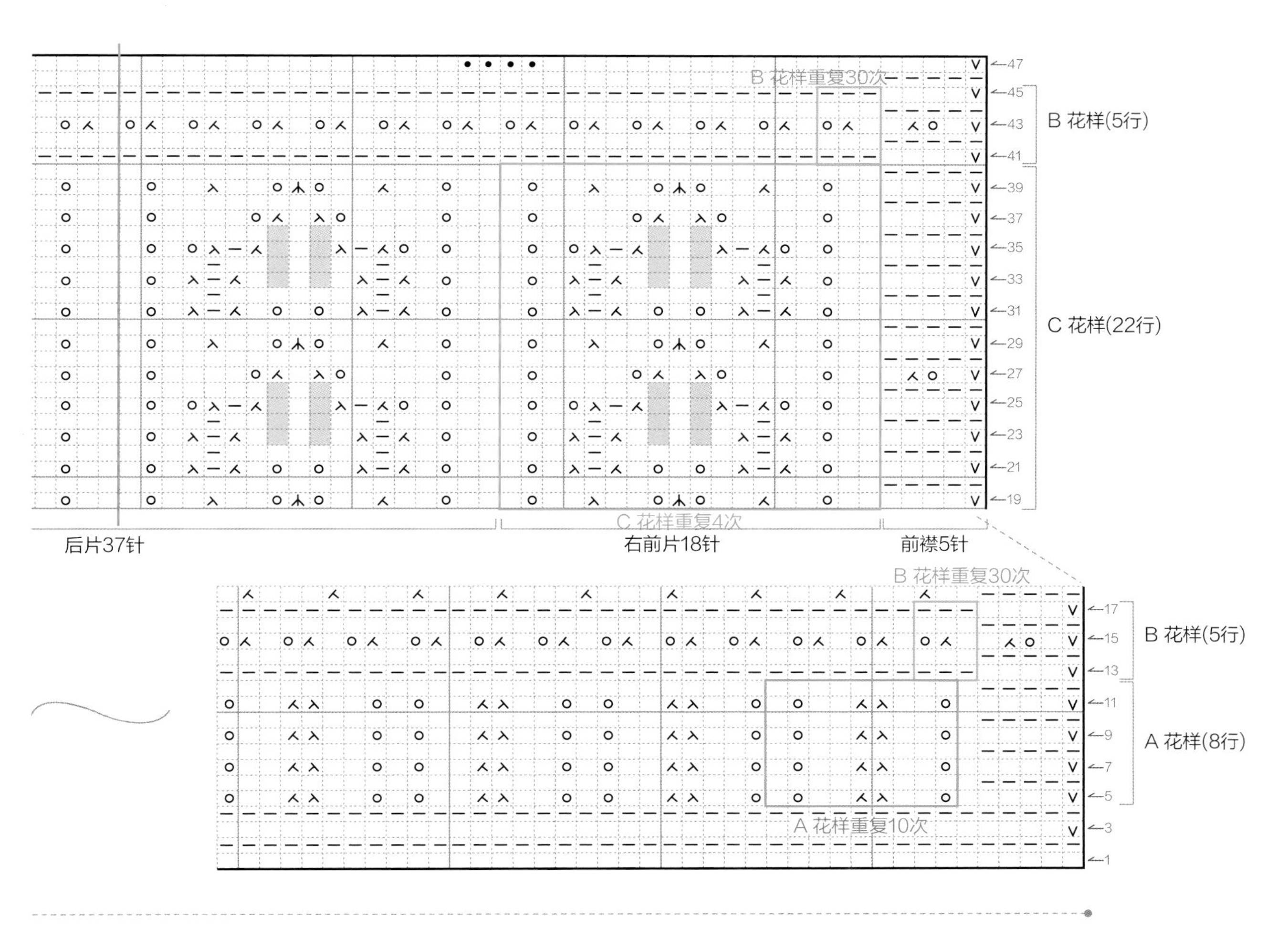

育克

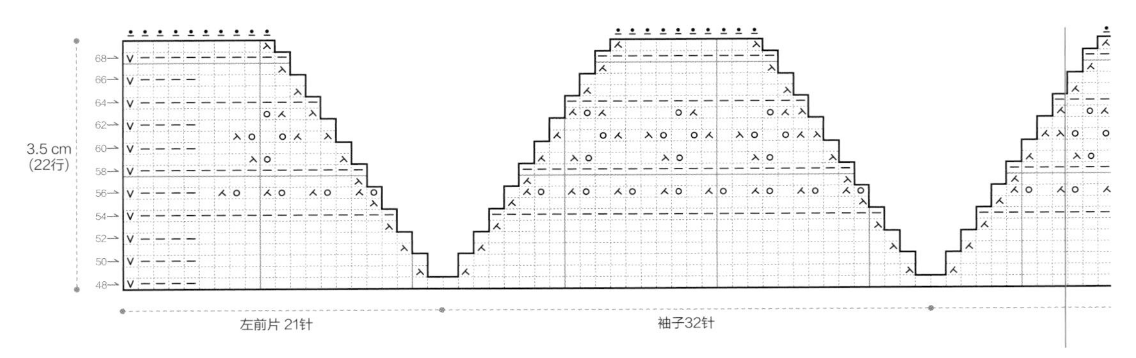

袖子

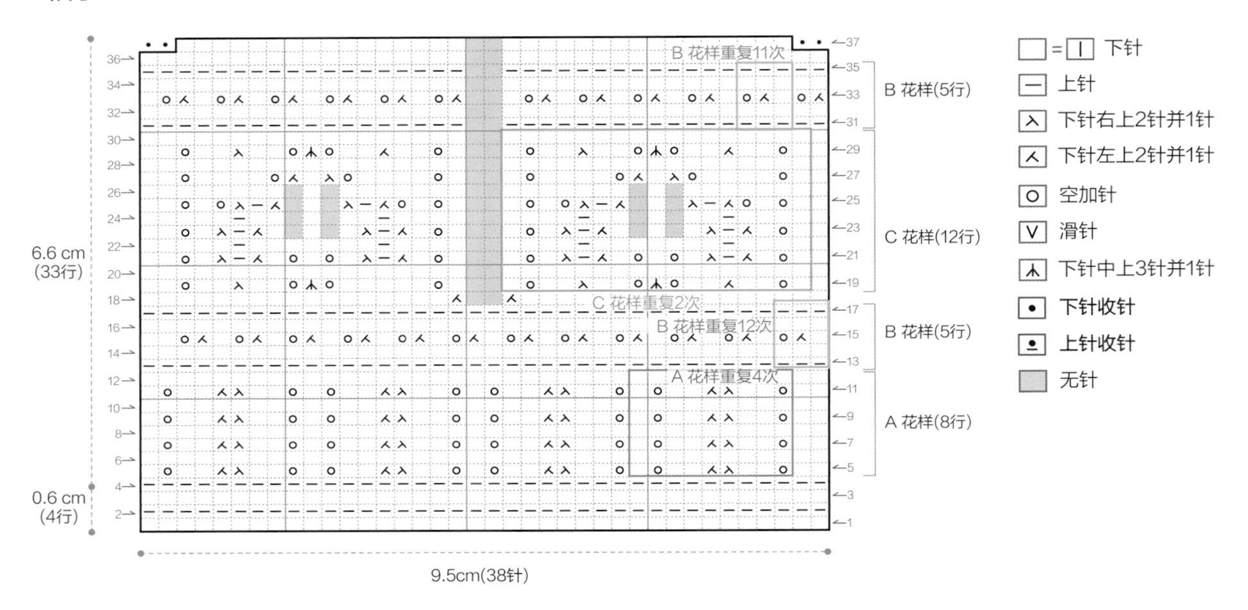

D 育克

移线圈~第57行	
移线圈	按照左前片+袖子+后片+袖子+右前片的顺序，将线圈移到1.75mm的直棒针上。
第48行	下针滑针1针，下针4针，（上针16针+上针32针+上针33针+上针32针+上针16针），下针5针/共139针。
第49行	下针滑针1针，下针18针，下针左上2针并1针，下针右上2针并1针，下针28针，下针左上2针并1针，下针右上2针并1针，下针29针，下针左上2针并1针，下针右上2针并1针，下针28针，下针左上2针并1针，下针右上2针并1针，下针19针/共131针。
第50行	下针滑针1针，下针4针，上针121针，下针5针。
第51行	下针滑针1针，下针17针，下针左上2针并1针，下针右上2针并1针，下针26针，下针左上2针并1针，下针右上2针并1针，下针27针，下针左上2针并1针，下针右上2针并1针，下针26针，下针左上2针并1针，下针右上2针并1针，下针18针/共123针。
第52行	下针滑针1针，下针4针，上针113针，下针5针。
第53行	下针滑针1针，下针16针，下针左上2针并1针，下针右上2针并1针，下针24针，下针左上2针并1针，下针右上2针并1针，下针25针，下针左上2针并1针，下针右上2针并1针，下针24针，下针左上2针并1针，下针右上2针并1针，下针17针/共115针。
第54行	下针滑针1针，下针（起伏针）。

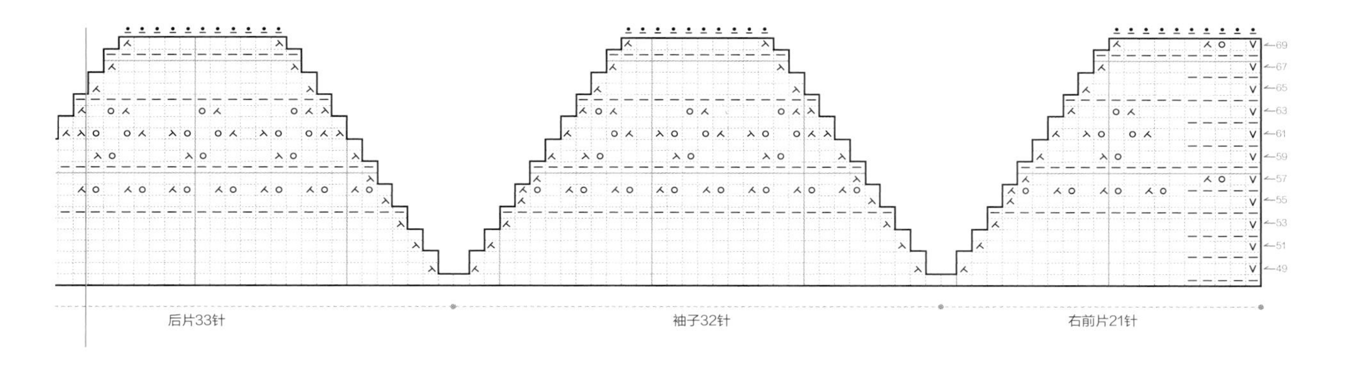

第55行	下针滑针1针，下针15针，下针左上2针并1针，下针右上2针并1针，下针22针，下针左上2针并1针，下针右上2针并1针，下针23针，下针左上2针并1针，下针右上2针并1针，下针22针，下针左上2针并1针，下针右上2针并1针，下针16针/共107针。
第56行	下针滑针1针，下针4针，上针1针，（上针左上2针并1针，空加针1针，上针1针）×32，下针5针。
第57行	下针滑针1针，下针1针，空加针1针，下针左上2针并1针，下针11针，下针左上2针并1针，下针右上2针并1针，下针20针，下针左上2针并1针，下针右上2针并1针，下针21针，下针左上2针并1针，下针右上2针并1针，下针20针，下针左上2针并1针，下针右上2针并1针，下针15针/共99针。

花样D

第58行	下针滑针1针，下针（起伏针）。
第59行	下针滑针1针，下针8针，空加针1针，下针右上2针并1针，下针3针，下针左上2针并1针，下针右上2针并1针，下针3针，（空加针1针，下针右上2针并针1针，下针4针）×2，空加针1针，下针右上2针并1针，下针1针，下针左上2针并1针，下针右上2针并1针，下针3针，（空加针1针，下针右上2针并1针，下针4针）×2，空加针1针，下针右上2针并1针，下针2针，下针左上2针并1针，下针右上2针并1针，下针3针，（空加针1针，下针右上2针并1针，下针4针）×2，空加针1针，下针右上2针并1针，下针1针，下针左上2针并1针，下针右上2针并1针，下针4针，空加针1针，下针右上2针并1针，下针8针/共91针。
第60行	下针滑针1针，下针4针，上针81针，下针5针。
第61行	下针滑针1针，下针6针，下针左上2针并1针，空加针1针，下针1针，空加针1针，下针右上2针并1针，下针1针，下针左上2针并1针，下针右上2针并1针，下针左上2针并1针，空加针1针，下针1针，（空加针1针，下针右上2针并1针，下针1针，下针左上2针并1针，空加针1针，下针1针）×2，下针1针，下针左上2针并1针，下针右上2针并1针，（下针左上2针并1针，空加针1针，下针1针，空加针1针，下针右上2针并1针，下针1针）×2，下针左上2针并1针，空加针1针，下针1针，空加针1针，下针右上2针并1针，下针左上2针并1针，下针右上2针并1针，（下针左上2针并1针，空加针1针，下针1针，空加针1针，下针右上2针并1针，下针1针）×2，下针左上2针并1针，空加针1针，下针2针，下针左上2针并1针，下针右上2针并1针，下针1针，下针左上2针并1针，空加针1针，下针1针，空加针1针，下针右上2针并1针，下针7针/共83针。
第62行	下针滑针1针，下针4针，上针织到剩余5针，下针5针。
第63行	下针滑针1针，下针7针，下针左上2针并1针，空加针1针，下针2针，下针左上2针并1针，下针右上2针并1针，（下针左上2针并1针，空加针1针，下针4针）×2，下针左上2针并1针，空加针1针，下针左上2针并1针，下针右上2针并1针，（下针左上2针并1针，空加针1针，下针4针）×2，下针左上2针并1针，空加针1针，下针1针，下针左上2针并1针，下针右上2针并1针，（下针左上2针并1针，空加针1针，下针4针）×2，下针左上2针并1针，空加针1针，下针左上2针并1针，下针右上2针并1针，下针1针，下针左上2针并1针，空加针1针，下针9针/共75针。
第64行	下针滑针1针，下针（起伏针）。

（下转第52页）

E 收尾

1 选用含有真丝的线材，关掉蒸汽模式，中温熨烫。

2 袖口侧面行和行缝合。

3. 将衣身袖窿和袖子的袖山对齐后行和行缝合。

4 对齐扣眼缝上纽扣。只缝在育克上也可以。

樱桃迷你披肩和发绳

绣有樱桃图案的迷你披肩，

只要和上衣搭配好颜色就可以演绎出可爱的穿搭风格。

配上相同图案的发饰，能够充分展现娃娃的精巧与可爱。

迷你披肩

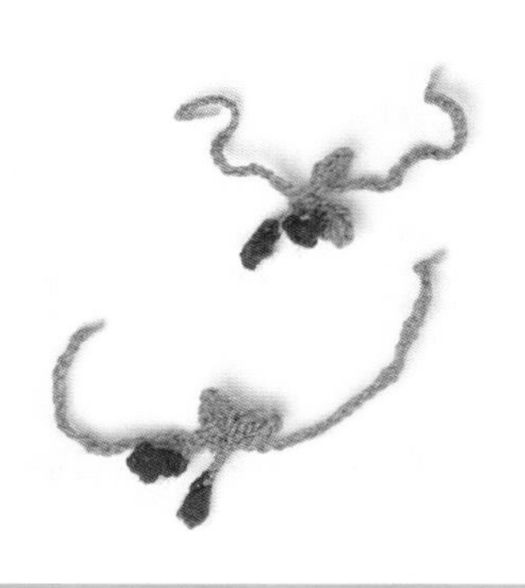

发绳

基本信息

模特 JerryBerry【petite berry】

适用尺寸 OB11, hedongyi, iMda Doll Timp（超大版）

尺寸
迷你披肩：领围 7.5cm，下摆 13.5cm，宽 4.3cm
发绳：绳长 8cm，饰品长 2cm

使用线材
迷你披肩：Lang REINFORCEMENT・象牙色（0094），红色（0060），青绿色（0379）
发绳：Lang REINFORCEMENT・红色，青绿色

可代替线材 2 股线（2ply），羊毛刺绣线

针
迷你披肩：直棒针・1.2mm（2 根），1.5mm（2 根）| 蕾丝钩针・6 号（1 根）
发绳：直棒针・1.5mm（2 根）| 蕾丝钩针・6 号（1 根）

其他工具 剪刀，毛线缝针

编织密度 花样编织 51 针 × 60 行 = 10cm × 10cm

制作方法

樱桃迷你披肩

难易程度 ★ ★ ★ ☆ ☆

- × 从下往上编织。
- × 使用钩针编织锁针制作带子。
- × 按图中提示用毛线缝针绣出7处的樱桃花样和叶子花样。

A 披肩

起针	使用1.5mm直棒针和象牙色线，长尾起针法起70针。
第1~2行	下针滑针1针，下针69针。
第3行	下针滑针1针，下针1针，下针左上2针并1针，下针3针，空加针1针，（下针1针，空加针1针，下针3针，下针右上2针并1针，下针左上2针并1针，下针3针，空加针1针）×5，下针1针，空加针1针，下针3针，下针右上2针并1针，下针2针。
第4行	上针滑针1针，上针69针。
第5~8行	重复编织第3~4行2次。
第9行	**更换1.2mm直棒针**，下针滑针1针，下针1针，下针左上2针并1针，下针3针，空加针1针，（下针1针，空加针1针，下针1针，下针右上2针并1针×2，下针左上2针并1针×2，下针1针，空加针1针）×5，下针1针，空加针1针，下针3针，下针右上2针并1针，下针2针/共60针。
第10行	上针滑针1针，上针59针。
第11行	下针滑针1针，下针1针，下针左上2针并1针×2，下针1针，空加针1针，（下针1针，空加针1针，下针右上2针并1针×2，下针左上2针并1针×2，空加针1针）×5，下针1针，空加针1针，下针1针，下针右上2针并1针×2，下针2针/共48针。
第12行	上针滑针1针，上针47针。
第13行	下针滑针1针，下针1针，下针左上2针并1针×2，空加针1针，（下针1针，空加针1针，下针1针，下针右上2针并1针，下针左上2针并1针，下针1针，空加针1针）×5，下针1针，空加针1针，下针右上2针并1针×2，下针2针/共46针。
第14行	更换红色线，上针2针，（上针2针，上针左上2针并1针，上针3针）×6，上针2针/共40针。
上针套收收针，接下来留出90cm左右线头断线。	

B 绳子

1 收针后，在结尾处使用6号蕾丝钩针编织锁针30针，然后引拔针收尾（参考第59页图片说明）。

2 在另一侧对应位置用红色线按照1的方法进行收尾。

披肩

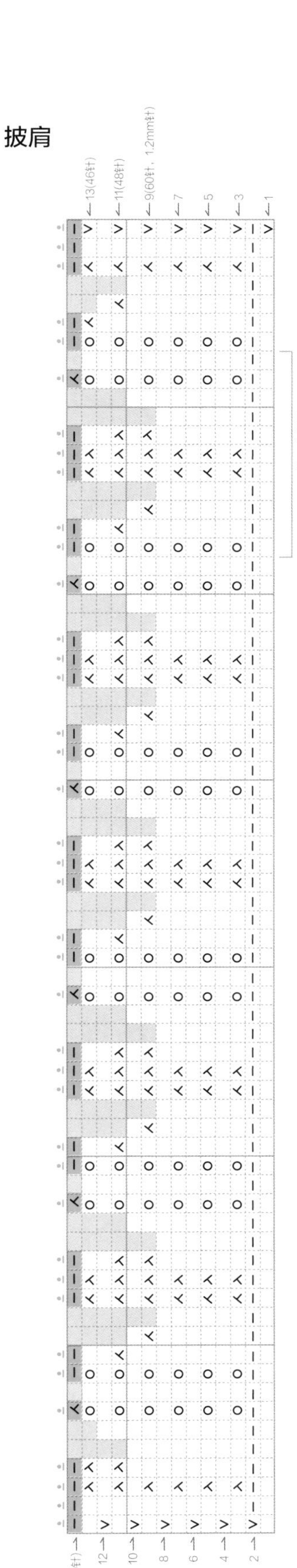

- □ = | 下针
- — 上针
- ⋋ 下针右上2针并1针
- ⋌ 下针左上2针并1针
- ○ 空加针
- V 滑针
- • 上针收针
- ▒ 无针

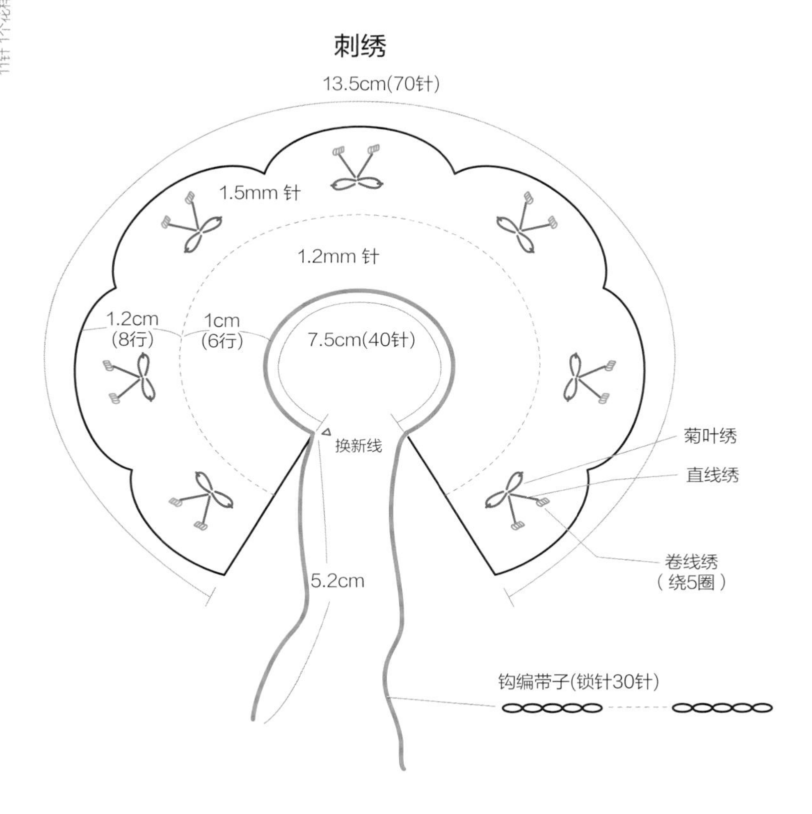

C 收尾

1 熨烫整理。
2 使用青绿色线进行菊叶绣（参考第 178 页），绣出叶子。
3 使用青绿色线进行直线绣（参考第 178 页），绣出枝干。
4 使用红色线进行卷线绣（参考第 177 页），绣出樱桃。
5 在反面整理线头收尾。

制作方法

樱桃发绳

难易程度 ★ ★ ★ ☆ ☆

A 发绳（2个）

1 使用青绿色线和6号蕾丝钩针编织40针锁针后钩引拔针收尾。

2 重复编织1，完成两根绳子。

B 樱桃（4个）

使用1.5mm直棒针和红色线，长尾起针法起2针，下针编织I-Cord（参考第61页）。

第1行	下针1针放2针×2/共4针。
第2行	4针I-Cord。
第3行	下针右上2针并1针，下针左上2针并1针/共2针。
第4行	**更换青绿色线**，下针左上2针并1针/共1针。
第5~8行	1针I-Cord，编织4行。
第9行	下针1针放2针/共2针。
第10行	下针1针放2针，下针1针/共3针。
第11行	下针1针放2针，下针1针，下针1针放2针/共5针。
第12行	5针I-Cord。
第13行	下针右上2针并1针，下针1针，下针左上2针并1针/共3针。

1.留出10cm以上线头断线。
2.将线头穿入毛线缝针，穿过剩余针圈之后拉紧。
3.用毛线缝针藏线头。
4.重复以上过程完成4个樱桃装饰。

C 收尾

1 熨烫整理。

2 樱桃装饰参考第61页图片说明进行收尾。

樱桃

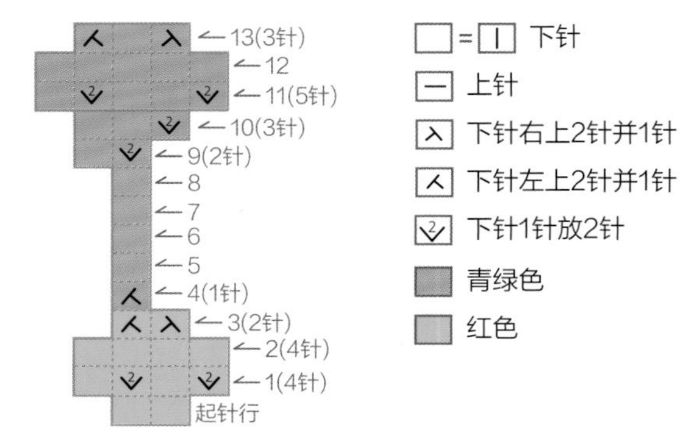

组合樱桃

1

线头

0.8cm

0.5cm

0.7cm

将线头穿入用毛线缝针藏在叶片后。

2

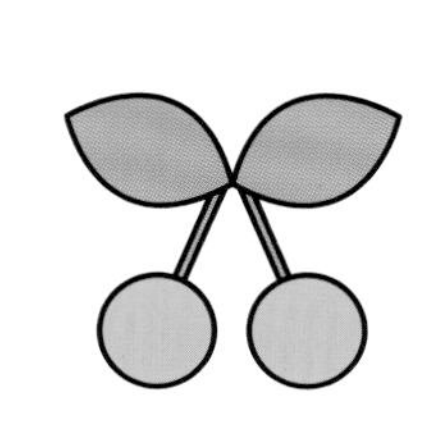

使用青绿色线和毛线缝针如图在背面将樱桃缝合。

樱桃和发绳的组合

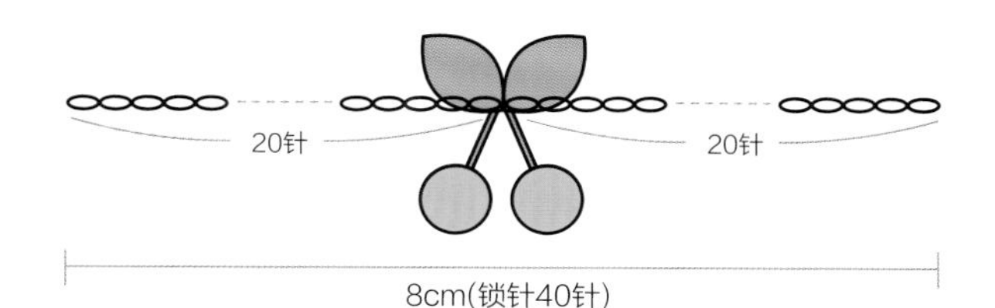

使用青绿色线和毛线缝针，将樱桃固定在绳子的中心点。

I-Cord 技法

以4针的I–Cord为例进行说明。针数不同I–Cord技法相同。

1

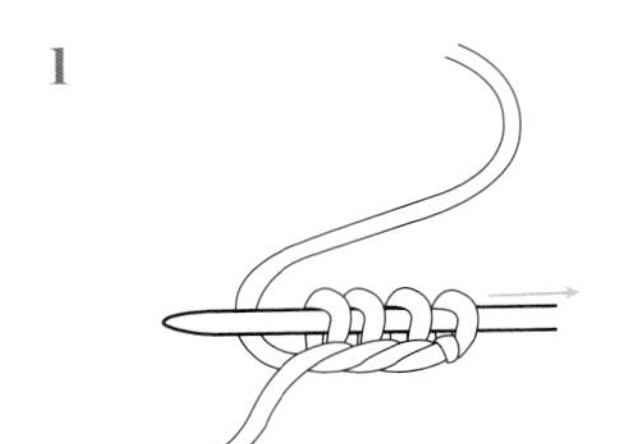

长尾起针法编织4针后，将线圈推向棒针的另一头。

2

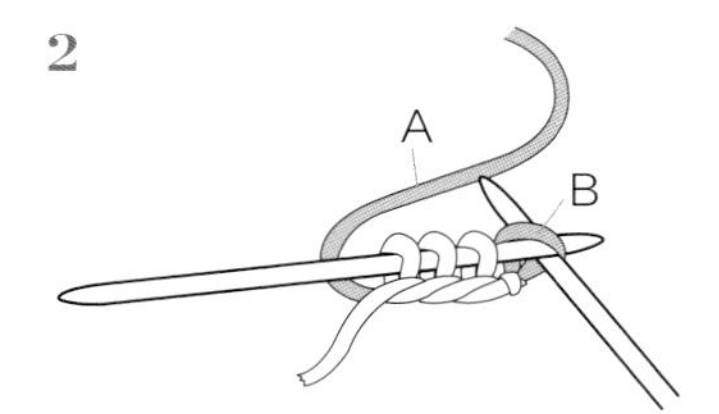

拉过A线（编织用线）从第1针（B）开始下针编织4针。

3

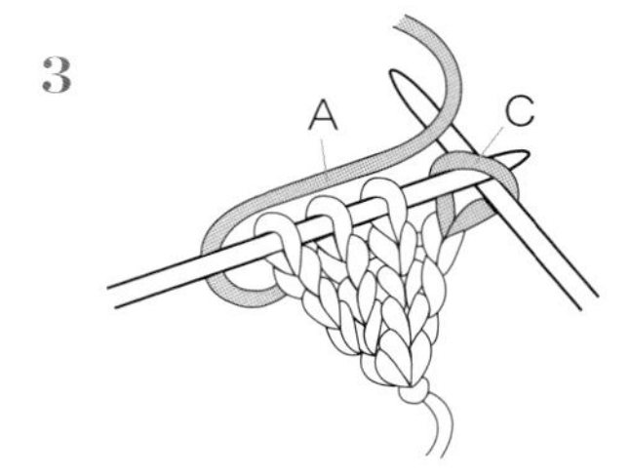

再次将线圈推向棒针的另一头，拉过A线（编织用线）从第1针（C）开始，下针编织4针。重复这一编织过程将织物织到需要的长度。

JOHN HILL & SONS
CHOICE FAMILY LARD
OFF
ON
OFF
PANSY

爱心围裙式背带裙

连胸的背带裙也称为围裙式背带裙。
采用荷叶边和各种提花设计，提升可爱度的同时能起到防污的作用，
是一件实用性极高的外衣。
本书中选用了爱心图案提花，主打可爱少女风。

基本信息

模特 iMda Doll 3.0【Simonne】

适用尺寸 USD，Darak-i，高 31~33cm 的娃娃

尺寸 裙长 15cm，裙围 16cm，肩带长 21 cm

使用线材 Lang Jawoll • 蓝色，浅黄色，浅绿色（收藏款），青色（0279），紫色（0280）| GGH Merino Soft • 桃粉色，黄色，薄荷色（收藏线）

可代替线材 3 股线（3ply 线）

针 环形针 • 2.0mm（1 根）| 蕾丝钩针 • 0 号（1 根）

其他工具 剪刀，毛线缝针

编织密度 平针编织 40 针 × 50 行 =10cm × 10cm

正面

背面

制作方法

难易程度★★★☆☆

× 从下往上编织。

× 从前片连接编织起伏针制作肩带。

A 围裙式背带裙

起针	使用青色线和2.0mm环形针，长尾起针法编织185针的荷叶边。
第1行	上针1针，（上针3针，下针9针）×15，上针4针/共185针。
第2行	下针滑针1针，（下针3针，上针9针）×15，下针4针。
第3行	上针滑针1针，（上针3针，下针右上2针并1针，下针5针，下针左上2针并1针）×15，上针4针/共155针。
第4行	下针滑针1针，（下针3针，上针7针）×15，下针4针。
第5行	上针滑针1针，（上针3针，下针右上2针并1针，下针3针，下针左上2针并1针）×15，上针4针/共125针。
第6行	下针滑针1针，（下针3针，上针5针）×15，下针4针。
第7行	上针滑针1针，（上针3针，下针右上2针并1针，下针1针，下针左上2针并1针）×15，上针4针/共95针。
第8行	下针滑针1针，（下针3针，上针3针）×15，下针4针。
第9行	上针滑针1针，（上针3针，下针右上3针并1针）×15，上针4针/共65针。
第10行	下针滑针1针，（下针3针，上针1针）×15，下针4针。
第11行	青色线断线，换成紫色线。下针左上2针并1针，剩余针全部编织下针/共64针。
第12~14行	下针滑针1针，剩余针全部编织下针。
第15行	换成浅黄色线编织下针。
第16行	下针滑针1针，下针1针，上针60针，下针2针。
第17行	下针滑针1针，（浅黄）下针1针，[（紫）下针1针，（浅黄）下针5针）]×10，（浅黄）下针2针。
第18行	下针滑针1针，（浅黄）下针1针，（紫）上针1针，[（浅黄）上针3针，（紫）上针3针）]×9，（浅黄）上针3针，（紫）上针2针，（浅黄）下针2针。
第19行	（浅黄）下针滑针1针，下针1针，[（紫）下针1针，（浅黄）下针3针，（紫）下针2针，（浅黄）下针1针，（紫）下针2针，（浅黄）下针3针）]×5，（浅黄）下针2针。
第20行	（浅黄）下针滑针1针，下针1针，[（浅黄）上针2针，（紫）上针2针，（浅黄）上针3针，（紫）上针2针，（浅黄）上针3针）]×5，（浅黄）下针2针。
第21行	（浅黄）下针滑针1，下针1针，[（浅黄）下针2针，（紫）下针2针，（浅黄）下针5针，（紫）下针2针，（浅黄）下针1针）]×5，（浅黄）下针2针。
第22行	（浅黄）下针滑针1针，下针1针，[（紫）上针2针，（浅黄）上针1针）]×20，（浅黄）下针2针。
第23行	（浅黄）下针滑针1针，下针1针，[（浅黄）下针1针，（紫）下针2针，（浅黄）下针2针，（紫）下针1针，（浅黄）下针1针，（紫）下针1针，（浅黄）下针2针，（紫）下针2针）]×5，（浅黄）下针2针。
第24行	（浅黄）下针滑针1针，下针1针，上针1针，[（紫）上针3针，（浅黄）上针3针]×9，（紫）上针3，（浅黄）上针2针，下针2针。
第25行	（浅黄）下针滑针1针，下针。
第26行	（浅黄）下针滑针1针，下针1针，上针60针，下针2针。
第27行	（薄荷）下针。
第28~30行	（薄荷）下针滑针1针，下针63针。
第31行	（桃粉）下针。
第32行	（桃粉）下针滑针1针，下针1针，上针60针，下针2针。
第33行	（桃粉）下针滑针1针，下针63针。
第34~35行	重复编织第32~33行1次。
第36行	（桃粉）下针滑针1针，下针1针，上针60针，下针2针。
第37行	（桃粉）下针滑针1针，下针1针，[（蓝色）下针1针，（桃粉）下针3针）]×15，（桃粉）下针2针。
第38行	（桃粉）下针滑针1针，下针1针，上针60针，下针2针。

第39行	（桃粉）下针滑针1针，下针63针。
第40行	（桃粉）下针滑针1针，下针1针，上针60针，下针2针。
第41行	（桃粉）下针滑针1针，[（桃粉）下针3针，（淡绿）下针1针）]×15，（桃粉）下针3针。
第42行	（桃粉）下针滑针1针，下针1针，上针60针，下针2针。
第43行	（桃粉）下针滑针1针，下针63针。
第44行	（桃粉）下针滑针1针，下针1针，上针60针，下针2针。
第45行	（桃粉）下针滑针1针，下针1针，[（黄）下针1针，（桃粉）下针3针）]×15，（桃粉）下针2针。
第46行	（桃粉）下针滑针1针，下针1针，上针60针，下针2针。
第47行	（桃粉）下针滑针1针，下针63针。
第48行	（桃粉）下针滑针1针，下针1针，上针60针，下针2针。

第49行	（紫）下针。
第50行	（紫）下针滑针1针，下针63针。
第51行	（紫）下针滑针1针，下针2针，[（青）下针1针，（紫）下针3针）]×15，（紫）下针1针。
第52行	（紫）下针滑针1针，下针1针，[（紫）上针1针，（青）上针1针）]×30，（紫）下针2针。
第53行	（紫）下针滑针1针，下针1针，[（紫）下针3针，（青）下针1针）]×15，（紫）下针2针。
第54行	（紫）下针滑针1针，下针1针，[（紫）上针1针，（青）上针1针）]×30，（紫）下针2针。
第55行	（紫）下针滑针1针，下针2针，[（青）下针1针，（紫）下针3针）]×15，（紫）下针1针。
第56行	（紫）下针滑针1针，下针1针，上针60针，下针2针。
第57行	（紫）下针滑针1针，下针63针。
第58行	（紫）下针滑针1针，下针63针。

B 围裙前片和后片分片编织的部分

第59行~肩带扣

第59行	使用紫色线收19针。（桃粉）下针26针，紫色线收19针。留出30cm左右线头后断线。
腰间行的肩带扣	收针后，用留出的线头，使用0号蕾丝钩针钩9针锁针，将线从线圈里拉过。接下来将线穿入毛线缝针对齐腰间行进行缝合。用相同的方法制作另一侧的肩带扣。

C 围裙前片

从围裙中间留出的针反面开始编织。

第60行	（桃粉）下针滑针1针，下针3针，上针18针，下针4针/共26针。
第61行	（桃粉）下针滑针1针，下针。
第62行	（桃粉）下针滑针1针，下针3针，上针18针，下针4针。
第63行	（桃粉）下针滑针1针，下针5针，（浅绿）下针1针，（桃粉）下针3针，（浅绿）下针1针，（桃粉）下针4针，（浅绿）下针1针，（桃粉）下针3针，（浅绿）下针1针，（桃粉）下针6针。
第64行	（桃粉）下针滑针1针，下针3针，[（桃粉）上针1针，（浅绿）上针3针）]×2，（桃粉）上针2针，[（浅绿）上针3针，（桃粉）上针1针）]×2，（桃粉）下针4针。
第65行	（桃粉）下针滑针1针，下针5针，（浅绿）下针1针，（桃粉）下针3针，（浅绿）下针1针，（桃粉）下针4针，（浅绿）下针1针，（桃粉）下针3针，（浅绿）下针1针，（桃粉）下针6针。

第66行	（桃粉）下针滑针1针，下针3针，[（桃粉）上针4针，（蓝色）上针1针）]×2，（桃粉）上针8针，下针4针。
第67行	（桃粉）下针滑针1针，下针5针，（蓝）下针1针，（桃粉）下针4针，（蓝）下针3针，（桃粉）下针2针，（蓝）下针3针，（桃粉）下针7针。
第68行	（桃粉）下针滑针1针，下针3针，上针4针，（蓝）上针1针，（桃粉）上针2针，（蓝）上针2针，（桃粉）上针1针，（蓝）上针2针，（桃粉）上针2针，（蓝）上针3针，（桃粉）上针1针，下针4针。
第69行	（桃粉）下针滑针1针，下针5针，（蓝）下针1针，（桃粉）下针2针，（蓝）下针2针，（桃粉）下针3针，（蓝）下针2针，（桃粉）下针10针。
第70行	（桃粉）下针滑针1针，下针3针，上针1针，（蓝）上针1针，（桃粉）上针3针，（蓝）上针2针，（桃粉）上针5针，（蓝）上针2针，（桃粉）上针4针，下针4针。
第71行	（桃粉）下针滑针1针，下针6针，[（蓝）下针2针，（桃粉）下针1针）]×4，（蓝）下针3针，（桃粉）下针4针。

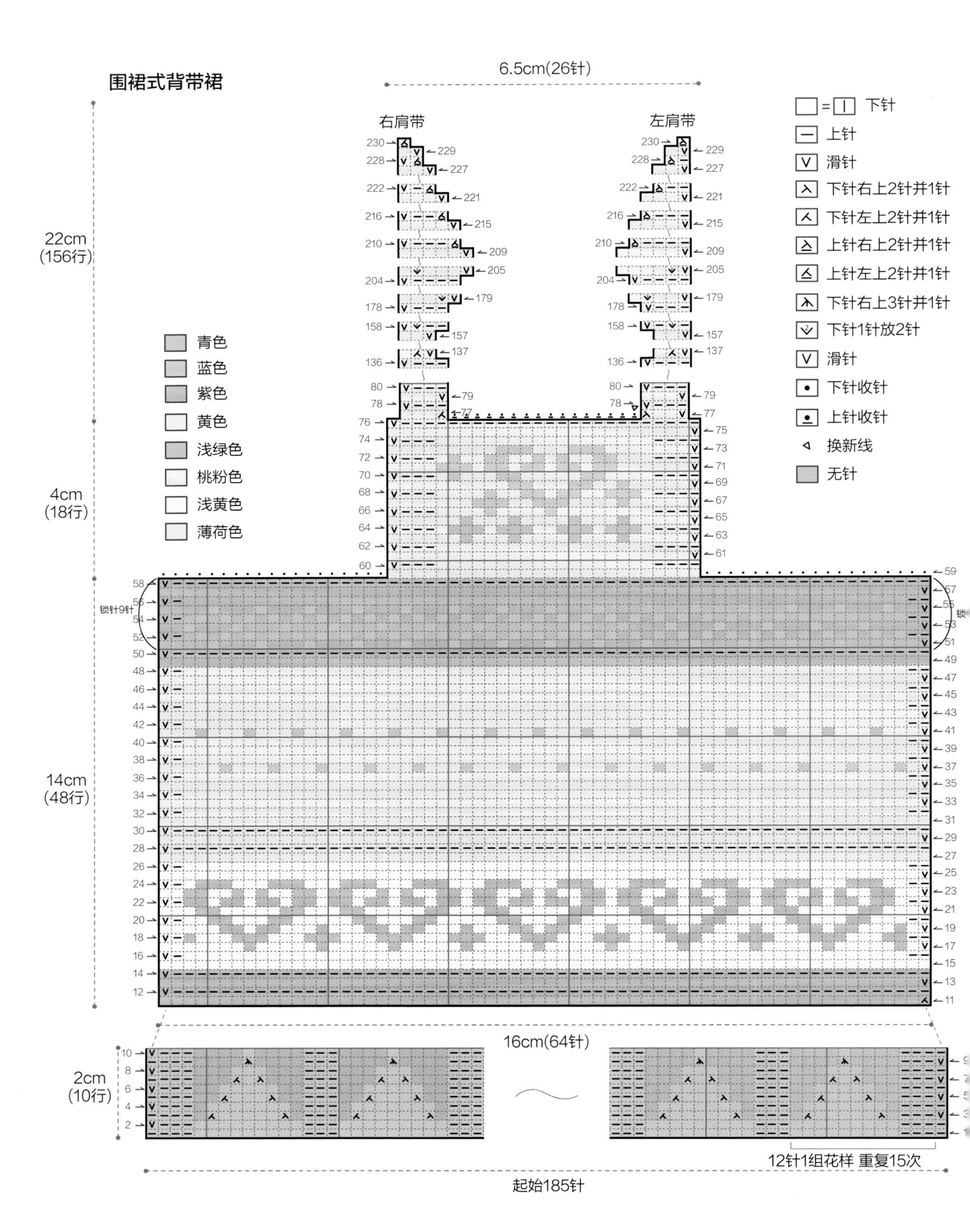

围裙式背带裙
6.5cm(26针)
右肩带
左肩带
22cm
(156行)
4cm
(18行)
14cm
(48行)
2cm
(10行)
青色
蓝色
紫色
黄色
浅绿色
桃粉色
浅黄色
薄荷色
=
下针
上针
滑针
下针右上2针并1针
下针左上2针并1针
上针右上2针并1针
上针左上2针并1针
下针右上3针并1针
下针1针放2针
滑针
下针收针
上针收针
换新线
无针
锁针9针
16cm(64针)
12针1组花样 重复15次
起始185针

第72行	（桃粉）下针滑针1针，下针3针，上针1针，（蓝）上针1针，（桃粉）上针2针，（蓝）上针2针，（桃粉）上针2针，（蓝）上针1针，（桃粉）上针1针，（蓝）上针1针，（桃粉）上针2针，（蓝）上针2针，（桃粉）上针3针，下针4针。
第73行	（桃粉）下针滑针1针，下针7针，（蓝）下针3针，（桃粉）下针3针，（蓝）下针3针，（桃粉）下针9针。

第74行	剩余所有行都用桃粉色线。下针滑针1针，下针3针，上针18针，下针4针。
第75~76行	下针滑针1针，下针。
第77行	下针滑针1针，下针2针，下针右上2针并1针，上针收针16针，下针左上2针并1针，下针3针。

D 右肩带

第78~136行	（下针滑针1针，下针3针）×59行。
第137行	下针滑针1针，下针左上2针并1针，下针1针/共3针。
第138~157行	（下针滑针1针，下针2针）×20行。
第158行	下针滑针1针，下针1针放2针1针，下针1针/共4针。
第159~178行	（下针滑针1针，下针3针）×20行。
第179行	下针滑针1针，下针1针放2针1针，下针2针/共5针。
第180~204行	（下针滑针1针，下针4针）×25行。
第205行	下针滑针1针，下针3针，下针1针放2针1针/共6针。
第206~209行	（下针滑针1针，下针5针）×4行。

第210行	下针滑针1针，下针3针，下针左上2针并1针/共5针。
第211~215行	（下针滑针1针，下针4针）×5行。
第216行	下针滑针1针，下针2针，下针左上2针并1针/共4针。
第217~221行	（下针滑针1针，下针3针）×5行。
第222行	下针滑针1针，下针1针，下针左上2针并1针/共3针。
第223~227行	（下针滑针1针，下针2针）×5行。
第228行	下针滑针1针，下针左上2针并1针/共2针。
第229行	下针滑针1针，下针1针。
第230行	下针左上2针并1针，断线后将线头穿入线圈。接下来从第78行开始编织另一侧的肩带。

E 左肩带

第78~136行	（下针滑针1针，下针3针）×59行。
第137行	下针滑针1针，下针左上2针并1针，下针1针/共3针。
第138~157行	（下针滑针1针，下针2针）×20行。
第158行	下针滑针1针，下针1针放2针，下针1针/共4针。
第159~178行	（下针滑针1针，下针3针）×20行。
第179行	下针滑针1针，下针2针，下针1针放2针/共5针。
第180~204行	（下针滑针1针，下针4针）×25行。
第205行	下针滑针1针，下针1针放2针，下针3针/共6针。

第206~209行	（下针滑针1针，下针5针）×4行。
第210行	下针右上2针并1针，下针4针/共5针。
第211~215行	（下针滑针1针，下针4针）×5行。
第216行	下针右上2针并1针，下针3针/共4针。
第217~221行	（下针滑针1针，下针3针）×5行。
第222行	下针右上2针并1针，下针2针/共3针。
第223~227行	（下针滑针1针，下针2针）×5行。
第228行	下针右上2针并1针，下针1针/共2针。
第229行	下针滑针1针，下针1针。
第230行	下针右上2针并1针，断线后将线头穿入线圈。

F 收尾

1 将提花的剩余线头藏在织物缝隙里进行整理。

2 整理下摆荷叶边进行熨烫。

WAVE FILTER

套头毛衣

会穿搭的人的特点是忠于基本款，
和符合自己审美的单品进行搭配。
娃娃也是一样的，
拥有一两件基础款上衣就可以任意搭配。
本书中这款基础款毛衣织上一件出镜率会很高，
现在就织起来吧！

基本信息

模特 JerryBerry【petite berry】&【petite cozy】

适用尺寸 OB11，hedongyi，iMda Doll Timp（超大版）

尺寸 胸围 9cm，衣长 4.2cm，袖长 3.9cm

使用线材 Lang REINFORCEMENT・象牙色（0094），其他颜色线若干

可代替线材 2 股线（2ply），羊毛刺绣线

针 直棒针・1.2mm（4 根），1.5mm（4 根）

其他工具 纽扣 3.0mm（4 颗），剪刀，毛线缝针，缝衣线，缝衣针

编织密度 平针编织 63 针 × 75 行 =10cm × 10cm（1.5mm 直棒针）

正面

背面

制作方法

难易程度 ★★☆☆☆

× 领口处开始从上往下编织。

× 袖子圈织。

× 扣眼行与衣身同步编织。

A 衣身

起针	使用1.2mm直棒针和象牙色线，长尾起针法起33针。
第1行	扣眼行：下针滑针1针，（下针1针，上针1针）×14，下针右上2针并1针，空加针1针，下针2针。
第2行	上针滑针1针，（上针1针，下针1针）×15，上针2针。
第3行	下针滑针1针，（下针1针，上针1针）×15，下针2针。
第4行	**更换1.5mm直棒针**，上针滑针1针，（上针1针，下针1针）×2，上针23针，（下针1针，上针1针）×2，上针1针。
第5行	下针滑针1针，（下针1针，上针1针）×2，下针12针，下针向左扭加针1针，下针11针，（上针1针，下针1针）×2，下针1针/共34针。
第6行	上针滑针1针，（上针1针，下针1针）×2，上针24针，（下针1针，上针1针）×2，上针1针。
第7行	下针滑针1针，（下针1针，上针1针）×2，（下针1针，下针向左扭加针1针，下针1针）×12，（上针1针，下针1针）×2，下针1针/共46针。
第8行	上针滑针1针，（上针1针，下针1针）×2，上针36针，（下针1针，上针1针）×2，上针1针。
第9行	下针滑针1针，（下针1针，上针1针）×2，（下针1针，下针向左扭加针1针，下针2针）×12，（上针1针，下针1针）×2，下针1针/共58针。
第10行	上针滑针1针，（上针1针，下针1针）×2，上针48针，（下针1针，上针1针）×2，上针1针。
第11行	扣眼行—下针滑针1针，（下针1针，上针1针）×2，（下针2针，下针向左扭加针1针，下针2针）×12，上针1针，下针右上2针并1针，空加针1针，下针2针/共70针。
第12行	上针滑针1针，（上针1针，下针1针）×2，上针60针，（下针1针，上针1针）×2，上针1针。
第13行	下针滑针1针，（下针1针，上针1针）×2，（下针5针，下针向左扭加针1针，下针5针）×6，（上针1针，下针1针）×2，下针1针/共76针。
第14行	上针滑针1针，（上针1针，下针1针）×2，上针66针，（下针1针，上针1针）×2，上针1针。
从衣身处分片编织袖子	
第15行	下针滑针1针，（下针1针，上针1针）×2，下针8针，将编织袖子用的14针移至别线，卷针加针2针，下针22针，将编织袖子用的14针移至别线，卷针加针2针，下针8针，（上针1针，下针1针）×2，下针1针/共52针。
第16行	上针滑针1针，（上针1针，下针1针）×2，上针7针，上针左上2针并1针×2，上针×20，上针左上2针并1针×2，上针7针，（下针1针，上针1针）×2，上针1针/共48针。
第17行	下针滑针1针，（下针1针，上针1针）×2，下针38针，（上针1针，下针1针）×2，下针1针。
第18行	上针滑针1针，（上针1针，下针1针）×2，上针38针，（下针1针，上针1针）×2，上针1针。
第19行	下针滑针1针，（下针1针，上针1针）×2，下针4针，下针向左扭加针1针，下针4针，（下针5针，下针向左扭加针1针，下针6针）×2，下针4针，下针向左扭加针1针，下针4针，（上针1针，下针1针）×2，下针1针/共52针。
第20行	上针滑针1针，（上针1针，下针1针）×2，上针42针，（下针1针，上针1针）×2，上针1针。
第21行	扣眼行：下针滑针1针，（下针1针，上针1针）×2，下针42针，上针1针，下针右上2针并1针，空加针1针，下针2针。
第22行	上针滑针1针，（上针1针，下针1针）×2，上针42针，（下针1针，上针1针）×2，上针1针。
第23行	下针滑针1针，（下针1针，上针1针）×2，下针4针，下针向左扭加针1针，下针5针，（下针4针，下针向左扭加针1针，下针4针）×3，下针5针，下针向左扭加针1针，下针4针，（上针1针，下针1针）×2，下针1针/共57针。
第24行	上针滑针1针，（上针1针，下针1针）×2，上针47针，（下针1针，上针1针）×2，上针1针。
第25行	下针滑针1针，（下针1针，上针1针）×2，下针47针，（上针1针，下针1针）×2，下针1针。
第26行	重复编织第24行1次。
第27行	重复编织第25行1次。
第28行	重复编织第24行1次。

（下转第71页）

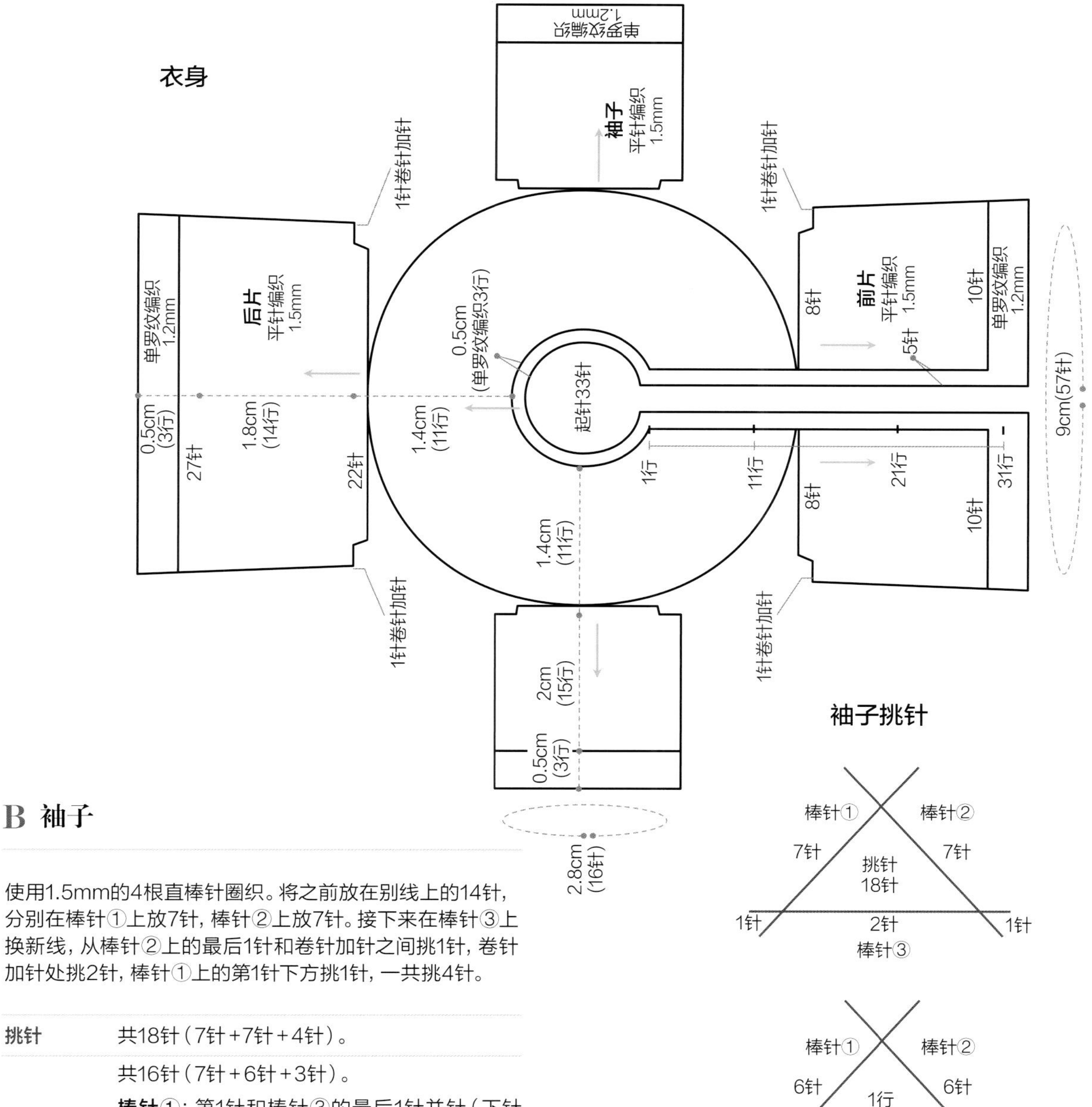

B 袖子

使用1.5mm的4根直棒针圈织。将之前放在别线上的14针，分别在棒针①上放7针，棒针②上放7针。接下来在棒针③上换新线，从棒针②上的最后1针和卷针加针之间挑1针，卷针加针处挑2针，棒针①上的第1针下方挑1针，一共挑4针。

挑针	共18针（7针+7针+4针）。
第1行	共16针（7针+6针+3针）。 **棒针**①：第1针和棒针③的最后1针并针（下针左上2针并1针）1针，下针6针（7针）。 **棒针**②：下针（6针）。 **棒针**③：棒针②的最后1针和棒针③的第1针并针（下针左上2针并1针）1针，下针2针（3针）。
第2~15行	下针14行/共16针。
第16~18行	**更换1.2mm直棒针**，（下针1针，上针1针）×8。
下针织下针，上针织上针，罗纹套收收针。	

C 收尾

1 熨烫。

2 使用毛线缝针在反面整理线头。

3 对齐扣眼在对侧位置缝上 4 颗棕色纽扣。

（上接第70页）

第29行	**更换1.2mm直棒针**，下针滑针1针，（下针1针，上针1针）×27，下针2针。
第30行	上针滑针1针，（上针1针，下针1针）×27，上针2针。
第31行	扣眼行：下针滑针1针，（下针1针，上针1针）×26，下针右上2针并1针，空加针1针，下针2针。
下针织下针，上针织上针，罗纹套收收针。	

露脐装和超短裤

夏日炎炎有时令人透不过气，
但可以大胆尝试各种穿搭却是只有夏天才有的最美福利不是吗？
玫粉色为主调，搭配白色边线的露脐装，
夏季里穿搭再适合不过了。迫不及待要立刻带着娃娃去旅行！

基本信息

模特 Diana Doll

适合尺寸 Darak-i, iMda Doll 3.0，身高 31~33cm 的娃娃

尺寸
露脐装：胸围 16cm，衣长 7cm
超短裤：腰围 12cm，裤长 6cm

使用线材 Lang Jawoll · 玫粉色（0385），白色（0001）

可代替线材 3 股线（3ply）

针 直棒针 · 1.5mm（4 根），1.75mm（4 根）

其他工具 毛线缝针，剪刀，麻花针

编织密度 花样编织 50 针 × 60 行 =10cm × 10cm

露脐装

超短裤

制作方法

露脐装

难易程度 ★★★★☆

× 底部罗纹边开始，从下往上编织。上衣轮廓用白色线装饰。

× 部分编织图收录在第189页。

A 衣身

起针~第16行	
起针	使用白色线和1.5mm直棒针，长尾起针法起76针。接下来更换玫粉色线扭针编织单罗纹。
第1行	下针1针，（下针扭针1针，上针1针）×37，下针1针/共76针。
第2行	下针1针，（下针1针，上针扭针1针）×37，下针1针。
第3~6行	重复编织第1~2行2次。
第7行	下针1针，（下针扭针1针，上针1针）×37，下针1针。
第8行	**更换1.75mm直棒针**，下针1针，（下针1针，上针4针，下针3针，上针扭针2针，下针2针，上针1针放2针，下针2针，上针扭针1针，下针5针，上针1针放2针，下针5针，上针扭针1针，下针2针，上针1针放2针，下针2针，上针扭针2针，下针2针）×2，下针1针/共82针。
第9行	下针1针，[上针2针，下针扭针2针，上针2针，左上1针交叉，上针2针，下针扭针1针，上针4针，左上1针交叉（下侧为上针），右上1针交叉（下侧为上针），上针4针，下针扭针1针，上针2针，左上1针交叉，上针2针，下针扭针2针，上针3针，左上2针交叉，上针1针]×2，下针1针/共82针。
第10行	下针1针，[下针1针，上针4针，下针3针，上针扭针2针，下针2针，上针2针，下针2针，上针扭针1针，下针4针，上针1针，下针2针，上针1针，下针4针，上针扭针1针，下针2针，上针2针，下针2针，上针扭针2针，下针2针]×2，下针1针。
第11行	下针1针，[上针2针，下针扭针2针，上针2针，左上1针交叉，上针2针，下针扭针1针，上针3针，左上1针交叉（下侧为上针），上针2针，右上1针交叉（下侧为上针），上针3针，下针扭针1针，上针2针，左上1针交叉，上针2针，下针扭针2针，上针3针，下针4针，上针1针]×2，下针1针。
第12行	下针1针，（下针1针，上针4针，下针3针，上针扭针2针，下针2针，上针2针，下针2针，上针扭针1针，下针3针，上针1针，下针4针，上针1针，下针3针，上针扭针1针，下针2针，上针2针，下针2针，上针扭针2针，下针2针）×2，下针1针。
第13行	下针1针，[上针2针，下针扭针2针，上针2针，左上1针交叉，上针2针，下针扭针1针，上针2针，左上1针交叉（下侧为上针），上针4针，右上1针交叉（下侧为上针），上针2针，下针扭针1针，上针2针，左上1针交叉，上针2针，下针扭针2针，上针3针，左上2针交叉，上针1针]×2，下针1针。
第14行	下针1针，（下针1针，上针4针，下针3针，上针扭针2针，下针2针，上针2针，下针2针，上针扭针1针，下针2针，上针1针，下针6针，上针1针，下针2针，上针扭针1针，下针2针，上针2针，下针2针，上针扭针2针，下针2针）×2，下针1针。
第15行	下针1针，[上针2针，下针扭针2针，上针2针，左上1针交叉，上针2针，下针扭针1针，上针2针，右上1针交叉（下侧为上针），上针4针，左上1针交叉（下侧为上针），上针2针，下针扭针1针，上针2针，左上1针交叉，上针2针，下针扭针2针，上针3针，下针4针，上针1针]×2，下针1针。
第16行	下针1针，（下针1针，上针4针，下针3针，上针扭针2针，下针2针，上针2针，下针2针，上针扭针1针，下针3针，上针1针，下针4针，上针1针，下针3针，上针扭针1针，下针2针，上针2针，下针2针，上针扭针2针，下针2针）×2，下针1针。

衣身前片和后片的分片部分	
第17行	上针右上2针并1针，上针1针，下针扭针2针，上针2针，左上1针交叉，上针2针，下针扭针1针，上针3针，右上1针交叉（下侧为上针），上针2针，左上1针交叉（下侧为上针），上针3针，下针扭针1针，上针2针，左上1针交叉，上针2针，下针扭针2针，上针2针，收针6针，上针2针，下针扭针2针，上针2针，左上1针交叉，上针2针，下针扭针1针，上针3针，右上1针交叉（下侧为上针），上针2针，左上1针交叉（下侧为上针），上针3针，下针扭针1针，上针2针，左上1针交叉，上针2针，下针扭针2针，上针2针，收针7针，断线后将线头穿过线圈。

衣身前片

第18行 换新线收针2针，上针扭针2针，下针2针，上针2针，下针2针，上针扭针1针，下针4针，上针1针，下针2针，上针1针，下针4针，上针扭针1针，下针2针，上针2针，下针2针，上针扭针2针，收针2针后断线，线头穿过线圈中收尾/共30针。

第19行 换新线，下针右上2针并1针，上针2针，左上1针交叉，上针2针，下针扭针1针，上针4针，右上1针交叉（下侧为上针），左上1针交叉（下侧为上针），上针4针，下针扭针1针，上针2针，左上1针交叉，上针2针，下针左上2针并1针/共28针。

第20行 上针扭针1针，下针2针，上针2针，下针2针，上针扭针1针，下针5针，上针2针，下针5针，上针扭针1针，下针2针，上针2针，下针2针，上针扭针1针。

衣身前片的左右肩分片编织

第21行 上针右上2针并1针，上针1针，左上1针交叉，上针2针，下针扭针1针，上针4针，收针4针，上针4针，下针扭针1针，上针2针，左上1针交叉，上针1针，上针左上2针并1针。

衣身前片右肩的编织

第22行 下针2针，上针2针，下针2针，上针扭针1针，下针2针，收针2针后断线。线头穿过线圈收尾/共9针。

第23行 换新线，上针右上2针并1针，下针扭针1针，上针2针，左上1针交叉，上针2针/共8针。

第24行 下针2针，上针2针，下针2针，上针右上2针并1针/共7针。

第25行 下针扭针1针，上针2针，左上1针交叉，上针左上2针并1针/共6针。

第26行 下针1针，上针2针，下针1针，下针右上2针并1针/共5针。

第27行 上针2针，左上1针交叉，上针1针。

第28行 下针1针，上针2针，下针右上2针并1针/共4针。

第29行 上针1针，左上1针交叉，上针1针。

第30行 下针1针，上针2针，下针1针。

第31~42行 重复编织第29~30行6次。接下来将剩余4针移至另一根棒针上。

衣身前片左肩的编织

第22行 换新线，收针2针，下针2针，上针扭针1针，下针2针，上针2针，下针2针/共9针。

第23行 上针2针，左上1针交叉，上针2针，下针扭针1针，上针左上2针并1针/共8针。

第24行 上针左上2针并1针，下针2针，上针2针，下针2针/共7针。

第25行 上针右上2针并1针，左上1针交叉，上针2针，下针扭针1针/共6针。

第26行 下针左上2针并1针，下针1针，上针2针，下针1针/共5针。

第27行 上针1针，左上1针交叉，上针2针/共5针。

第28行 下针左上2针并1针，上针2针，下针1针/共4针。

第29行 上针1针，左上1针交叉，上针1针/共4针。

第30行 下针1针，上针2针，下针1针/共4针。

第31~42行 重复编织第29~30行6次。接下来将剩余4针移至另一根棒针上。

衣身后片

第18行 换新线收针2针，上针扭针2针，下针2针，上针2针，下针2针，上针扭针1针，下针4针，上针1针，下针2针，上针1针，下针4针，上针扭针1针，下针2针，上针2针，下针2针，上针扭针2针，收针2针后断线，线头穿入线圈收尾/共30针。

第19行 换新线，下针右上2针并1针，上针2针，左上1针交叉，上针2针，下针扭针1针，上针4针，右上1针交叉（下侧为上针），左上1针交叉（下侧为上针），上针4针，下针扭针1针，上针2针，左上1针交叉，上针2针，下针左上2针并1针/共28针。

第20行 上针扭针1针，下针2针，上针2针，下针2针，上针扭针1针，下针5针，上针2针，下针5针，上针扭针1针，下针2针，上针2针，下针2针，上针扭针1针。

第21行 上针右上2针并1针，上针1针，左上1针交叉，上针2针，下针扭针1针，上针5针，左上1针交叉，上针5针，下针扭针1针，上针2针，左上1针交叉，上针1针，上针左上2针并1针/共26针。

第22行 下针2针，上针2针，下针2针，上针扭针1针，下针5针，上针2针，下针5针，上针扭针1针，下针2针，上针2针，下针2针。

第23行 上针2针，左上1针交叉，上针2针，下针扭针1针，上针4针，左上1针交叉（下侧为上针），右上1针交叉（下侧为上针），上针4针，下针扭针1针，上针2针，左上1针交叉，上针2针。

第24行 下针2针，上针2针，下针2针，上针扭针1针，下针4针，上针1针，下针2针，上针1针，下针4针，上针扭针1针，下针2针，上针2针，下针2针。

第25行	上针右上2针并1针，左上1针交叉，上针2针，下针扭针1针，上针3针，左上1针交叉（下侧为上针），上针2针，右上1针交叉（下侧为上针），上针3针，下针扭针1针，上针2针，左上1针交叉，上针左上2针并1针/共24针。
第26行	下针1针，上针2针，下针2针，上针扭针1针，下针3针，上针1针，下针4针，上针1针，下针3针，上针扭针1针，下针2针，上针2针，下针1针。

衣身后片的左右肩分片编织

第27行	上针1针，左上1针交叉，上针2针，下针扭针1针，上针3针，收针6针，上针3针，下针扭针1针，上针2针，左上1针交叉，上针1针。

衣身后片的左肩编织

第28行	下针1针，上针2针，下针2针，上针扭针1针，下针1针，收针2针后断线，线头通过线圈收尾/共7针。
第29行	换新线，上针右上2针并1针，上针2针，左上1针交叉，上针1针/共6针。
第30行	下针1针，上针2针，下针1针，下针右上2针并1针/共5针。
第31行	上针2针，左上1针交叉，上针1针/共5针。
第32行	下针1针，上针2针，下针右上2针并1针/共4针。
第33行	上针1针，左上1针交叉，上针1针。
第34行	下针1针，上针2针，下针1针。
第35~42行	重复编织第33~34行4次。接下来将剩余4针移至另一根棒针上。

衣身后片的右肩编织

第28行	换新线，收针2针，下针1针，上针扭针1针，下针2针，上针2针，下针1针/共7针。
第29行	上针1针，左上1针交叉，上针2针，上针左上2针并1针/共6针。
第30行	下针左上2针并1针，下针1针，上针2针，下针1针/共5针。
第31行	上针1针，左上1针交叉，上针2针。
第32行	下针左上2针并1针，上针2针，下针1针/共4针。
第33行	上针1针，左上1针交叉，上针1针。
第34行	下针1针，上针2针，下针1针。
第35~42行	重复编织第33~34行4次。接下来将剩余4针移至另一根棒针上。

肩部收尾

1.将前后片肩部的剩余线圈，左侧对左侧，右侧对右侧，使用毛衣缝针进行缝合。
2.衣身前后片两侧行和行缝合。
3.肩部缝合完毕后熨烫织物。

袖窿行（圈织2个）

挑针	使用玫粉色线和1.5mm直棒针从衣身袖窿下的侧缝顶点开始挑58针。将针数分在3根棒针上，挑针的第1针前挂上记号扣作为起始点。
第1~2行	重复编织（下针扭针1针，上针1针）到最后。更换白色线，下针织下针，上针织上针，罗纹套收收针。

• **提示** 收针时线不能拉得过紧！

领口行

挑针	使用玫粉色线和1.5mm直棒针，在肩部的缝合处开始挑88针。接下来，分到3根棒针上，肩部挑针处第1针前挂上记号扣作为起始点。
第1~2行	重复编织（下针扭针1针，上针1针）到最后。更换白色线，下针织下针，上针织上针，罗纹套收收针。

• **提示** 收针时线不能拉得过紧！

B 收尾

为防止织物变形，边固定边熨烫。

领口行和袖窿行的起针

制作方法

超短裤

难易程度 ★ ★ ★ ★ ☆

× 从腰部罗纹边开始向下圈织。

× 部分编织图收录在第189页。

A 前后裤身

起针~第27行	
起针	使用玫粉色线和1.5mm直棒针，长尾起针法起74针。接下来，分在3根棒针上后（圈织），扭针编织单罗纹。 从腰部侧缝处开始编织，并用记号扣做标记。
第1~6行	（下针扭针1针，上针1针）×37/共74针。
第7~8行	后片罗纹行的引返按以下顺序进行编织。 1.（下针扭针1针，上针1针）×31，翻转织物。 2.下针滑针1针，（上针扭针1针，下针1针）×14，上针扭针1针，翻转织物。 3.下针滑针1针，（上针1针，下针扭针1针）×10，上针1针，翻转织物。 4.下针滑针1针，（上针扭针1针，下针1针）×7，翻转织物。 5.上针滑针1针，重复编织（下针扭针1针，上针1针）到起始针标记处。
第9行	**更换1.75mm直棒针**，（上针3针，下针扭针2针，上针2针，下针1针放2针，上针2针，下针扭针1针，上针5针，下针1针放2针，上针5针，下针扭针1针，上针2针，下针1针放2针，上针2针，下针扭针2针，上针3针，下针4针）×2/共80针。
第10行	（上针3针，下针扭针2针，上针2针，左上1针交叉，上针2针，下针扭针1针，上针5针，左上1针交叉，上针5针，下针扭针1针，上针2针，左上1针交叉，上针2针，下针扭针2针，上针3针，左上2针交叉）×2。
第11行	（上针3针，下针扭针2针，上针2针，下针2针，上针2针，下针扭针1针，上针5针，下针2针，上针5针，下针扭针1针，上针2针，下针2针，上针2针，下针扭针2针，上针3针，下针4针）×2。
第12行	（上针3针，下针扭针2针，上针2针，左上1针交叉，上针2针，下针扭针1针，上针4针，左上1针交叉（下侧为上针），右上1针交叉（下侧为上针），上针4针，下针扭针1针，上针2针，左上1针交叉，上针2针，下针扭针2针，上针3针，下针4针）×2。
第13行	（上针3针，下针扭针2针，上针2针，下针2针，上针2针，下针扭针1针，上针4针，下针1针，上针2针，下针1针，上针4针，下针扭针1针，上针2针，下针2针，上针2针，下针扭针2针，上针3针，下针4针）×2。
第14行	[上针3针，下针扭针2针，上针2针，左上1针交叉，上针2针，下针扭针1针，上针3针，左上1针交叉（下侧为上针），上针2针，右上1针交叉（下侧为上针），上针3针，下针扭针1针，上针2针，左上1针交叉，上针2针，下针扭针2针，上针3针，左上2针交叉]×2。
第15行	（上针3针，下针扭针2针，上针2针，下针2针，上针2针，下针扭针1针，上针3针，下针1针，上针4针，下针1针，上针3针，下针扭针1针，上针2针，下针2针，上针2针，下针扭针2针，上针3针，下针4针）×2。
第16行	（上针3针，下针扭针2针，上针2针，左上1针交叉，上针2针，下针扭针1针，上针2针，左上1针交叉（下侧为上针），上针4针，右上1针交叉（下侧为上针），上针2针，下针扭针1针，上针2针，左上1针交叉，上针2针，下针扭针2针，上针3针，下针4针）×2。
第17行	（上针3针，下针扭针2针，上针2针，下针2针，上针2针，下针扭针1针，上针2针，下针1针，上针6针，下针1针，上针2针，下针扭针1针，上针2针，下针2针，上针2针，下针扭针2针，上针3针，下针4针）×2。
第18行	[上针3针，下针扭针2针，上针2针，左上1针交叉，上针2针，下针扭针1针，上针2针，右上1针交叉（下侧为上针），上针4针，左上1针交叉（下侧为上针），上针2针，下针扭针1针，上针2针，左上1针交叉，上针2针，下针扭针2针，上针3针，左上2针交叉]×2。
第19行	（上针3针，下针扭针2针，上针2针，下针2针，上针2针，下针扭针1针，上针3针，下针1针，上针4针，下针1针，上针3针，下针扭针1针，上针2针，下针2针，上针2针，下针扭针2针，上针3针，下针4针）×2。
第20行	[上针3针，下针扭针2针，上针2针，左上1针交叉，上针2针，下针扭针1针，上针3针，右上1针交叉（下侧为上针），上针2针，左上1针交叉（下侧为上针），上针3针，下针扭针1针，上针2针，左上1针交叉，上针2针，下针扭针2针，上针3针，下针4针]×2。
第21行	（上针3针，下针扭针2针，上针2针，下针2针，上针2针，下针扭针1针，上针4针，下针1针，上针2针，下针1针，上针4针，下针扭针1针，上针2针，下针2针，上针2针，下针扭针2针，上针3针，下针4针）×2。

第22行	[上针1针，上针左加针1针，上针2针，下针扭针2针，上针2针，左上1针交叉，上针2针，下针扭针1针，上针4针，右上1针交叉（下侧为上针），左上1针交叉（下侧为上针），上针4针，下针扭针1针，上针2针，左上1针交叉，上针2针，下针扭针2针，上针2针，上针右加针1针，上针1针，左上2针交叉]×2/共84针。
第23行	（上针4针，下针扭针2针，上针2针，下针2针，上针2针，下针扭针1针，上针5针，下针2针，上针5针，下针扭针1针，上针2针，下针2针，上针2针，下针扭针2针，上针4针，下针4针）×2。
第24行	（上针1针，上针左加针1针，上针3针，下针扭针2针，上针2针，左上1针交叉，上针2针，下针扭针1针，上针5针，左上1针交叉，上针5针，下针的扭针1针，上针2针，左上1针交叉，上针2针，下针扭针2针，上针3针，上针右加针1针，上针1针，下针4针）×2/共88针。
第25行	（上针5针，下针扭针2针，上针2针，下针2针，上针2针，下针扭针1针，上针5针，下针2针，上针5针，下针扭针1针，上针2针，下针2针，上针2针，下针扭针2针，上针5针，下针4针）×2。
第26行	[上针1针，上针左加针1针，上针4针，下针扭针2针，上针2针，左上1针交叉，上针2针，下针扭针1针，上针4针，左上1针交叉（下侧为上针），右上1针交叉（下侧为上针），上针4针，下针扭针1针，上针2针，左上1针交叉，上针2针，下针扭针2针，上针4针，上针右加针1针，上针1针，左上2针交叉]×2/共92针。
第27行	（上针6针，下针扭针2针，上针2针，下针2针，上针2针，下针扭针1针，上针4针，下针1针，上针2针，下针1针，上针4针，下针扭针1针，上针2针，下针2针，上针2针，下针扭针2针，上针6针，下针4针）×2。

B 腿部分片编织的部分

前片底部1cm

第28行	上针6针，下针扭针2针，上针2针，左上1针交叉，上针2针，下针扭针1针，上针4针，下针1针，上针2针，下针1针，上针1针，剩下线圈不织，翻转织物。

裆部前片1.2cm

1.下针1针，上针1针，下针2针，上针1针，下针1针，剩下线圈不织，翻转织物/共6针。
2.上针1针，下针1针，上针2针，下针1针，上针1针。
3.下针1针，上针1针，下针2针，上针1针，下针1针。
4.上针1针，下针1针，上针2针，下针1针，上针1针。
5.下针1针，上针1针，下针2针，上针1针，下针1针。
6.上针1针，下针1针，上针2针，下针1针，上针1针，断线后移至另一根棒针上。
7.编织裆部前片后换新线。
8.上针3针，下针扭针1针，上针2针，左上1针交叉，上针2针，下针扭针2针，上针6针，下针4针，上针6针，下针扭针2针，上针2针，左上1针交叉，上针2针，下针扭针1针，上针4针，下针1针，上针2针，下针1针，上针1针，剩余针不织，翻转织物。

裆部后片1.5cm

1.下针1针，上针1针，下针2针，上针1针，下针1针，剩余针不织，翻转织物/共6针。
2.上针1针，下针1针，上针2针，下针1针，上针1针。
3.重复编织前2行3次。
4.留出30cm左右线头后断线。
5.将裆部前后片的剩余针对齐。接下来，缝合完成两条裤腿。
6.换新线将剩余针编织完至起始针。
7.上针3针，下针扭针1针，上针2针，左上1针交叉，上针2针，下针扭针2针，上针6针，下针4针，断线。

右裤腿（圈织）

在裆部前后片的连接处换新线，从裆部后片的右侧开始挑针。

第29行	挑7针，上针3针，下针扭针1针，上针2针，下针2针，上针2针，下针扭针2针，上针6针，下针4针，上针6针，下针扭针2针，上针2针，下针2针，上针2针，下针扭针1针，上针3针，裆部前片的左侧挑5针，在该行的起始针（第1针）前挂记号扣作标记/共52针。
第30行	上针10针，下针扭针1针，上针2针，左上1针交叉，上针2针，下针扭针2针，上针6针，左上2针交叉，上针6针，下针扭针2针，上针2针，左上1针交叉，上针2针，下针扭针1针，上针8针。
第31行	上针10针，下针扭针1针，上针2针，下针2针，上针2针，下针扭针2针，上针6针，下针4针，上针6针，下针扭针2针，上针2针，下针2针，上针2针，下针扭针1针，上针8针。
第32行	上针10针，下针扭针1针，上针2针，左上1针交叉，上针2针，下针扭针2针，上针6针，下针4针，上针6针，下针扭针2针，上针2针，左上1针交叉，上针2针，下针扭针1针，上针8针。
第33行	上针10针，下针扭针1针，上针2针，下针2针，上针2针，下针扭针2针，上针6针，下针4针，上针6针，下针扭针2针，上针2针，下针2针，上针2针，下针扭针1针，上针8针。

更换1.5mm直棒针，扭针编织单罗纹行。

第34~38行	重复编织（下针扭针1针，上针1针）到最后断线。将线穿入毛线缝针完成罗纹边收针。

左腿（圈织）	
在裆部前后片连接处换新线。	
第29行	裆部前片右侧挑5针，上针3针，下针扭针1针，上针2针，下针2针，上针2针，下针扭针2针，上针6针，下针4针，上针6针，下针扭针2针，上针2针，下针2针，上针2针，下针扭针1针，上针3针，反片底部侧面挑7针，在该行的起始针（第1针）前挂上记号扣做标记/共52针。
第30行	上针8针，下针扭针1针，上针2针，左上1针交叉，上针2针，下针扭针2针，上针6针，左上2针交叉，上针6针，下针扭针2针，上针2针，左上1针交叉，上针2针，下针扭针1针，上针10针。
第31行	上针8针，下针扭针1针，上针2针，下针2针，上针2针，下针扭针2针，上针6针，下针4针，上针6针，下针扭针2针，上针2针，下针2针，上针2针，下针扭针1针，上针10针。
第32行	上针8针，下针扭针1针，上针2针，左上1针交叉，上针2针，下针扭针2针，上针6针，下针4针，上针6针，下针扭针2针，上针2针，左上1针交叉，上针2针，下针扭针1针，上针10针。
第33行	上针8针，下针扭针1针，上针2针，下针2针，上针2针，下针扭针2针，上针6针，下针4针，上针6针，下针扭针2针，上针2针，下针2针，上针2针，下针扭针1针，上针10针。
更换1.5mm直棒针，下针扭针编织单罗纹行。	
第34~38行	重复编织（下针扭针1针，上针1针）到最后断线。断线后用毛线缝针完成罗纹边收针。

C 收尾

为防止织物变形，将其固定进行熨烫。

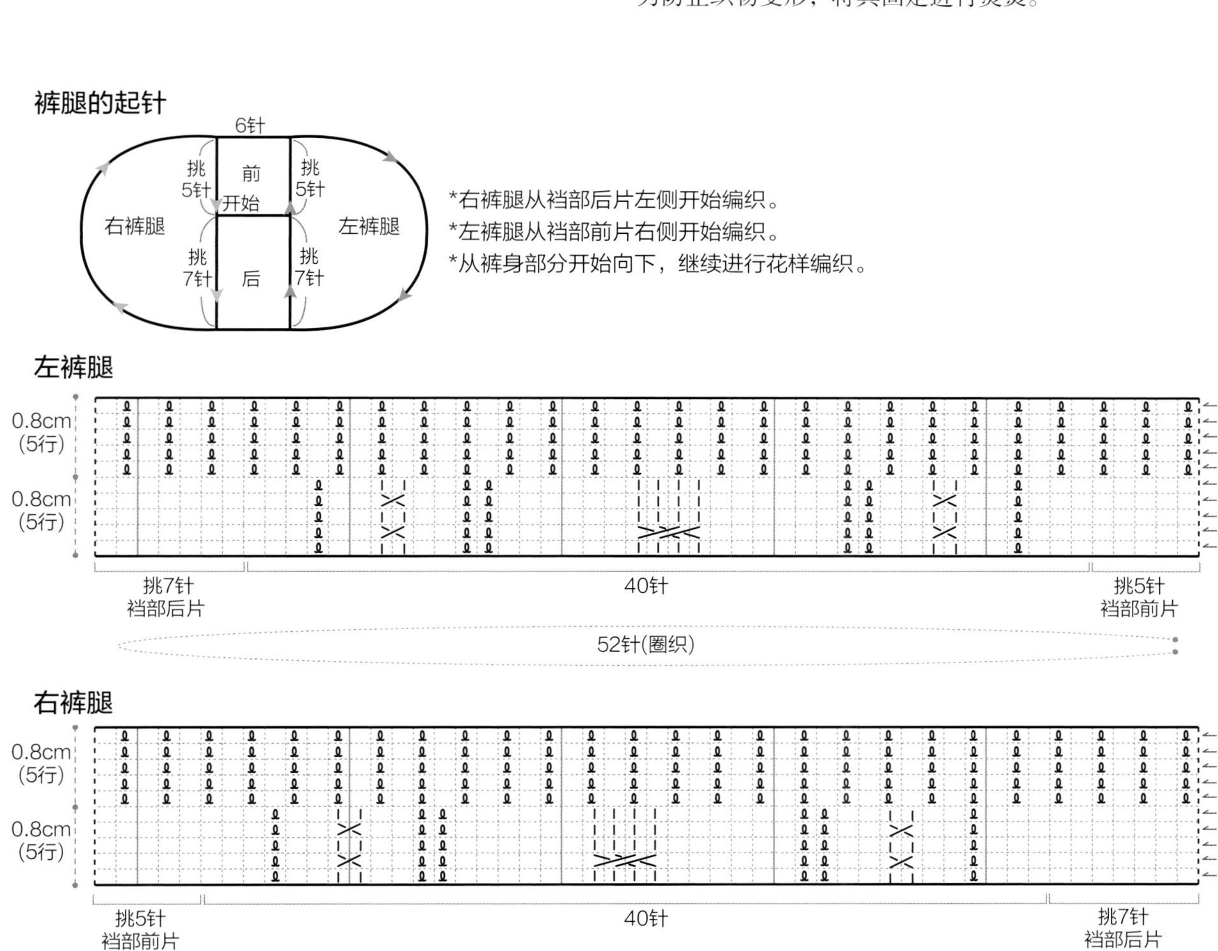

蕾丝礼服和披肩

为自己的娃娃穿上礼服是每个玩家的梦想。
若是用毛线也可以实现呢？用丝带做装饰，
再加一件同色披肩会有一种
“这是织出来的吗？”的感叹。

基本信息

模特 iMda Doll 3.0【Modigli】

适用尺寸 Diana Doll, Darak-i，身高 31~33cm 的娃娃
尺寸 胸围 14cm，腰围 13cm，裙长 23cm，披肩长 7cm

使用线材 Lang 蕾丝线・薄荷色（0058），其他颜色线若干

可代替线材 2 股线（2ply）

针 环形针・1.75mm（1 根），2.0mm（1 根），2.25mm（1 根），2.5mm（1 根），3.0mm（1 根）| 直棒针 1.75mm（4 根）| 蕾丝钩针・4 号（1 根）

其他工具 剪刀，毛线缝针，记号扣，缝衣线，缝衣针，珠针，珍珠纽扣 5.0mm（5 颗），丝带（长度 50cm，宽 7.0mm）

编织密度 平针编织 45 针 × 50 行 =10cm × 10cm

正面

背面

披肩

制作方法

难易程度 ★★★★☆

- 礼服上衣从衣领开始到腰间，从上往下进行编织。
- 裙子从腰间开始向下编织，上衣与腰间用并针连接（防止裙摆下塌）。
- 裙子花样参考编织图“A~D”的顺序进行编织。
- 披肩从领口开始向肩膀处进行编织，领口边用蕾丝钩针编织。
- 编织图收录在第190、191页。

A 裙子

起针	使用2.25mm环形针，长尾起针法起56针。

花样A

两边第一针是边针。花样部分（括号内）重复编织9次。

第1行	下针1针，（上针1针，上针1针放2针，上针2针，上针1针放2针，上针1针）×9，下针1针/共74针。
第2行	下针1针，留出1针全部编织上针，下针1针（接下来到第66行，双数行织法相同）。
第3行	下针。
第5行	下针1针，（下针4针，空加针1针，下针1针，空加针1针，下针3针）×9，下针1针/共92针。
第7行	下针1针，（下针4针，空加针1针，下针3针，空加针1针，下针3针）×9，下针1针/共110针。
第9行	下针1针，（下针2针，下针左上2针并1针，空加针1针，下针左上2针并1针，下针1针，下针右上2针并1针，空加针1针，下针右上2针并1针，下针1针）×9，下针1针/共92针。
第11行	下针1针，（下针1针，下针左上2针并1针，空加针1针，下针1针，下针3针放7针，下针1针，空加针1针，下针右上2针并1针）×9，下针1针/共128针。
第13行	下针1针，（下针2针，空加针1针，下针4针，空加针1针，下针3针，空加针1针，下针4针，空加针1针，下针1针）×9，下针1针/共164针。
第15行	下针1针，（下针2针，空加针1针，下针左上4针并1针，空加针1针，下针1针，空加针1针，下针右上2针并1针，下针1针，下针左上2针并1针，空加针1针，下针1针，空加针1针，下针左上4针并1针，空加针1针，下针1针）×9，下针1针/共146针。
第17行	下针1针，（下针左上3针并1针，空加针1针，下针5针，空加针1针，下针右上3针并1针，空加针1针，下针5针，空加针1针）×9，下针1针。
第19行	下针1针，（下针1针，空加针1针，下针右上2针并1针，空加针1针，下针右上2针并1针，下针7针，下针左上2针并1针，空加针1针，下针左上2针并1针，空加针1针）×9，下针1针/共146针。
第21行	下针1针，（下针2针，空加针1针，下针右上2针并1针，空加针1针，下针右上2针并1针，下针5针，下针左上2针并1针，空加针1针，下针左上2针并1针，空加针1针，下针1针）×9，下针1针。
第23行	下针1针，（下针1针，空加针1针，下针右上2针并1针，空加针1针，下针右上2针并1针，空加针1针，下针右上2针并1针，下针3针，下针左上2针并1针，空加针1针，下针左上2针并1针，空加针1针，下针左上2针并1针，空加针1针）×9，下针1针。
第25行	下针1针，（下针1针，空加针1针，下针1针，空加针1针，下针右上2针并1针，空加针1针，下针右上2针并1针，空加针1针，下针右上2针并1针，下针1针，下针左上2针并1针，空加针1针，下针左上2针并1针，空加针1针，下针左上2针并1针，空加针1针，下针1针，空加针1针）×9，下针1针/共164针。
第27行	下针1针，（下针1针，空加针1针，下针左上2针并1针，空加针1针，下针1针，空加针1针，下针右上2针并1针，空加针1针，下针右上2针并1针，空加针1针，下针右上3针并1针，空加针1针，下针左上2针并1针，空加针1针，下针左上2针并1针，空加针1针，下针1针，空加针1针，下针右上2针并1针，空加针1针）×9，下针1针/共182针。
第29行	下针1针，（下针1针，空加针1针，下针左上2针并1针，空加针1针，下针3针，空加针1针，下针右上2针并1针，空加针1针，下针右上2针并1针，下针1针，下针左上2针并1针，空加针1针，下针左上2针并1针，空加针1针，下针3针，空加针1针，下针右上2针并1针，空加针1针）×9，下针1针/共200针。
第31行	下针1针，（下针1针，空加针1针，下针左上2针并1针，空加针1针，下针左上2针并1针，空加针1针，下针1针，空加针1针，下针右上2针并1针，空加针1针，下针右上2针并1针，空加针1针，下

	针右上3针并1针，空加针1针，下针左上2针并1针，空加针1针，下针左上2针并1针，空加针1针，下针1针，空加针1针，下针右上2针并1针，空加针1针，下针右上2针并1针，空加针1针）×9，下针1针/共218针。

花样B

更换2.5mm环形针。

第33行	下针1针，（下针1针，下针左上2针并1针，空加针1针，下针左上2针并1针，空加针1针，下针3针，空加针1针，下针右上2针并1针，空加针1针，下针右上2针并1针）×18，下针1针/共218针。
第35行	下针1针，（下针左上3针并1针，空加针1针，下针左上2针并1针，空加针1针，下针左上2针并1针，空加针1针，下针1针，空加针1针，下针右上2针并1针，空加针1针，下针右上2针并1针，空加针1针）×18，下针1针。
第37行	下针1针，（下针1针，下针左上2针并1针，空加针1针，下针左上2针并1针，空加针1针，下针3针，空加针1针，下针右上2针并1针，空加针1针，下针右上2针并1针）×18，下针1针。
第39行	下针1针，（下针1针，空加针1针，下针左上2针并1针，空加针1针，下针左上2针并1针，空加针1针，下针右上3针并1针，空加针1针，下针右上2针并1针，空加针1针，下针右上2针并1针，空加针1针）×18，下针1针。
第41行	下针1针，（下针1针，空加针1针，下针右上2针并1针，空加针1针，下针右上2针并1针，空加针1针，下针右上3针并1针，空加针1针，下针左上2针并1针，空加针1针，下针左上2针并1针，空加针1针）×18，下针1针。
第43行	下针1针，（下针2针，空加针1针，下针右上2针并1针，空加针1针，下针右上2针并1针，下针1针，下针左上2针并1针，空加针1针，下针左上2针并1针，空加针1针，下针1针）×18，下针1针。
第45行	下针1针，（下针1针，空加针1针，下针右上2针并1针，空加针1针，下针右上2针并1针，空加针1针，下针右上3针并1针，空加针1针，下针左上2针并1针，空加针1针，下针左上2针并1针，空加针1针）×18，下针1针。
第47~50行	重复编织第43~46行1次。

花样C

第51行	下针1针，（下针2针，下针左上2针并1针，空加针1针，下针左上2针并1针，空加针1针，下针1针，空加针1针，下针右上2针并1针，空加针1针，下针右上2针并1针，下针1针）×18，下针1针/共218针。
第53行	下针1针，（下针1针，下针左上2针并1针，空加针1针，下针左上2针并1针，空加针1针，下针3针，空加针1针，下针右上2针并1针，空加针1针，下针右上2针并1针）×18，下针1针。
第55行	下针1针，（下针左上3针并1针，空加针1针，下针左上2针并1针，空加针1针，下针5针，空加针1针，下针右上2针并1针，空加针1针）×18，下针1针。
第57行	下针1针，（下针1针，下针左上2针并1针，空加针1针，下针7针，空加针1针，下针右上2针并1针）×18，下针1针。
第59行	下针1针，（下针1针，空加针1针，下针右上2针并1针，空加针1针，下针2针，下针右上3针并1针，下针2针，空加针1针，下针左上2针并1针，空加针1针）×18，下针1针。
第61行	下针1针，（下针2针，空加针1针，下针右上2针并1针，空加针1针，下针1针，下针右上3针并1针，下针1针，空加针1针，下针左上2针并1针，空加针1针，下针1针）×18，下针1针。
第63行	下针1针，（下针3针，空加针1针，下针右上2针并1针，空加针1针，下针右上3针并1针，空加针1针，下针左上2针并1针，空加针1针，下针2针）×18，下针1针。
第65行	下针1针，（下针4针，空加针1针，下针1针，下针右上3针并1针，下针1针，空加针1针，下针3针）×18，下针1针。
第67行	下针1针，（下针5针，空加针1针，下针右上3针并1针，空加针1针，下针4针）×18，下针1针。
第68行	下针（起伏针）。

花样D（裙摆）

第69行	下针1针，（下针右上3针并1针，下针4针，空加针1针，下针1针，空加针1针，下针4针）×18，下针1针/共218针。
第70行	下针1针，留出1针全部编织上针，下针1针。
第71~78行	重复编织第69~70行4次。

更换3.0mm环形针，开始狗牙收针。
收针3针，（右针上的1针移到左针上，左针卷针加针3针，收针8针）×43。
用珠针固定裙子织物的狗牙边，熨烫出漂亮的花边。

* **提示** 用同样大小的针进行狗牙收针会使织物缩小，因此要更换大号（3.0mm）的针进行编织。

B 上衣

起针~第19行	
起针	使用1.75mm环形针，长尾起针法起52针。
第1行	下针。
第2行	下针滑针1针，剩余针全部编织下针。
第3行	下针滑针1针，下针8针，下针右加针1针，下针2针，下针左加针1针，下针7针，下针右加针1针，下针2针，下针左加针1针，下针12针，下针右加针1针，下针2针，下针左加针1针，下针7针，下针右加针1针，下针2针，下针左加针1针，下针6针，空加针1针，下针左上2针并1针，下针1针/共60针。
第4行	下针滑针1针，剩余针全部编织下针。
第5行	下针滑针1针，下针9针，下针右加针1针，下针2针，下针左加针1针，下针9针，下针右加针1针，下针2针，下针左加针1针，下针14针，下针右加针1针，下针2针，下针左加针1针，下针9针，下针右加针1针，下针2针，下针左加针1针，下针10针/共68针。
第6行	下针滑针1针，下针3针，留出4针全部编织上针，下针4针（接下来到第20行，双数行织法相同）。
第7行	下针滑针1针，下针10针，下针右加针1针，下针2针，下针左加针1针，下针11针，下针右加针1针，下针2针，下针左加针1针，下针16针，下针右加针1针，下针2针，下针左加针1针，下针11针，下针右加针1针，下针2针，下针左加针1针，下针11针/共76针。
第9行	下针滑针1针，下针11针，下针右加针1针，下针2针，下针左加针1针，下针13针，下针右加针1针，下针2针，下针左加针1针，下针18针，下针右加针1针，下针2针，下针左加针1针，下针13针，下针右加针1针，下针2针，下针左加针1针，下针12针/共84针。
第11行	下针滑针1针，下针12针，下针右加针1针，下针2针，下针左加针1针，下针15针，下针右加针1针，下针2针，下针左加针1针，下针20针，下针右加针1针，下针2针，下针左加针1针，下针15针，下针右加针1针，下针2针，下针左加针1针，下针13针/共92针。
第13行	下针滑针1针，下针13针，下针右加针1针，下针2针，下针左加针1针，下针17针，下针右加针1针，下针2针，下针左加针1针，下针22针，下针右加针1针，下针2针，下针左加针1针，下针17针，下针右加针1针，下针2针，下针左加针1针，下针11针，空加针1针，下针左上2针并1针，下针1针/共100针。
第15行	下针滑针1针，下针14针，下针右加针1针，下针2针，下针左加针1针，下针19针，下针右加针1针，下针2针，下针左加针1针，下针24针，下针右加针1针，下针2针，下针左加针1针，下针19针，下针右加针1针，下针2针，下针左加针1针，下针15针/共108针。
第17行	下针滑针1针，下针15针，下针右加针1针，下针2针，下针左加针1针，下针4针，（下针1针，下针向左扭加针1针，下针1针）×6，下针5针，下针右加针1针，下针2针，下针左加针1针，下针26针，下针右加针1针，下针2针，下针左加针1针，下针4针，（下针1针，下针向左扭加针1针，下针1针）×6，下针5针，下针右加针1针，下针2针，下针左加针1针，下针16针/共128针。
第19行	下针滑针1针，下针16针，下针右加针1针，下针2针，下针左加针1针，下针29针，下针右加针1针，下针2针，下针左加针1针，下针28针，下针右加针1针，下针2针，下针左加针1针，下针29针，下针右加针1针，下针2针，下针左加针1针，下针17针/共136针。

C 衣身和袖子分片编织部分

第21行	下针滑针1针，下针18针，将袖子用的33针移到别线，卷针加针6针，下针32针，将袖子用的33针移到别线，卷针加针6针，下针19针/共82针。
第22行	下针滑针1针，下针3针，上针14针，上针左上2针并1针，上针4针，上针左上2针并1针，上针30针，上针左上2针并1针，上针4针，上针左上2针并1针，上针14针，下针4针/共78针。
第23行	下针滑针1针，留出3针全部编织下针，空加针1针，下针左上2针并1针，下针1针。
第24行	下针滑针1针，下针3针，留出4针全部编织上针，下针4针。
第25行	下针滑针1针，剩余针全部编织下针。
第26行	下针滑针1针，下针3针，（下针1针，下针左上2针并1针，下针1针，下针左上2针并1针，下针1针）×10，下针4针/共58针。
第27行	下针滑针1针，剩余针全部编织下针。
第28行	下针滑针1针，下针3针，上针11针，空加针1针，上针左上3针并1针，空加针1针，上针22针，空加针1针，上针左上3针并1针，空加针1针，上针11针，下针4针。
第29行	下针滑针1针，剩余针全部编织下针。
第30行	下针滑针1针，下针3针，留出4针全部编织上针，下针4针。
第31行	下针滑针1针，下针3针，留出4针全部编织上针，下针1针，空加针1针，下针左上2针并1针，下针1针。
第32行	上针左上2针并1针，上针54针，上针左上2针并1针/共56针。

D 裙子和上衣缝合

裙子的腰间起针处挑1针后，与上衣腰间的1针进行并针，重复编织到结束。
裙摆到腰间进行行和行的缝合，腰间行向下留出4cm的后开衩。

E 袖子（2个）

袖子进行圈织。挂在别线的33针分配为：棒针①15针，棒针②18针。棒针③挂上新线，在棒针②衣身部分的卷针加针之间挑1针，每个卷针加针处挑针，棒针①和卷针加针之间挑1针（15+18+8=41针）

第1行	下针9针，下针左上3针并1针×5，下针8针，下针左上2针并1针，下针5针，下针左上2针并1针/共29针。
第2行	上针左上2针并1针，上针27针/共28针。
第3~6行	下针4行。

收针后，编织第2个袖子（收针时不要将线拉得太紧，以便娃娃的手可以顺利穿过）。

F 披肩

起针~第22行	
起针	使用2.0mm环形针，长尾起针法起56针。[前襟3针+（10针花样5组）+前襟3针]。
第1行	下针。
第2行	下针滑针1针，下针2针，（下针4针，空加针1针，下针3针，空加针1针，下针3针）×5，下针3针/共66针。
第3行	下针滑针1针，下针2针，留出3针全部编织上针，下针3针（接下来至第23行，单数行的编织方法相同）。
第4行	下针滑针1针，下针2针，（下针2针，下针左上2针并1针，空加针1针，下针左上2针并1针，下针1针，下针右上2针并1针，空加针1针，下针右上2针并1针，下针1针）×5，下针3针/共56针。
第6行	下针滑针1针，下针2针，（下针1针，下针左上2针并1针，空加针1针，下针1针，下针3针放7针，下针1针，空加针1针，下针右上2针并1针）×5，下针3针/共76针。
第8行	下针滑针1针，下针2针，（下针2针，空加针1针，下针4针，空加针1针，下针3针，空加针1针，下针4针，空加针1针，下针1针）×5，下针3针/共96针。
第10行	下针滑针1针，下针2针，（下针2针，空加针1针，下针左上4针并1针，空加针1针，下针1针，空加针1针，下针右上2针并1针，下针1针，下针左上2针并1针，空加针1针，下针1针，空加针1针，下针左上4针并1针，空加针1针，下针1针）×5，下针3针/共86针。
第12行	下针滑针1针，下针2针，（下针左上3针并1针，空加针1针，下针5针，空加针1针，下针右上3针并1针，空加针1针，下针5针，空加针1针）×5，下针3针。
第14行	下针滑针1针，下针2针，（下针1针，空加针1针，下针右上2针并1针，空加针1针，下针右上2针并1针，下针7针，下针左上2针并1针，空加针1针，下针左上2针并1针，空加针1针）×5，下针3针。
第16行	下针滑针1针，下针2针，（下针2针，空加1针，下针右上2针并1针，空加针1针，下针右上2针并1针，下针5针，下针左上2针并1针，空加针1针，下针左上2针并1针，空加针1针，下针1针）×5，下针3针。
第18行	下针滑针1针，下针2针，（下针1针，空加针1针，下针右上2针并1针，空加针1针，下针右上2针并1针，空加针1针，下针右上2针并1针，下针3针，下针左上2针并1针，空加针1针，下针左上2针并1针，空加针1针，下针左上2针并1针，空加针1针）×5，下针3针。
第20行	下针滑针1针，下针2针，（下针1针，空加针1针，下针1针，空加针1针，下针右上2针并1针，空加针1针，下针右上2针并1针，空加针1针，下针右上2针并1针，下针1针，下针左上2针并1针，空加针1针，下针左上2针并1针，空加针1针，左上2针并1针，空加针1针，下针1针，空加针1针）×5，下针3针/共96针。
第22行	下针滑针1针，下针2针，（下针1针，空加针1针，下针左上2针并1针，空加针1针，下针1针，空加针1针，下针右上2针并1针，空加针1针，下针右上2针并1针，空加针1针，下针右上3针并1针，空加针1针，下针左上2针并1针，空加针1针，下针左上2针并1针，空加针1针，下针1针，空加针1针，下针右上2针并1针，空加针1针）×5，下针3针/共106针。

更换3.0mm环形针，开始狗牙针收针。
收针3针，（右针上的1针移到左针，左针卷针加针3针，收针8针）×20，右针上的1针移到左针，左针卷针加针3针后收针。

（下转第139页）

蕾丝波奈特帽子和袜子

每一位编织爱好者都会想亲自为娃娃精心准备波奈特帽子和袜子吧！
本书中特别准备了蕾丝感十足的可爱波奈特帽子和袜子。
选用五颜六色的线材，为自己的娃娃献上一份礼物吧！超乎想象的可爱令人欣喜。

基本信息

模特 Diana Doll

适用尺寸： Darak-i，USD，身高 31~33cm 的娃娃

尺寸
波奈特帽子：头围 23cm | 袜子：袜长 4.3cm，袜筒高 5.5cm

使用线材
波奈特帽子：Lang 蕾丝线・象牙白色（0094），浅紫色（0009）
袜子：Lang 蕾丝线・象牙白色，薄荷色（0058），其他颜色线若干

可代替线材 2 股线（2ply）

针
波奈特帽子：环形针・2.0mm（1 根），2.25mm（1 根）| 直棒针・2.0mm（4 根）| 蕾丝钩针・2 号（1 根）
袜子：环形针・1.5mm（1 根），1.75mm（2 根），2.0mm（1 根）

其他工具
波奈特帽子：丝带，毛线缝针，剪刀 | 袜子：毛线缝针，剪刀

编织密度
波奈特帽子：花样编织 35 针 × 54 行 =10cm × 10cm（2.0mm 针）
袜子：花样编织 37 针 × 45 行 =10cm × 10cm（2.0mm 针），平针编织 40 针 × 60 行 =10cm × 10cm（1.75mm 针）

• **提示** 同样的线材使用1.5mm直棒针（4根），4号蕾丝钩针（1根）编织蕾丝波奈特帽子，可适用于OB11（参考第11页照片），momo，kuku clara。

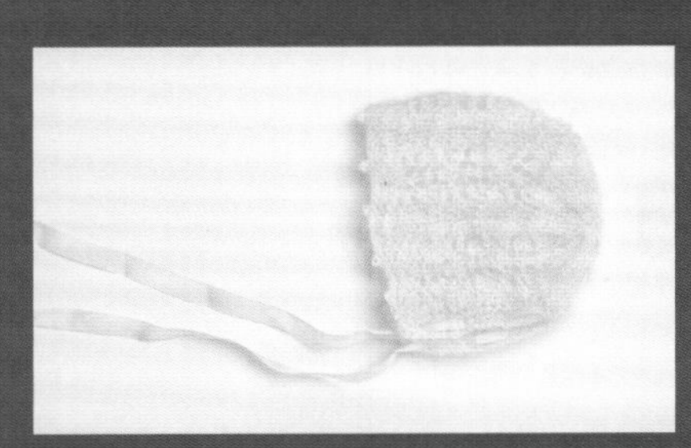
波奈特帽子

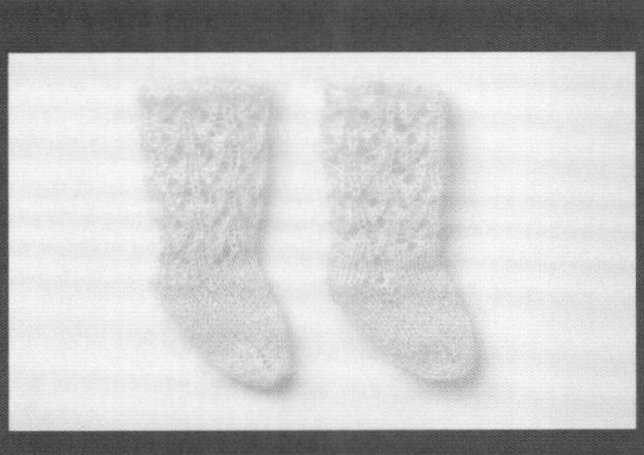
袜子

制作方法

蕾丝波奈特帽子

难易程度 ★★★☆☆

× 从帽沿开始，完成花样后减针编织。
× 减针部分圈织。

A 波奈特帽子

起针	使用2.25mm环形针，长尾起针法起61针。
第1~3行	下针（前端）。
第4行	**更换2.0mm环形针**，编织下针。
第5行	上针。
第6行	下针1针，（下针左上2针并1针×2，空加针1针，下针1针，空加针1针，下针1针，空加针1针，下针1针，空加针1针，下针右上2针并1针×2，下针1针）×5。
第7行	上针。
第8行	下针1针，（下针左上2针并1针×2，空加针1针，下针1针，空加针1针，下针1针，空加针1针，下针1针，空加针1针，下针右上2针并1针×2，下针1针）×5。
第9行	上针。
第10行	下针1针，（下针左上2针并1针，下针3针，空加针1针，下针1针，空加针1针，下针3针，下针右上2针并1针，下针1针）×5。
第11行	上针。
第12~13行	下针。
第14~33行	重复编织第4~13行2次。完成第33行最后1针后卷针加针3针/共64针。
更换2.0mm直棒针，进行圈织。	
第34行	（下针6针，下针左上2针并1针）×8/共56针。
第35行	下针。
第36行	（下针5针，下针左上2针并1针）×8/共48针。
第37行	下针。
第38行	（下针4针，下针左上2针并1针）×8/共40针。
第39行	下针。
第40行	（下针3针，下针左上2针并1针）×8/共32针。
第41行	下针。
第42行	（下针2针，下针左上2针并1针）×8/共24针。
第43行	下针。
第44行	（下针1针，下针左上2针并1针）×8/共16针。
第45行	下针左上2针并1针×8/共8针。
留出10cm以上线头后断线。留出的线穿入缝针，通过剩余针圈拉紧收针。	

B 领口行

挑针	使用2.0mm环形针，在波奈特领口的正面，挑出49针。
第1行	下针。
第2行	下针3针，（空加针1针，下针左上2针并1针，下针4针）×7，空加针1针，下针左上2针并1针，下针2针。
第3行	下针。
下针收针。不用断线，接下来编织狗牙边。	

领口行

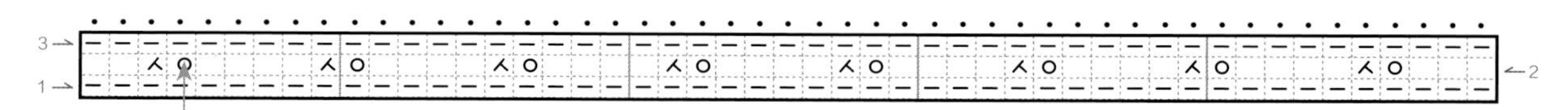

波奈特帽子

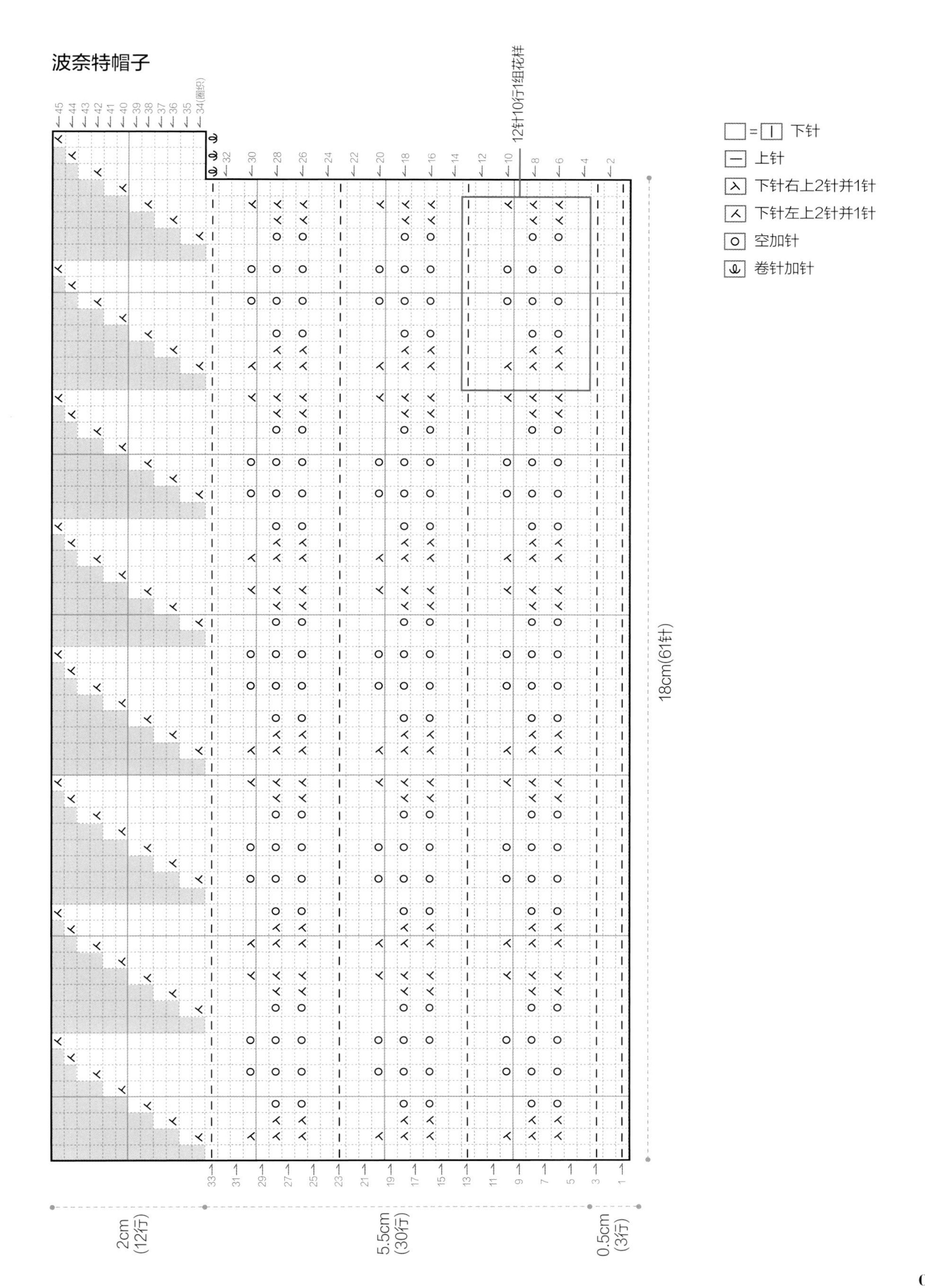

12针10行1组花样
(圈织)
18cm(61针)
2cm (12行)
5.5cm (30行)
0.5cm (3行)
= 下针
上针
下针右上2针并1针
下针左上2针并1针
空加针
卷针加针

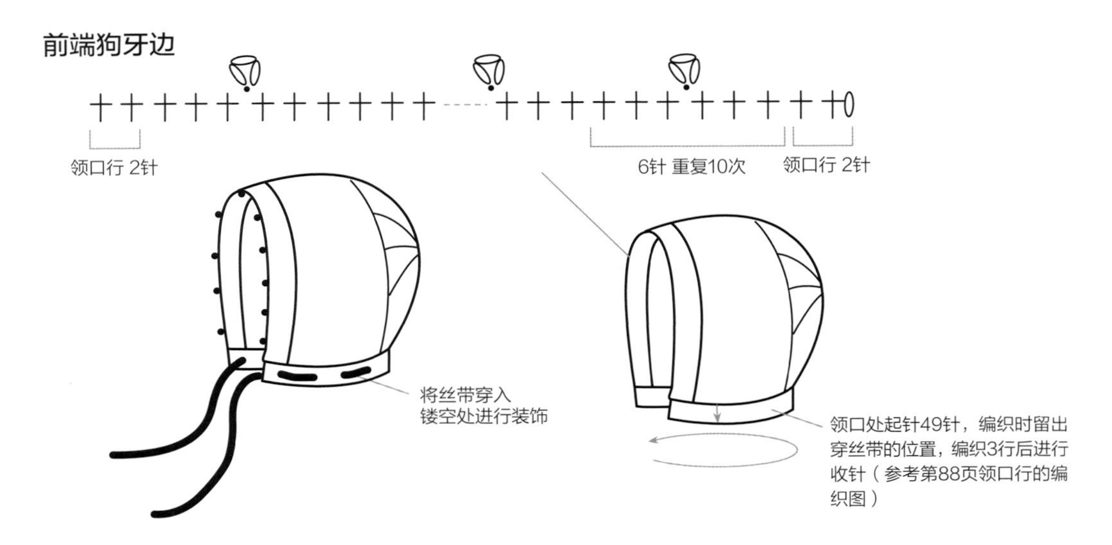

C 收尾

1 使用 2 号蕾丝钩针钩编帽沿的狗牙边（参考上图），领口处钩 2 针短针，前端钩（短针 3 针，狗牙针，短针 3 针）重复 10 次，领口处钩 2 针短针后断线。
2 在反面整理线头。
3 将丝带穿入领口镂空处进行装饰。

制作方法

蕾丝袜子

难易程度 ★ ★ ★ ★ ★

× 从上往下加入花样进行编织。
× 片织后缝合侧面。
× 通过更换针号调整大小。

A 袜口（右侧）

起针	使用1.75mm环形针，用别线长尾起针法编织26针。
第1行	更换蕾丝线编织下针。
第2行	上针。
第3~4行	重复第1~2行1次。
第5行	下针1针，（空加针1针，下针左上2针并1针）×12，下针1针。
第6行	上针。

第7行	下针。
第8行	上针。
将别线起针的线圈移到其他棒针上（参考第91页“狗牙边”的步骤2~3）。	
第9行	折叠织物，将第1行和第8行对齐后2针同时织下针。用相同的方法编织到最后，然后将别线拆除。
第10行	上针。

行数	编织方法
第11行	**更换2.0mm环形针**，下针1针，（下针1针，下针右上2针并1针，下针1针，空加针1针，下针1针，空加针1针，下针1针，下针左上2针并1针）×3，下针1针。
第12行	上针。
第13行	下针1针，（下针1针，下针右上2针并1针，空加针1针，下针3针，空加针1针，下针左上2针并1针）×3，下针1针。
第14行	上针。
第15行	下针1针，（下针1针，空加针1针，下针1针，下针左上2针并1针，下针1针，下针右上2针并1针，下针1针，空加针1针）×3，下针1针。
第16行	上针。
第17行	下针1针，（下针2针，空加针1针，下针左上2针并1针，下针1针，下针右上2针并1针，空加针1针，下针1针）×3，下针1针。
第18行	上针。
第19~26行	重复第11~18行1次。
第27~34行	**更换1.75mm环形针**，重复编织第11~18行1次。
第35~42行	**更换1.5mm环形针**，重复编织第11~18行1次。
第43行	下针。
第44行	上针。

狗牙边（起针~第9行）

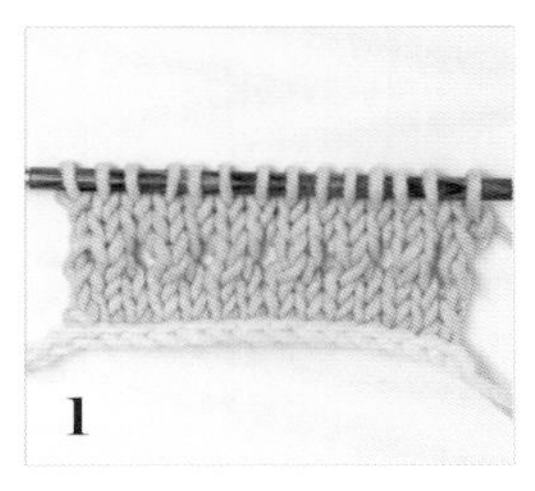

用最后要拆掉的线（别线）起针，按编织图编织第1~8行。

在起针处，将另一根棒针穿入第1针。

忽略别线，在蓝色线中插入棒针进行挑针。

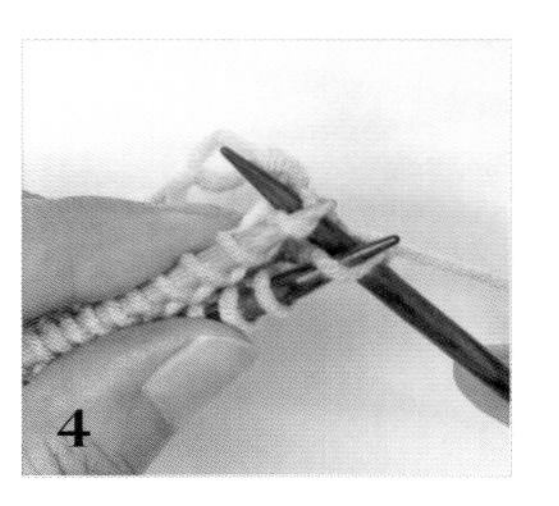

下针面放在正面，将织物对折后，将棒针同时插入前棒针的线圈和后棒针的线圈（共2针）。

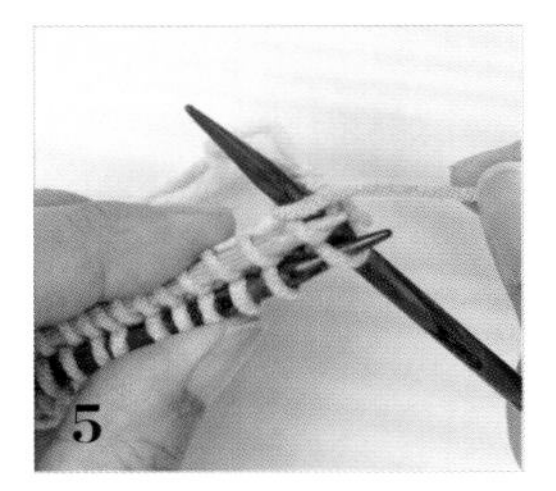

在棒针上绕线。

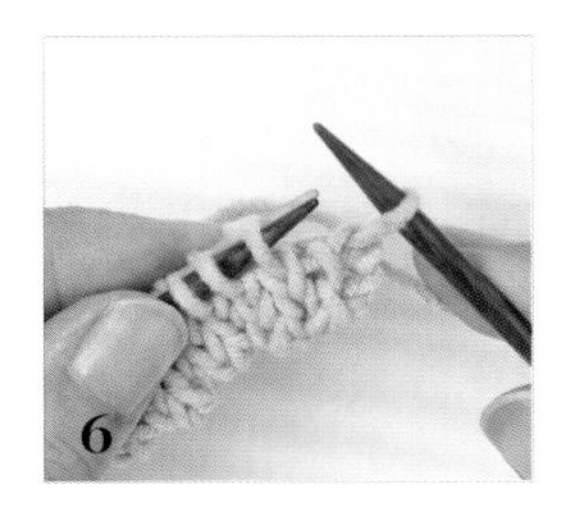

拨出线后按照相同的方法编织到最后。

将起针的别线拆除。

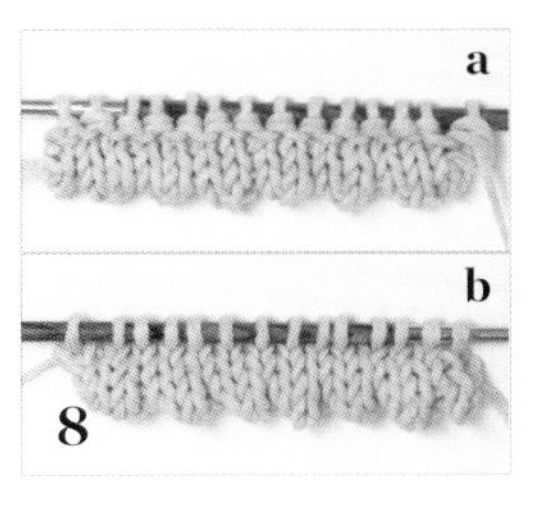

完成后的样子（背面为a，正面为b）。

B 后跟引返（右侧）

※ 图中的织片仅展示了袜口的部分针数.请按第90、91页的编织说明完成44行后开始编织袜跟的引返。

第1行　(1)编织11针下针。(2)将编织线置于前侧，左棒针上的1针不织滑到右棒针上。(3)将1针移到右棒针上的状态。(4)将编织线置于后侧，接着将滑到右棒针上的1针重新移回左棒针上。(5)将1针移回左棒针上的状态。(6)翻转织物。

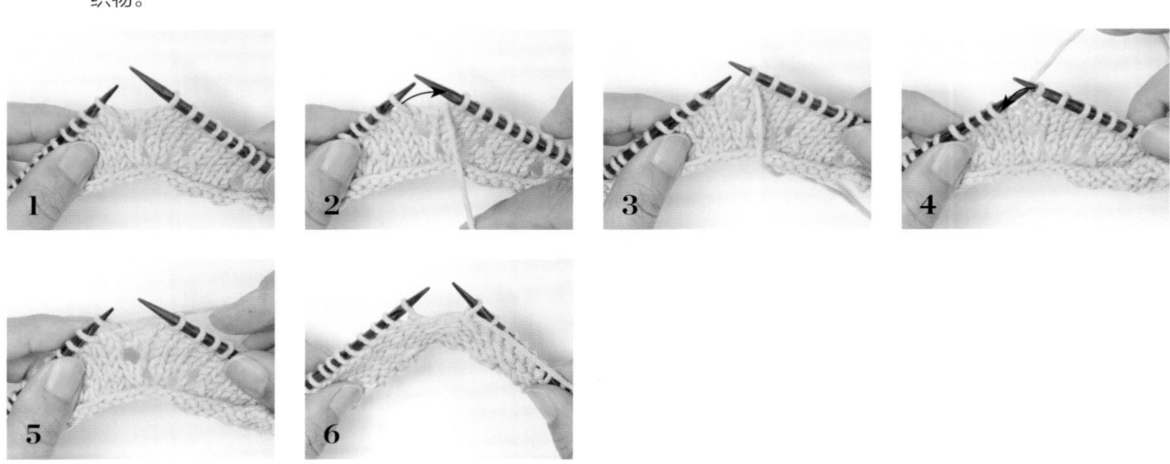

第2行　(1)编织8针上针。(2)将编织线置于前侧，左棒针上的1针不织滑到右棒针上。(3)将编织线置于后侧，接着将滑到右棒针上的1针重新移回左棒针上。(4)将1针移回左棒针的状态。(5)翻转织物。

第3行　将编织线置于后侧，编织7针下针。接着将编织线置于前侧，左棒针上的1针不织滑到右棒针上。接着将编织线置于后侧，将滑到右棒针上的1针重新移回左棒针后翻转织物。(参考“第1行”的步骤1~6)

第4行　编织6针上针。保持编织线置于前侧，将左棒针上的1针不织滑到右棒针上。接着将编织线置于后侧，把滑到右棒针上的1针重新移回左棒针后翻转织片。(参考“第2行”的步骤1~5)

第5行　将线放在后侧，编织7针下针，将线放在前侧，左棒针上的1针不织移到右棒针上。将线放在后侧，把移到右棒针上的1针移回左棒针后翻转织物。（参考“第1行”的步骤**1~6**）

第6行　上针6针，保持线在前侧的状态下，将左棒针上的1针不织移到右棒针上。将线放在后侧，把移到右棒针上的1针移回左棒针后翻转织物。（参考“第2行”的步骤**1~5**）

第7行　（1）将线放在后侧。（2）挑起左棒针上的第1针下方的线圈。（3）插入挑起的线圈和左棒针上的第1针同时织下针。（4）将线放在前侧，将左棒针上的第1针不织移到右棒针上（参考“第1行”的步骤**2**、**3**），将线放在后侧，摆移到右棒针上的1针移回左棒针。翻转织物。

第8行　（1）上针5针。（2）挑起左棒针第1针下方的线圈。（3）将挑起的线圈挂在左棒针上，2针同时织上针。（4）线在前侧的状态下，将左棒针上的1针不织移到右棒针上。（5）将线放到后侧，把移到右棒针上的1针移回左棒针后，翻转织物（参考“第2行”的步骤**1~5**）。

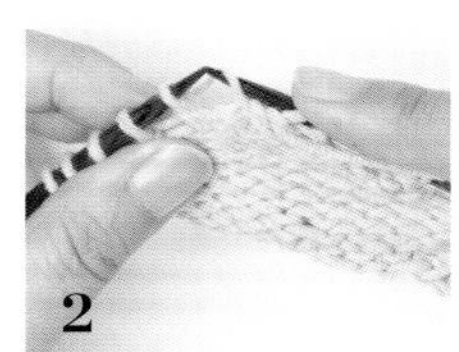

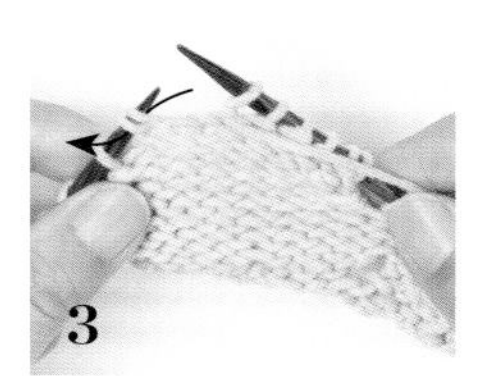

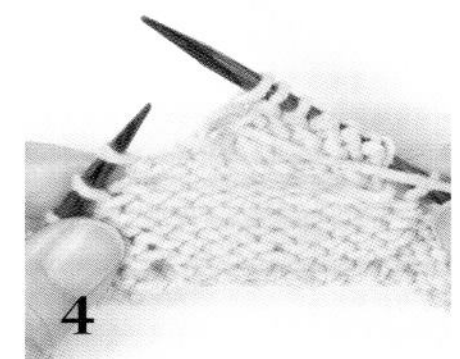

第9行　（1）将线放在后侧下针编织6针。（2）挑起左棒针第1针下方的2个线圈。（3）将挑起的2针和左棒针第1针同时进行下针编织。（4）将线放在前侧，将左棒针的1针不织移到右棒针上（参考“第1行”的步骤**2**、**3**）。将线放到后侧，把移到右棒针上的1针移回左棒针后，翻转织物。

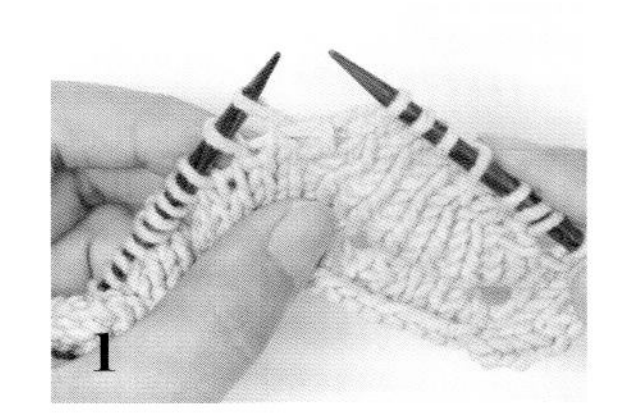

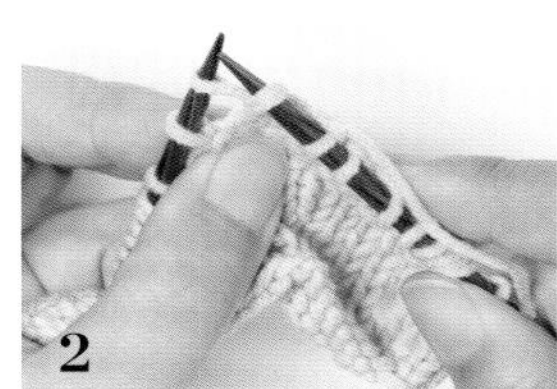

第10行 （1）上针编织7针。（2）挑起左棒针第1针下方的2个线圈。将挑起的2针和左棒针第1针同时进行上针编织。线在前侧的状态下，将左棒针的1针不织移到右棒针上。将线放到后侧，把移到右棒针的1针移回左棒针后翻转织物。（参考“第2行”的步骤1~5）

第11行 将线放在后侧，编织8针下针，挑起左棒针第1针下方的2个线圈，将挑起的2针与左棒针上的第1针同时下针编织。线放在前侧，将左棒针上1针不织移到右棒针上。把线放在后侧，将移到右棒针的1针移回左棒针后翻转织物。（参考“第1行”的步骤2~6）

第12行 上针9针，挑起左棒针第1针下方的2个线圈，将挑起的2针与左棒针的第1针同时编织上针。线在前侧的状态下，左棒针上的1针不织移到右棒针上。把线放在后侧，将移到右棒针上的1针移回左棒针后翻转织物。（参考“第2行”的步骤1~5）

第13行 （1）将线放在后侧，编织10针下针。（2）挑起左棒针第1针下方的线圈，插入挑起的针与左棒针的第1针，同时进行下针编织（参考“第7行”的步骤2、3）。（3）编织13针下针。

第14行 （1）翻转织物后，（2）编织24针上针。挑起左棒针第1针下方的线圈。（3）将挑起的线圈挂在左棒针的后2针，同时进行上针编织（参考“第8行”的步骤2、3）。剩余1针织上针。

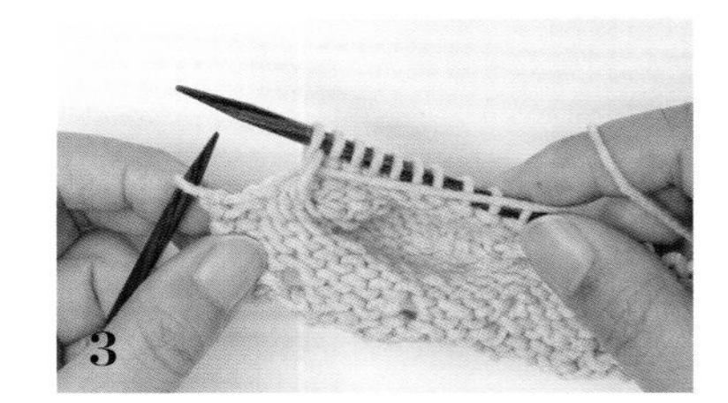

完成的样子。

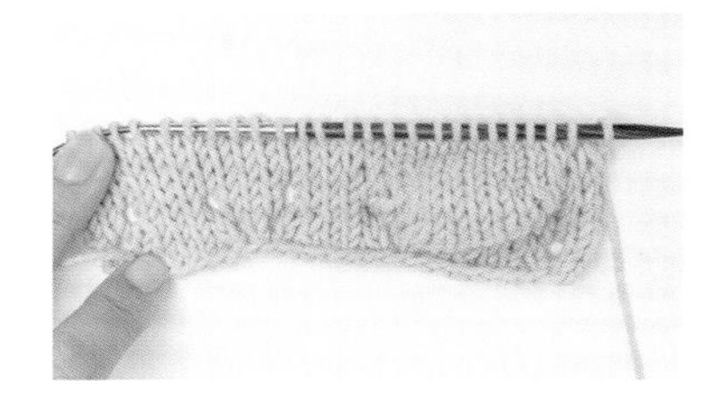

C 袜底片织（右侧）

第45行	**更换1.75mm环形针**，下针。
第46行	上针。
第47~58行	重复编织第45、46行6次。
第59行	下针1针，（下针左上2针并1针，下针8针，下针右上2针并1针）×2，下针1针/共22针。
第60行	上针。
第61行	下针1针，（下针左上2针并1针，下针6针，下针右上2针并1针）×2，下针1针/共18针。
第62行	上针。
第63行	下针1针，（下针左上2针并1针，下针4针，下针右上2针并1针）×2，下针1针/共14针。
第64行	上针。

D 袜口（左侧）

起针	使用别线和1.75mm环形针，长尾起针法起26针。
第1~44行	更换蕾丝线，与袜口（右侧）编织方法相同。

E 后跟引返行（左侧）

※ 图中的织物只演示了袜口的部分内容。同袜口（左侧）说明一样编织到44行后，开始编织后跟的引返行。

第1行 下针编织23针，将线放在前侧，左棒针上的1针不织移到右棒针上。将线放到后侧，把移到右针上的1针移回左棒针上。翻转织物（参考“右侧后跟第1行”）。

第2行 上针编织8针，线在前侧的状态下，将左棒针上的1针不织移到右棒针上。将线放在后侧，把移到右侧上的1针移回左棒针翻转织物（参考“右侧后跟第2行”）。

第3~12行 与“右侧后跟第3~12行”相同。

第13行 将线放到后侧，编织10针下针。挑起左棒针第1针下面的线圈，将挑起的线圈和左棒针上的第1针同时编织下针（参考“右侧后跟第7行”）。编织1针下针。翻转织物。

第14行 （1）翻转织物后编织12针上针。（2）挑起左棒针第1针下方的线圈，挑起的线圈挂在左棒针上，2针同时编织上针。（3）（参考“右侧后跟第8行”）剩余13针编织上针。完成的样子。

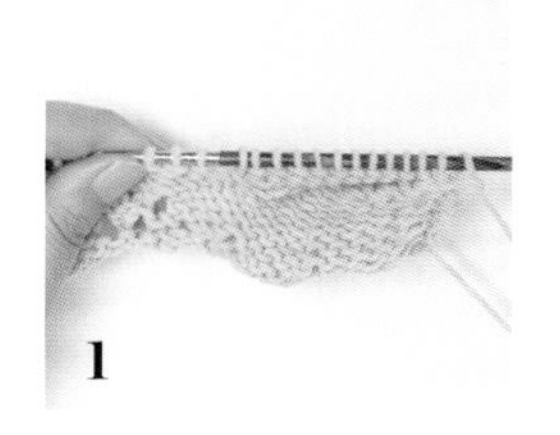

1

2

3

袜子（右侧）

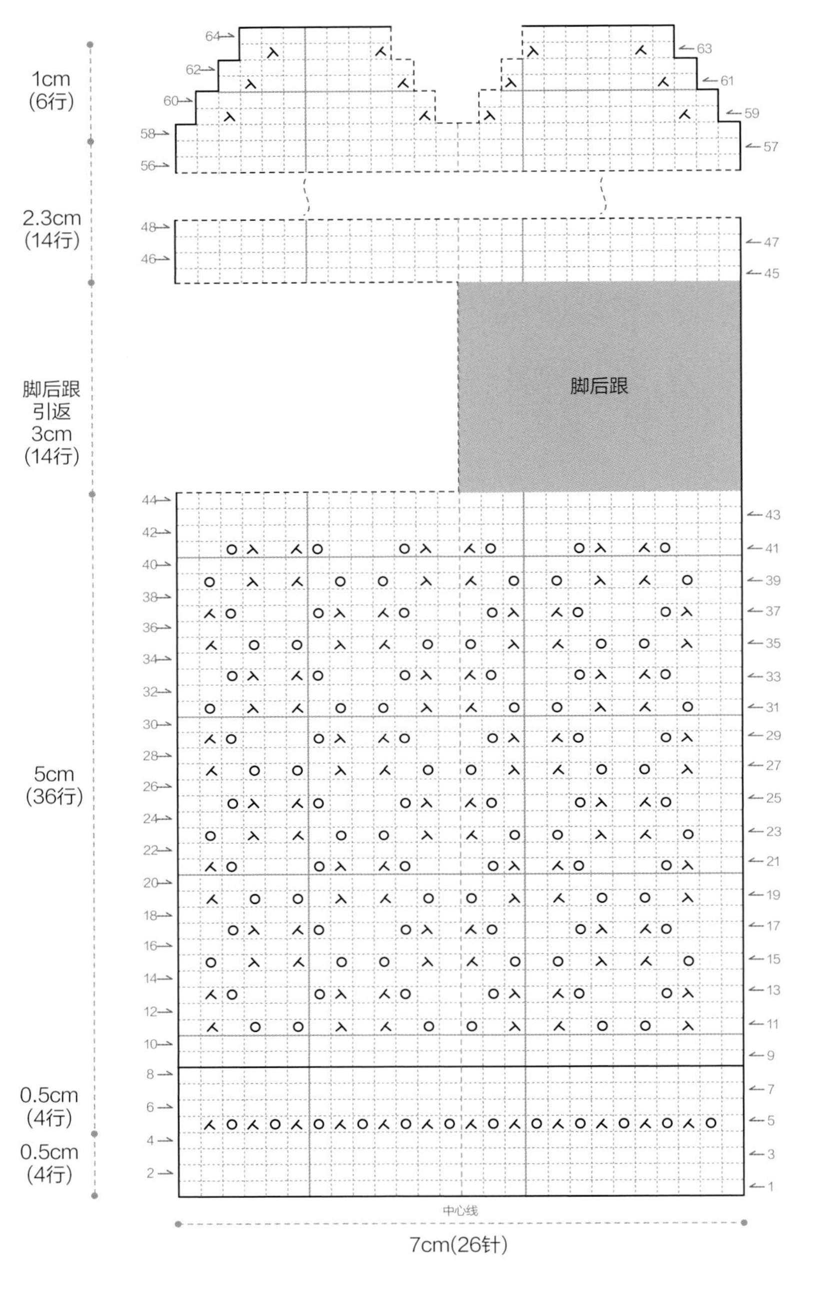

□=□ 下针
⅄ 下针右上2针并1针
⅄ 下针左上2针并1针
○ 空加针
■ 编织脚后跟

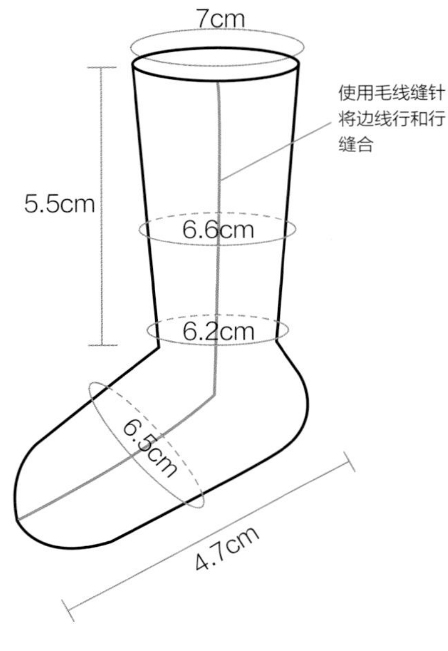

第45~64行：1.75mm针
第35~44行：1.5mm针
第27~34行：1.75mm针
第11~26行：2.0mm针
第1~10行：1.75mm针

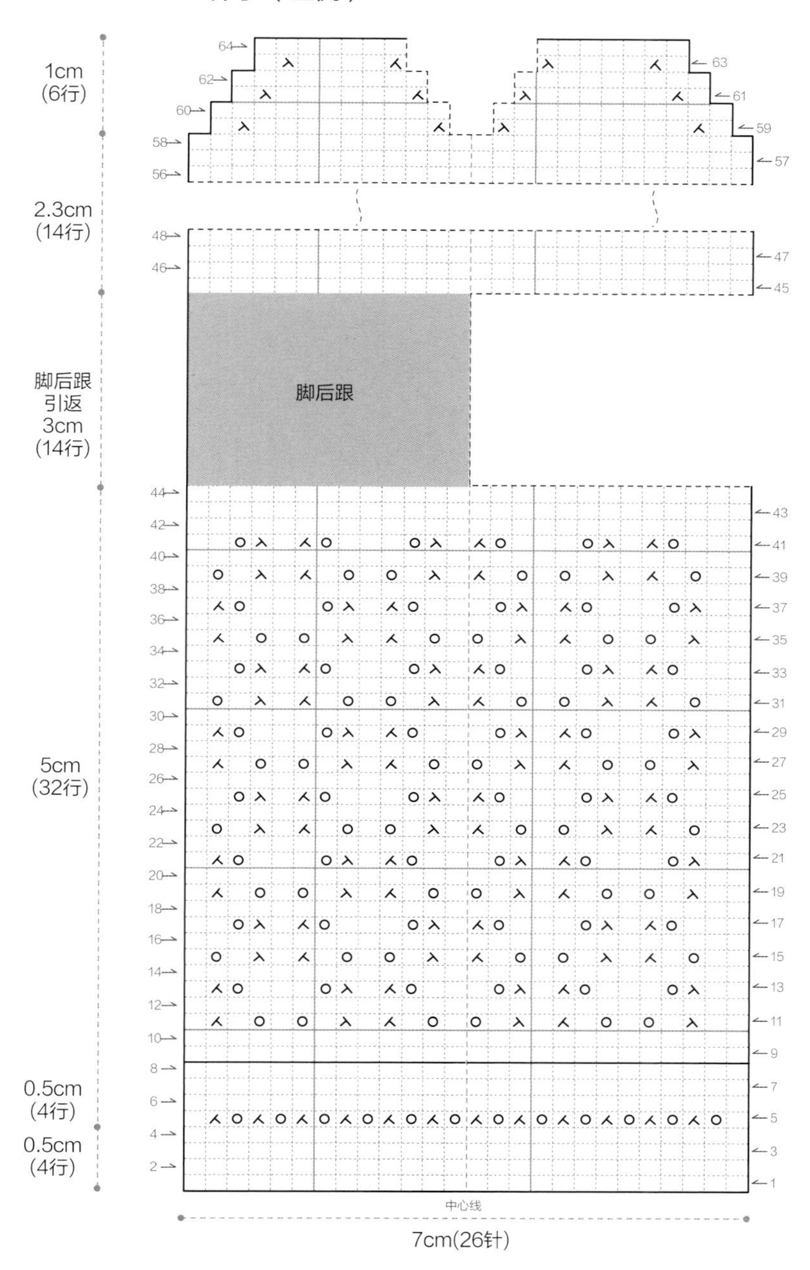

F 袜底片织（左侧）

第45~64行 与袜底片织（右侧）相同。

G 收尾

1 袜子的脚趾处正面相对，两边 2 针并 1 针收针。

2 将织物翻到正面。使用毛线缝针将边线行和行缝合。

青果领阿兰花样坎肩和贝雷帽

阿兰花样起源于爱尔兰西部的阿伦岛（Aran），据说那里的人们将象征各自房屋的图案直接编织在御寒的衣服上。
这种帅气的花样如今依旧在世界流行并发展出丰富的样式。
温暖感倍增的青果领，排列可爱的阿兰花样坎肩和贝雷帽呈现出精致的穿搭风格。
讲解中包含了袖子的花样，坎肩加上袖子可以变为开衫款式，期待您也尝试编织一下。

贝雷帽

坎肩（正面）

坎肩（背面）

基本信息

模特 JerryBerry【petite berry】&【petite cozy】

适用尺寸
坎肩：OB11，iMda Doll timp，hedongyi
贝雷帽：OB11，momo，kuku clara

尺寸
坎肩：胸围 9.5cm，长度 4cm
贝雷帽：帽围 20cm，高度 5cm

使用线材 Shachenmayr Regia 2 股线（2ply）·米黄色（17）

可替换线材 2 股线（2ply）

针
坎肩：直棒针·1.2mm（4 根）
贝雷帽：直棒针·1.2mm（4 根），1.5mm（4 根）

其他工具 纽扣 4.0mm（3 颗），剪刀，麻花针，毛线缝针，缝衣线，缝衣针

编织密度
坎肩：花样编织 42 针 × 72 行 =10cm × 10cm（1.2mm 针）
贝雷帽：花样编织 56 针 × 69 行 =10cm × 10cm（1.5mm 针）

• **提示** 选用设得兰（Shetland）3股线和2.0mm（4根，罗纹边），2.5mm（4根）直棒针编织的贝雷帽，特别适合iMda Doll等头围在20~22cm之间的娃娃。

制作方法

青果领阿兰花样坎肩

难易程度 ★★★★☆

- 衣身后片和左右前片一起编织。
- 袖窿圈织
- 袖窿处挑针编织2行罗纹边后收针就是坎肩，片织袖子，行和行缝合就是开衫。提供两种方法，可按喜好选择编织袖窿或袖子。

“下针提线2针并1针”和“上针提线2针并1针”。

A 衣身

起针	使用1.2mm的直棒针和棕色线，长尾起针法起59针。
第1行	下针1针，（下针扭针1针，上针1针）×28，下针扭针1针，下针1针。
第2行	上针1针，（上针扭针1针，下针1针）×28，上针扭针1针，上针1针。
第3行	重复编织第1行1次。
第4行	（上针3针，上针向左扭加针1针，上针3针）×4，上针2针，上针向左扭加针1针，上针3针，（上针3针，上针向左扭加针1针，上针3针）×5/共69针。
第5行	下针1针，[上针1针，左上1针交叉，上针1针，左上2针交叉，上针1针，左上1针交叉，右上1针交叉，（上针1针，下针1针）×3，上针2针，左上1针交叉，右上1针交叉，上针1针，右上2针交叉，上针1针，右上1针交叉]×2，上针1针，下针1针。
第6行	上针1针，下针1针，[上针2针，（下针1针，上针4针）×2，（下针1针，上针1针）×3，下针2针，（上针4针，下针1针）×2，上针2针，下针1针]×2，上针1针/接下来到第14行每个双数行的编织方法相同。
第7行	下针1针，上针1针，左上1针交叉，上针1针，下针4针，上针1针，右上1针交叉，左上1针交叉，（上针1针，下针1针）×3，上针2针，右上1针交叉，左上1针交叉，上针1针，下针4针，上针1针，左上1针交叉，上针1针，右上1针交叉，上针1针，下针4针，上针1针，右上1针交叉，左上1针交叉，（上针1针，下针1针）×3，上针2针，右上1针交叉，左上1针交叉，上针1针，下针4针，上针1针，右上1针交叉，上针1针，下针1针。
第9行	重复编织第5行1次。
第11行	重复编织第7行1次。
第13行	重复编织第5行1次。
第15行	下针右上2针并1针，左上1针交叉，上针1针，下针4针，上针1针，右上1针交叉，左上1针交叉，上针1针，下针1针，上针1针，剩余52针移至其他针上休针，用16针编织右前片。
第16行	上针1针，下针1针，（下针1针，上针4针）×2，下针1针，上针1针，上针右上2针并1针/共15针。
第17行	下针右上2针并1针，上针1针，左上2针交叉，上针1针，左上1针交叉，右上1针交叉，上针1针，下针左上2针并1针/共13针。
第18行	上针1针，（下针1针，上针4针）×2，上针右上2针并1针/共12针。
第19行	下针右上2针并1针，下针3针，上针1针，右上1针交叉，左上1针交叉，下针左上2针并1针/共10针。
第20行	上针5针，下针1针，上针2针，上针右上2针并1针/共9针。
第21行	下针右上2针并1针，下针1针，上针1针，左上1针交叉，右上1针交叉，下针1针/共8针。
第22行	上针5针，下针1针，上针右上2针并1针/共7针。
第23行	下针右上2针并1针，右上1针交叉，左上1针交叉，下针1针/共6针。
第24行	上针6针/接下来到第30行每个双数行的编织方法相同。
第25行	下针1针，左上1针交叉，右上1针交叉，下针1针。
第27行	下针1针，右上1针交叉，左上1针交叉，下针1针。
第29行	重复编织第25行1次。
第31行	重复编织第27行1次。
第32行	上针6针。

剩余6针移到另一根棒针上作为肩部（右前肩）的休针。

衣身

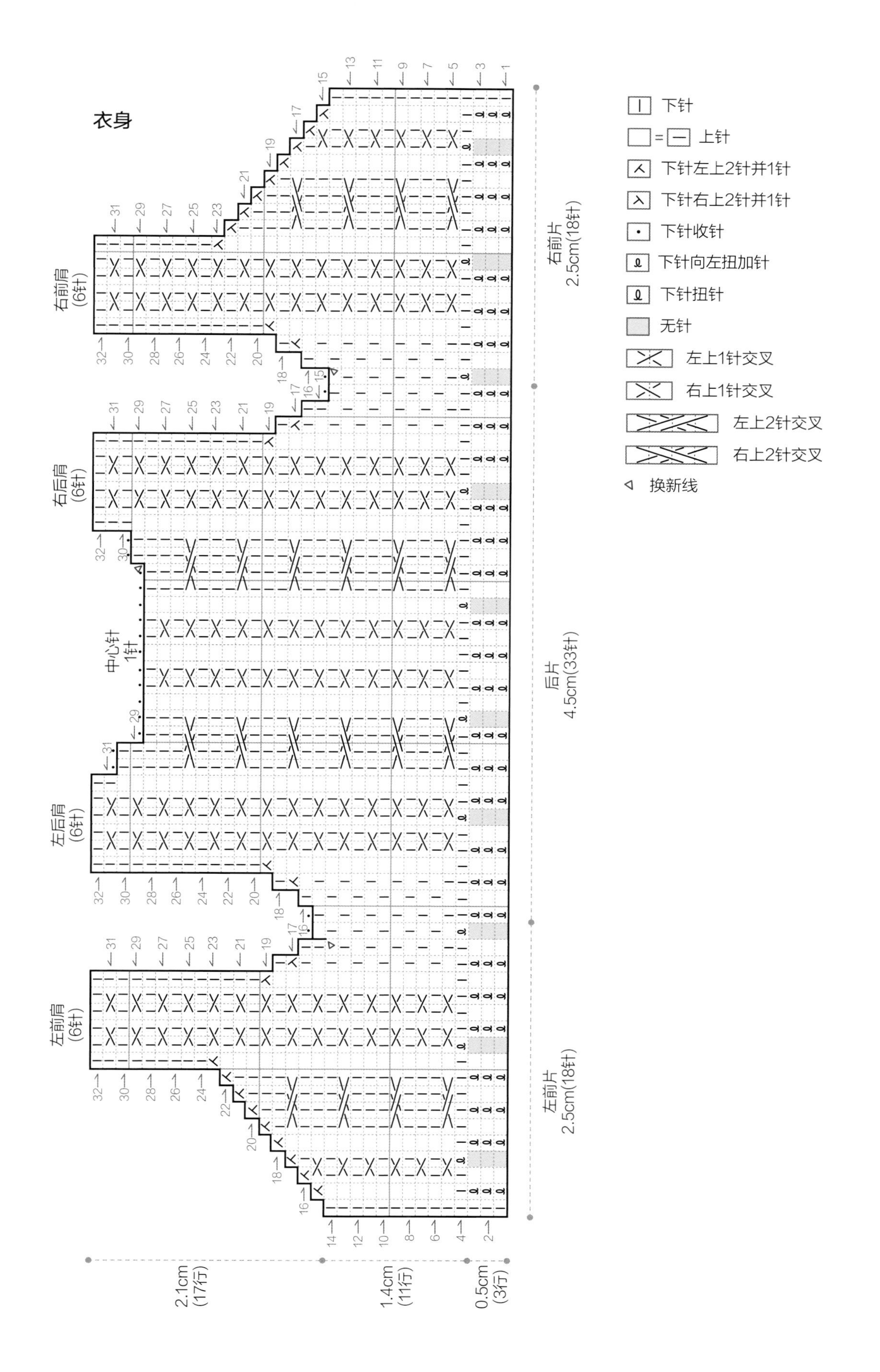

右前肩
(6针)
右后肩
(6针)
中心针
1针
左后肩
(6针)
左前肩
(6针)
右前片
2.5cm(18针)
后片
4.5cm(33针)
左前片
2.5cm(18针)
2.1cm
(17行)
1.4cm
(11行)
0.5cm
(3行)
下针
= 上针
下针左上2针并1针
下针右上2针并1针
下针收针
下针向左扭加针
下针扭针
无针
左上1针交叉
右上1针交叉
左上2针交叉
右上2针交叉
换新线

从休针的第52针开始，换新线编织后片。

第15行 下针收针2针，下针1针，上针2针，右上1针交叉，左上1针交叉，上针1针，下针4针，上针1针，左上1针交叉，上针1针，右上1针交叉，上针1针，下针4针，上针1针，右上1针交叉，左上1针交叉，（上针1针，下针1针）×2，上针1针/共33针。

剩余17针移至其他针上休针，仅用33针编织。

第16行 上针收针2针，上针1针，下针1针，（下针1针，上针4针）×2，（下针1针，上针2针）×2，（下针1针，上针4针）×2，下针1针，上针2针/共31针。

第17行 下针右上2针并1针，上针1针，左上1针交叉，右上1针交叉，上针1针，右上2针交叉，上针1针，右上1针交叉，上针1针，左上1针交叉，上针1针，左上2针交叉，上针1针，左上1针交叉，右上1针交叉，上针1针，下针左上2针并1针/共29针。

第18行 上针1针，（下针1针，上针4针）×2，（下针1针，上针2针）×2，（下针1针，上针4针）×2，下针1针，上针1针。

第19行 下针右上2针并1针，右上1针交叉，左上1针交叉，上针1针，下针4针，上针1针，左上1针交叉，上针1针，右上1针交叉，上针1针，下针4针，上针1针，右上1针交叉，左上1针交叉，下针左上2针并1针/共27针。

第20行 上针5针，下针1针，上针4针，（下针1针，上针2针）×2，（下针1针，上针4针）×2，上针1针/接下来到第28行每个双数行的编织方法相同。

第21行 下针1针，左上1针交叉，右上1针交叉，上针1针，右上2针交叉，上针1针，右上1针交叉，上针1针，左上1针交叉，上针1针，左上2针交叉，上针1针，左上1针交叉，右上1针交叉，下针1针。

第23行 下针1针，右上1针交叉，左上1针交叉，上针1针，下针4针，上针1针，左上1针交叉，上针1针，右上1针交叉，上针1针，下针4针，上针1针，右上1针交叉，左上1针交叉，下针1针。

第25行 重复编织第21行1次。

第27行 重复编织第23行1次。

接下来开始编织右后肩。

第29行 下针1针，左上1针交叉，右上1针交叉，上针1针，下针2针。
剩余19针移至其他针上休针，仅用8针编织。

第30行 上针收针2针，上针6针/共6针。

第31行 下针1针，右上1针交叉，左上1针交叉，下针1针。

第32行 上针6针，剩余6针移至其他针上作为肩部（右后肩）的休针。

从休针的19针开始，换新线编织左后肩。

第29行 下针收针11针，下针2针，上针1针，左上1针交叉，右上1针交叉，下针1针/共8针。

第30行 上针5针，下针1针，上针2针。

第31行 下针收针2针，下针1针，右上1针交叉，左上1针交叉，下针1针/共6针。

第32行 上针6针，剩余6针移至其他针上作为肩部（左后肩）的休针。

从休针的17针开始，换新线编织左前肩。

第15行 下针1针，上针2针，右上1针交叉，左上1针交叉，上针1针，下针4针，上针1针，右上1针交叉，下针左上2针并1针/共16针。

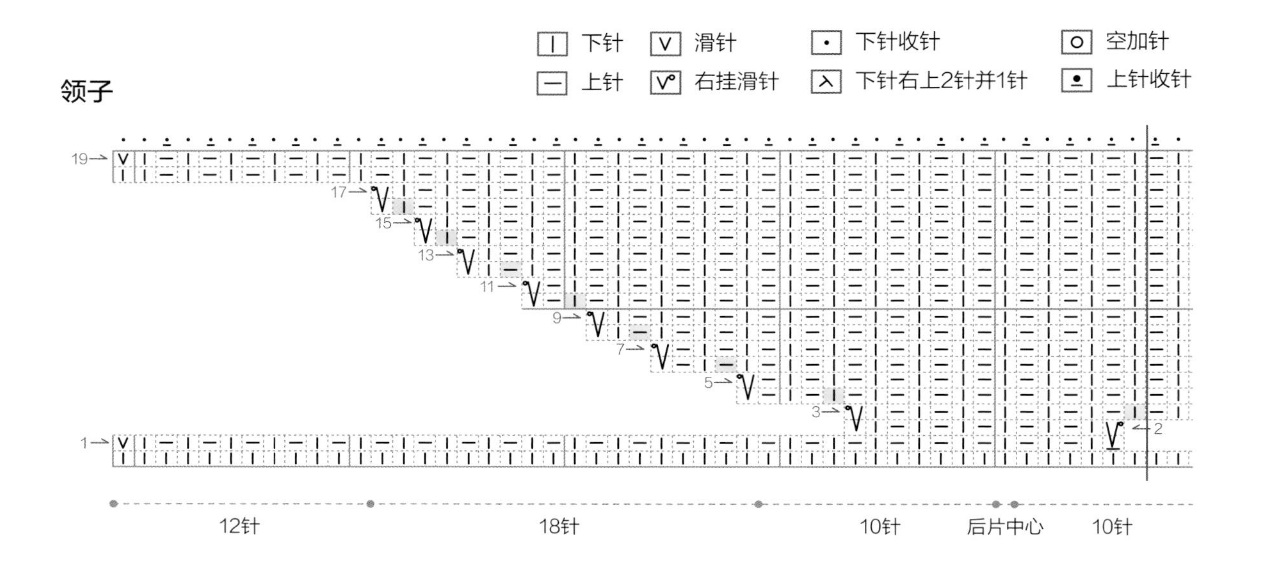

第16行	上针左上2针并1针，上针1针，（下针1针，上针4针）×2，下针1针，上针2针/共15针。
第17行	下针右上2针并1针，上针1针，左上1针交叉，右上1针交叉，上针1针，右上2针交叉，上针1针，下针左上2针并1针/共13针。
第18行	上针左上2针并1针，（上针4针，下针1针）×2，上针1针/共12针。
第19行	下针右上2针并1针，右上1针交叉，左上1针交叉，上针1针，下针3针，下针左上2针并1针/共10针。
第20行	上针左上2针并1针，上针2针，下针1针，上针5针/共9针。
第21行	下针1针，左上1针交叉，右上1针交叉，上针1针，下针1针，下针左上2针并1针/共8针。
第22行	上针左上2针并1针，下针1针，上针5针/共7针。
第23行	下针1针，右上1针交叉，左上1针交叉，下针左上2针并1针/共6针。
第24~32行	与右前片的第24~32行相同。剩余6针移至其他针上作为肩部（左前肩）的休针。

右后肩和右前肩，左后肩和左前肩对齐后，将线穿入毛线缝针分别进行行和行缝合。

B 前襟和青果领

起针	从正面使用1.2mm的直棒针，在前襟的右侧底部开始向上挑针，“12＋18＋10＋中心1针＋10＋18＋12”共挑81针（参考下图）。引返部分（第1~17行）参考第92~95页。
第1行	上针滑针1针，（上针1针，下针1针）×22，上针1针，①将线放在后面，1针不织移到右针上。将线放在前侧，移到右针上的线圈移回左针上。翻转织物。
第2行	（下针1针，上针1针）×5，下针1针，②将线放在前侧，1针不织移到右针上。将线放在后侧，右针上的1针移回左针上。翻转织物。
第3行	（上针1针，下针1针）×5，上针1针，下针提线2针并1针，（上针1针，下针1针）×2，以下同②。
第4行	（上针1针，下针1针）×8，上针提线2针并1针，（下针1针，上针1针）×2，以下同①。
第5行	（下针1针，上针1针）×10，下针1针，上针提线2针并1针，下针1针，上针1针，下针1针，以下同②。
第6行	（上针1针，下针1针）×12，上针1针，下针提线2针并1针，上针1针，下针1针，上针1针，以下同①。
第7行	（下针1针，上针1针）×14，下针1针，上针提线2针并1针，下针1针，上针1针，以下同①。
第8行	（下针1针，上针1针）×16，下针提线2针并1针，上针1针，下针1针，以下同②。
第9行	（上针1针，下针1针）×17，上针1针，下针提线2针并1针，上针1针，下针1针，以下同②。
第10行	（上针1针，下针1针）×19，上针提线2针并1针，下针1针，上针1针，以下同①。
第11行	（下针1针，上针1针）×20，下针1针，上针提线2针并1针，下针1针，上针1针，以下同①。
第12行	（下针1针，上针1针）×22，下针提线2针并1针，上针1针，下针1针，以下同②。
第13行	（上针1针，下针1针）×23，上针1针，下针提线2针并1针，上针1针，以下同①。
第14行	（下针1针，上针1针）×24，下针1针，上针提线2针并1针，下针1针，以下同②。
第15行	（上针1针，下针1针）×25，上针1针，下针提线2针并1针，上针1针，以下同①。
第16行	（下针1针，上针1针）×26，下针1针，上针提线2针并1针，下针1针，以下同②。
第17行	（上针1针，下针1针）×27，上针1针，下针提线2针并1针，上针1针，（下针1针，上针1针）×5，上针1针。

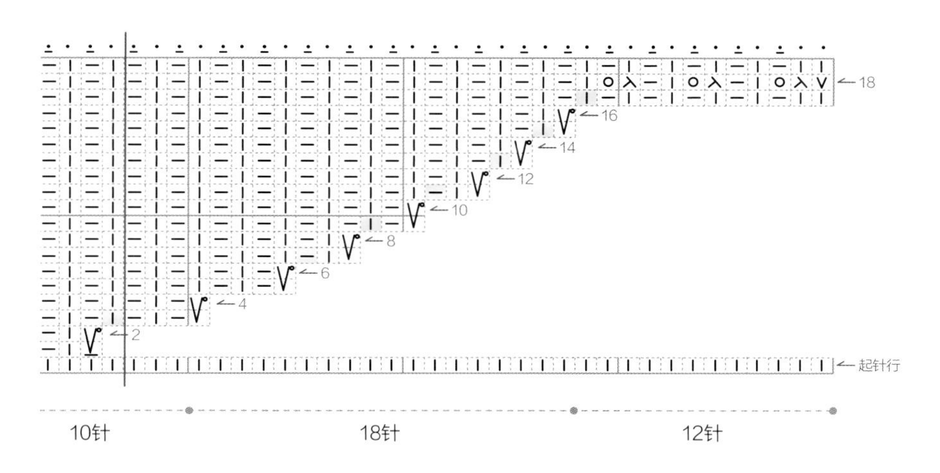

第18行	（扣眼行）下针滑针1针，（下针右上2针并1针，空加针1针，下针1针，上针1针）×3，（下针1针，上针1针）×27，下针1针，上针提线2针并1针，下针1针，（上针1针，下针1针）×5，下针1针。
第19行	上针滑针1针，（上针1针，下针1针）×39，上针2针。
下针织下针，上针织上针，罗纹套收收针。	

前襟、青果领、袖窿

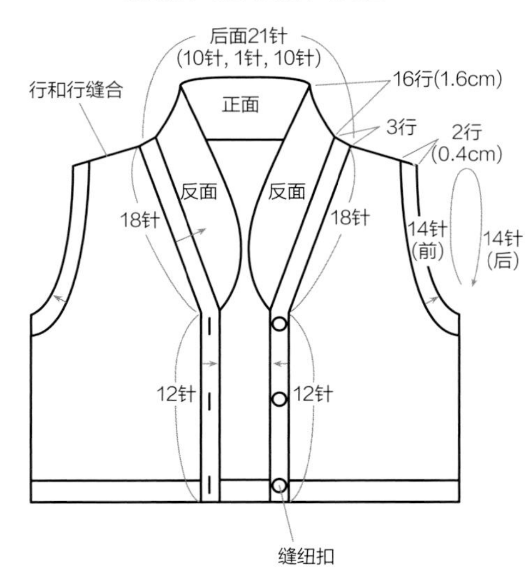

C 袖窿（坎肩款）

挑针	使用4根1.2mm直棒针圈织。换新线在袖窿前后共挑28针。
第1~2行	（下针1针，上针1针）×14/共28针。
下针织下针，上针织上针，进行罗纹套收收针。	

D 袖子（开衫款）

起针	使用1.2mm直棒针和棕色线，长尾起针法起22针。
第1行	下针1针，（下针扭针1针，上针1针）×10，下针1针。
第2行	上针1针，（下针1针，上针扭针1针）×10，上针1针。
第3行	重复编织第1行1次。
第4行	上针3针，（上针向左扭加针1针，上针5针）×3，上针向左扭加针1针，上针4针/共26针。
第5行	下针1针，（左上1针交叉，右上1针交叉，上针1针，左上2针交叉，上针1针）×2，左上1针交叉，右上1针交叉，下针1针。
第6行	上针5针，（下针1针，上针4针）×4，上针1针/接下来到第10行，每个双数行的编织方法相同。
第7行	下针1针，（右上1针交叉，左上1针交叉，上针1针，下针4针，上针1针）×2，右上1针交叉，左上1针交叉，下针1针。
第9行	重复编织第5行1次。
第11行	下针1针，上针向左扭加针1针，（右上1针交叉，左上1针交叉，上针1针，下针4针，上针1针）×2，右上1针交叉，左上1针交叉，上针向左扭加针1针，下针1针/共28针。
第12行	上针1针，（下针1针，上针4针）×5，下针1针，上针1针/接下来到第20行，每个双数行的编织方法相同。
第13行	下针1针，（上针1针，左上1针交叉，右上1针交叉，上针1针，左上2针交叉，上针1针）×2，左上1针交叉，右上1针交叉，上针1针，下针1针。
第15行	下针1针，（上针1针，右上1针交叉，左上1针交叉，上针1针，下针4针）×2，上针1针，右上1针交叉，左上1针交叉，上针1针，下针1针。
第17行	重复编织13行第1次。
第19行	重复编织15行第1次。
第21行	下针收针2针，下针2针，右上1针交叉，（上针1针，左上2针交叉，上针1针，左上1针交叉，右上1针交叉）×2，上针1针，下针1针/共26针。
第22行	上针收针2针，（上针4针，下针1针）×4，上针4针/共24针。
第23行	下针收针2针，下针2针，上针1针，下针4针，上针1针，右上1针交叉，左上1针交叉，上针1针，下针4针，上针1针，右上1针交叉，下针2针/22针。
第24行	上针收针2针，上针2针，下针1针，（上针4针，下针1针）×3，上针2针/共20针。

第25行	下针右上2针并1针，上针1针，左上2针交叉，上针1针，左上1针交叉，右上1针交叉，上针1针，左上2针交叉，上针1针，下针左上2针并1针/共18针。
第26行	上针左上2针并1针，（上针4针，下针1针）×2，上针4针，上针右上2针并1针/共16针。
第27行	下针右上2针并1针，下针3针，上针1针，右上1针交叉，左上1针交叉，上针1针，下针3针，下针左上2针并1针/共14针。
第28行	上针左上2针并1针，上针2针，下针1针，上针4针，下针1针，上针2针，上针右上2针并1针/共12针。
第29行	下针右上2针并1针，下针1针，上针1针，左上1针交叉，右上1针交叉，上针1针，下针1针，下针左上2针并1针/共10针。
第30行	上针左上2针并1针，下针1针，上针4针，下针1针，上针右上2针并1针/共8针。
第31行	下针右上2针并1针，右上1针交叉，左上1针交叉，下针左上2针并1针/共6针

下针收针后，用相同的方法再织一个袖子。

袖子（开衫款）

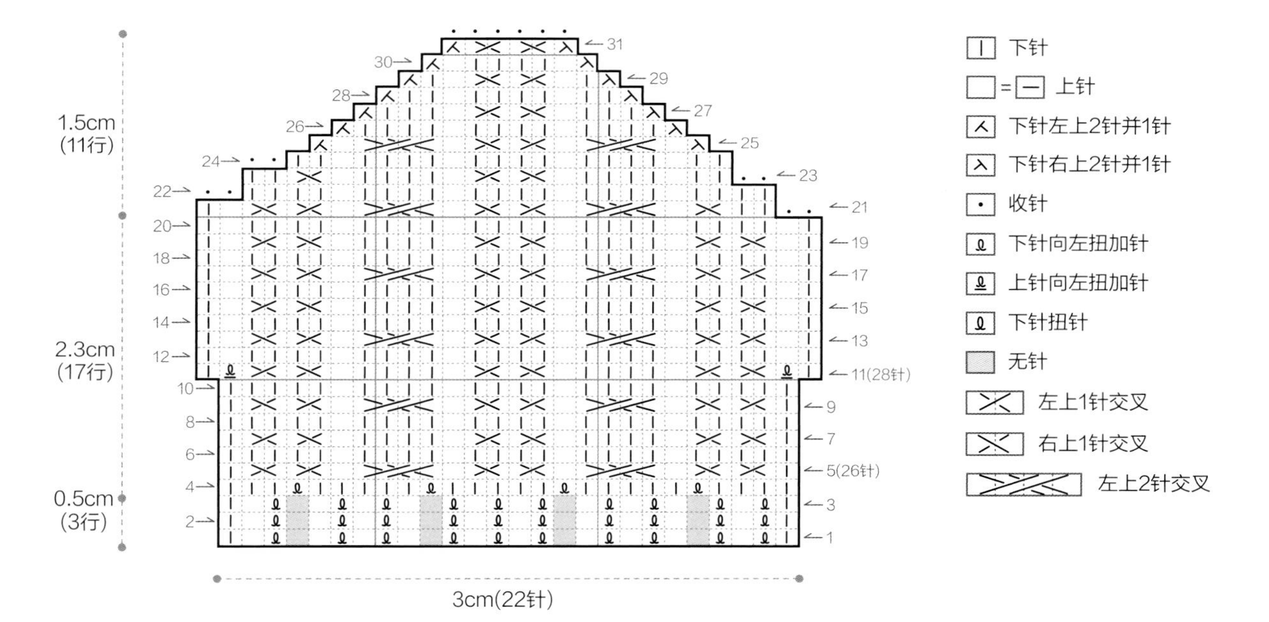

E 收尾

1 熨烫。
2 使用毛线缝针在反面整理线头。
3 对齐扣眼在对应位置缝上3颗纽扣。
4 在正面使用毛线缝针行和行缝合袖子。
5 将袖子对齐衣身的袖窿处，用毛线缝针行和行缝合。

制作方法

贝雷帽

难易程度 ★ ★ ★ ☆ ☆

× 圈织起针，由帽子边缘开始往上编织。
× 帽顶减针编织，最后在帽顶缝上装饰收尾。

A 贝雷帽

起针	使用1.2mm直棒针和棕色线，长尾起针法起80针。
第1~6行	（下针1针，上针1针）×40。
第7行	**更换1.5mm直棒针**，（下针6针，上针4针）×8。
第8行	（下针6针，上针向左扭加针1针，上针4针，上针向左扭加针1针）×8/共96针。
第9行	（下针6针，上针6针）×8。
第10行	（右上3针交叉，上针6针）×8。
第11行	（下针6针，上针向左扭加针1针，上针6针，上针向左扭加针1针）×8/共112针。
第12~13行	（下针6针，上针8针）×8。
第14行	（右上3针交叉，上针8针）×8。
第15~17行	（下针6针，上针8针）×8。
第18行	（右上3针交叉，上针8针）×8。
第19~22行	重复编织第15~18行1次。
第23行	下针5针，下针右上2针并1针，上针6针，（下针左上2针并1针，下针4针，下针右上2针并1针，上针6针）×6，下针左上2针并1针，下针4针，下针右上2针并1针，上针5针，上针右上2针并1针/共96针。
第24~25行	（下针6针，上针6针）×8。
第26行	（右上3针交叉，上针6针）×8。
第27行	下针5针，下针右上2针并1针，上针4针，（下针左上2针并1针，下针4针，下针右上2针并1针，上针4针）×6，下针左上2针并1针，下针4针，下针右上2针并1针，上针3针，上针右上2针并1针/共80针。
第28行	（下针6针，上针4针）×8。
第29行	下针5针，下针右上2针并1针，上针2针，（下针左上2针并1针，下针4针，下针右上2针并1针，上针2针）×6，下针左上2针并1针，下针4针，下针右上2针并1针，上针1针，上针右上2针并1针/共64针。
第30行	（右上3针交叉，上针2针）×8。
第31行	（下针左上2针并1针，下针2针，下针右上2针并1针，上针2针）×8/共48针。
第32行	（下针4针，上针2针）×8。
第33行	（下针左上2针并1针，下针右上2针并1针，上针2针）×8/共32针。
第34行	（下针2针，上针2针）×8。
第35行	（下针1针，下针右上2针并1针，上针1针）×8/共24针。
第36行	（下针1针，下针右上2针并1针）×8/共16针。

B 贝雷帽收尾

1 留出 10cm 以上线头断线。
2 将线头穿入毛线缝针，穿过剩余线圈拉紧。
3 熨烫。
4 在帽子反面整理线头收尾。

贝雷帽

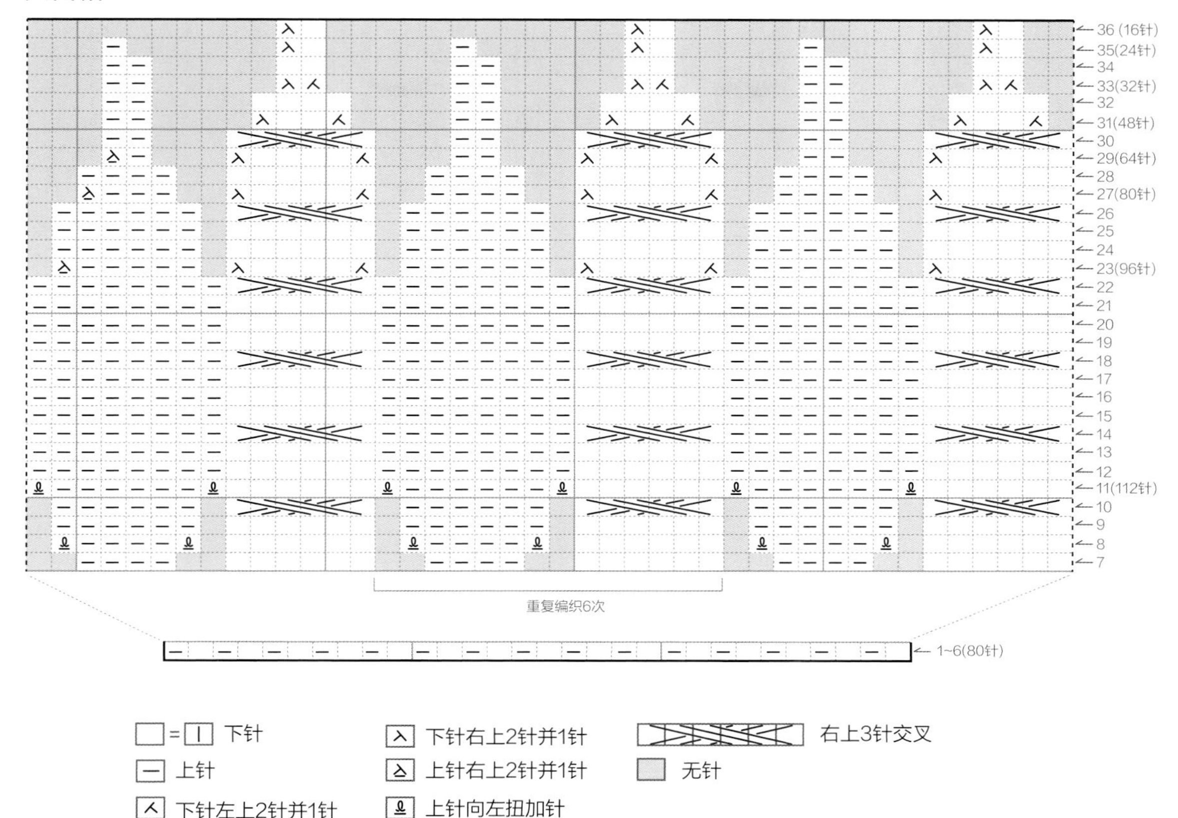

C 帽顶装饰

使用1.5mm直棒针，长尾起针法起4针编织I-Cord（参考第61页I-Cord技法）。

第1~4行	下针

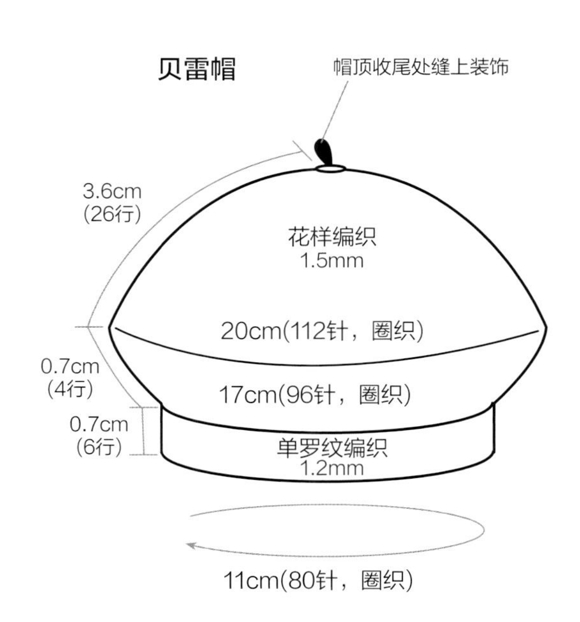

D 装饰收尾

1 留出 10cm 以上的线头断线。
2 将线头穿入毛线缝针，穿过剩余线圈后拉紧，在拉紧的洞口处将毛线缝针向下穿入(起针处)，然后拉出。接下来在帽子收尾处穿入毛线缝针，在帽子反面打结固定。

简约高领套头衫

简约经典的高领套头衫一直被人追捧。

纯色更能体现它的魅力。

完成这件单品后可尝试用其他颜色线变化花色。

正面

背面

基本信息

模特 Diana Doll

适用尺寸 Darak-i，iMda Doll 3.0，身高 31~33cm 的娃娃

尺寸
胸围 20cm，衣长 15cm，袖长 11.4cm

使用线材 Lang Cashmere Lace・白色(0002)，其他颜色线材若干

可替换线材 3 股线（3ply）

针 直棒针・1.5mm(4 根)，1.75mm(4 根)｜环形针・2.0mm（1 根），2.25mm（1 根）

其他工具 纽扣 5.0mm（6 颗），剪刀，麻花针，毛线缝针，记号扣，缝衣线，缝衣针

编织密度
双罗纹花样 45 针 × 50 行 =10cm × 10cm
左上 1 针交叉花样 50 针 × 59 行 =10cm × 10cm

制作方法

难易程度 ★ ★ ★ ☆ ☆

× 由上往下编织。长尾起针法起针，从高领开始向衣身下方编织。
× 袖子圈织。
× 每6行用2针进行左上1针交叉。
× 部分编织图收录在第193页。

A 衣身

起针~第20行	
起针	使用2.25mm环形针，长尾起针法起68针（双罗纹2cm）。
第1行	上针3针，（下针2针，上针2针）×16，上针1针
第2行	下针滑针1针，（下针2针，上针2针）×16，下针3针。
第3行	上针滑针1针，（上针2针，下针2针）×16，空加针1针，上针左上2针并1针，上针1针。
第4行	下针滑针1针，（下针2针，上针2针）×16，下针3针。
第5行	上针滑针1针，（上针2针，下针2针）×16，上针3针。
第6~9行	重复编织上2行2次。
更换2.0mm环形针（双罗纹2cm）。	
第10~19行	重复编织第4~5行5次。
第20行	下针滑针1针，（下针2针，上针2针）×16，下针3针。
衣身加针	
第21行	**更换1.75mm直棒针**，上针滑针1针，下针64针，空加针1针，上针左上2针并1针，上针1针/共68针。
第22行	下针滑针1针，（下针2针，上针2针）×2，下针2针，上针向左扭加针1针，下针2针，上针向左扭加针1针，（下针2针，上针2针）×2，下针2针，上针向左扭加针1针，下针2针，上针向左扭加针1针，（下针2针，上针2针）×4，下针2针，上针向左扭加针1针，下针2针，上针向左扭加针1针，（下针2针，上针2针）×2，下针2针，上针向左扭加针1针，下针2针，上针向左扭加针1针，（下针2针，上针2针）×2，下针3针/共76针。
第23行	上针滑针1针，（上针2针，下针2针）×2，（上针2针，下针1针）×2，（上针2针，下针2针）×2，（上针2针，下针1针）×2，（上针2针，下针2针）×4，（上针2针，下针1针）×2，（上针2针，下针2针）×2，（上针2针，下针1针）×2，（上针2针，下针2针）×2，上针3针。
第24行	下针滑针1针，（下针2针，上针2针）×2，下针2针，上针1针，上针向左扭加针1针，下针2针，上针向左扭加针1针，上针1针，（下针2针，上针2针）×2，下针2针，上针1针，上针向左扭加针1针，下针2针，上针向左扭加针1针，上针1针，（下针2针，上针2针）×4，下针2针，上针1针，上针向左扭加针1针，下针2针，上针向左扭加针1针，上针1针，（下针2针，上针2针）×2，下针2针，上针1针，上针向左扭加针1针，下针2针，上针向左扭加针1针，上针1针，（下针2针，上针2针）×2，下针3针/共84针。
第25行	上针滑针1针，（上针2针，下针2针）×20，上针3针。
第26行	下针滑针1针，（左上1针交叉，上针2针）×3，下针向左扭加针1针，下针2针，下针向左扭加针1针，（上针2针，左上1针交叉）×3，上针2针，下针向左扭加针1针，下针2针，下针向左扭加针1针，（上针2针，左上1针交叉）×5，上针2针，下针向左扭加针1针，下针2针，下针向左扭加针1针，（上针2针，左上1针交叉）×3，上针2针，下针向左扭加针1针，下针2针，下针向左扭加针1针，（上针2针，左上交叉）×3，下针1针/共92针。

高领

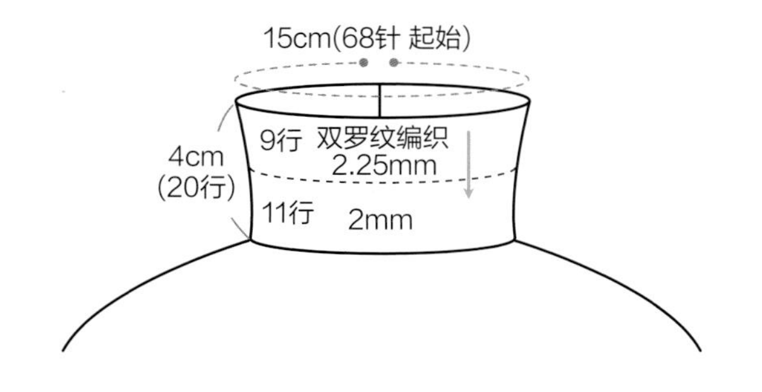

第27行 上针滑针1针，（上针2针，下针2针）×3，上针4针，（下针2针，上针2针）×3，下针2针，上针4针，（下针2针，上针2针）×5，下针2针，上针4针，（下针2针，上针2针）×3，下针2针，上针4针，（下针2针，上针2针）×3，上针1针。

第28行 下针滑针1针，（下针2针，上针2针）×3，下针1针，下针向左扭加针1针，下针2针，下针向左扭加针1针，下针1针，（上针2针，下针2针）×3，上针2针，下针1针，下针向左扭加针1针，下针2针，下针向左扭加针1针，下针1针，（上针2针，下针2针）×5，上针2针，下针1针，下针向左扭加针1针，下针2针，下针向左扭加针1针，下针1针，（上针2针，下针2针）×3，上针2针，下针1针，下针向左扭加针1针，下针2针，下针向左扭加针1针，下针1针，（上针2针，下针2针）×3，下针1针/共100针。

第29行 上针滑针1针，（上针2针，下针2针）×3，上针6针，（下针2针，上针2针）×3，下针2针，上针6针，（下针2针，上针2针）×5，下针2针，上针6针，（下针2针，上针2针）×3，下针2针，上针6针，（下针2针，上针2针）×3，上针1针。

第30行 下针滑针1针，（下针2针，上针2针）×3，下针2针，上针向左扭加针1针，下针2针，上针向左扭加针1针，（下针2针，上针2针）×4，下针2针，上针向左扭加针1针，下针2针，上针向左扭加针1针，（下针2针，上针2针）×6，下针2针，上针向左扭加针1针，下针2针，上针向左扭加针1针，（下针2针，上针2针）×4，下针2针，上针向左扭加针1针，下针2针，上针向左扭加针1针，（下针2针，上针2针）×3，下针3针/共108针。

第31行 上针滑针1针，（上针2针，下针2针）×3，（上针2针，下针1针）×2，（上针2针，下针2针）×4，（上针2针，下针1针）×2，（上针2针，下针2针）×6，（上针2针，下针1针）×2，（上针2针，下针2针）×4，（上针2针，下针1针）×2，（上针2针，下针2针）×3，上针3针。

第32行 下针滑针1针，（左上1针交叉，上针2针）×3，左上1针交叉，上针1针，上针向左扭加针1针，下针2针，上针向左扭加针1针，上针1针，（左上1针交叉，上针2针）×4，左上1针交叉，上针1针，上针向左扭加针1针，下针2针，上针向左扭加针1针，上针1针，（左上1针交叉，上针2针）×6，左上1针交叉，上针1针，上针向左扭加针1针，下针2针，上针向左扭加针1针，上针1针，（左上1针交叉，上针2针）×4，左上1针交叉，上针1针，上针向左扭加针1针，下针2针，上针向左扭加针1针，上针1针，（左上交叉，上针2针）×3，左上1针交叉，下针1针/共116针。

第33行 上针滑针1针，（上针2针，下针2针）×28，上针3针。

第34行 下针滑针1针，（下针2针，上针2针）×4，下针向左扭加针1针，下针2针，下针向左扭加针1针，（上针2针，下针2针）×5，上针2针，下针向左扭加针1针，下针2针，下针向左扭加针1针，（上针2针，下针2针）×7，上针2针，下针向左扭加针1针，下针2针，下针向左扭加针1针，（上针2针，下针2针）×5，上针2针，下针向左扭加针1针，下针2针，下针向左扭加针1针，（上针2针，下针2针）×4，下针1针/共124针。

第35行 上针滑针1针，（上针2针，下针2针）×4，上针4针，（下针2针，上针2针）×5，下针2针，上针4针，（下针2针，上针2针）×7，下针2针，上针4针，（下针2针，上针2针）×5，下针2针，上针4针，（下针2针，上针2针）×4，上针1针。

第36行 下针滑针1针，（下针2针，上针2针）×4，下针1针，下针向左扭加针1针，下针2针，下针向左扭加针1针，下针1针，（上针2针，下针2针）×5，上针2针，下针1针，下针向左扭加针1针，下针2针，下针向左扭加针1针，下针1针，（上针2针，下针2针）×7，上针2针，下针1针，下针向左扭加针1针，下针2针，下针向左扭加针1针，下针1针，（上针2针，下针2针）×5，上针2针，下针1针，下针向左扭加针1针，下针2针，下针向左扭加针1针，下针1针，（上针2针，下针2针）×4，下针1针/共132针。

第37行 上针滑针1针，（上针2针，下针2针）×4，上针6针，（下针2针，上针2针）×5，下针2针，上针6针，（下针2针，上针2针）×7，下针2针，上针6针，（下针2针，上针2针）×5，下针2针，上针6针，（下针2针，上针2针）×4，上针1针。

第38行 下针滑针1针，（左上1针交叉，上针2针）×4，左上1针交叉，上针向左扭加针1针，下针2针，上针向左扭加针1针，（左上1针交叉，上针2针）×6，左上1针交叉，上针向左扭加针1针，下针2针，上针向左扭加针1针，（左上1针交叉，上针2针）×8，左上1针交叉，上针向左扭加针1针，下针2针，上针向左扭加针1针，（左上1针交叉，上针2针）×6，左上1针交叉，上针向左扭加针1针，下针2针，上针向左扭加针1针，（左上1针交叉，上针2针）×4，左上1针交叉，下针1针/共140针。

第39行 上针滑针1针，（上针2针，下针2针）×4，（上针2针，下针1针）×2，（上针2针，下针2针）×6，（上针2针，下针1针）×2，（上针2针，下针2针）×8，（上针2针，下针1针）×2，（上针2针，下针2针）×6，（上针2针，下针1针）×2，（上针2针，下针2针）×4，空加针1针，上针左上2针并1针，上针1针。

（下转第179页）

B 衣身和袖子分片编织部分

第48行	下针滑针1针,（下针2针,上针2针）×6,用别线留出编织袖子用的38针,卷针加针8针,（上针2针,下针2针）×11,上针2针,用别线留出编织袖子用的38针,卷针加针8针,（上针2针,下针2针）×6,下针1针/共112针。
第49行	上针滑针1针,（上针2针,下针2针）×5,上针2针,下针1针,下针左上2针并1针,上针2针,下针2针,上针2针,下针左上2针并1针,下针1针,（上针2针,下针2针）×10,上针2针,下针1针,下针左上2针并1针,上针2针,下针2针,上针2针,下针左上2针并1针,下针1针,（上针2针,下针2针）×5,上针3针/共108针。
第50行	下针滑针1针,（左上1针交叉,上针2针）×26,左上1针交叉,下针1针。
第51行	上针滑针1针,（上针2针,下针2针）×26,上针3次。
第52行	下针滑针1针,（下针2针,上针2针）×26,下针3针。
第53~54行	重复编织第51~52行1次。
第55行	上针滑针1针,（上针2针,下针2针）×26,上针3针。
第56行	**更换2.0mm环形针**,下针滑针1针,（左上1针交叉,上针2针）重复编织到剩余3针,左上1针交叉,下针1针。
第57行	上针滑针1针,（上针2针,下针2针）×26,空加针1针,上针左上2针并1针,上针1针。
第58~61行	重复编织第52~55行1次。
第62~67行	重复编织第50~55行1次。
第68~73行	**更换2.25mm环形针**,重复编织第50~55行1次。
第74~75行	重复编织第56~57行1次。
第76行	重复编织第52行1次。
第77行	重复编织第51行1次。
更换2.0mm环形针,编织单罗纹,正面时下针织扭针,反面时上针织扭针。	
第78行	下针滑针1针,（下针扭针1针,上针1针）×52,下针扭针1针,下针左上2针并1针/共107针。
第79行	上针滑针1针,（上针扭针1针,下针1针）×52,上针扭针1针,上针1针。
第80行	下针滑针1针,（下针扭针1针,上针1针）×52,下针扭针1针,下针1针。
第81~84行	重复编织第79~80行2次。
第85行	上针滑针1针,（上针扭针1针,下针1针）×51,上针扭针1针,空加针1针,上针左上2针并1针,上针1针。
第86行	下针滑针1针,（下针扭针1针,上针1针）×52,下针扭针1针,下针1针。
第87行	上针滑针1针,（上针扭针1针,下针1针）×52,上针扭针1针,上针1针。
下针织下针,上针织上针,罗纹套收收针。	

C 袖子（2个）

1 袖子圈织，共编织 2 个。

2 将留在别线上编织袖子用的 38 针，平均分配在 2 根 1.75mm 的直棒针上。

3 用第 3 根直棒针，在第 2 根棒针最后 1 针和袖窿下第 1 个卷针加针之间挑 1 针，每个卷针加针处挑出 8 针，在最后 1 个卷针加针和第 1 根棒针上的第 1 针之间挑 1 针（10 针）/ 共 48 针。

4 继续按照衣身的花样圈织。

第1行	（上针2针,下针2针）×9,上针1针,上针左上2针并1针,下针右上2针并1针,下针1针,上针2针,下针2针,上针左上2针并1针/共45针。
第2行	（上针2针,下针2针）×10,上针2针,下针1针,下针左上2针并1针。
第3行	（上针2针,左上1针交叉）×11。
第4~8行	（上针2针,下针2针）×11。
第9~32行	重复编织第3~8行4次。
第33行	**更换1.5mm直棒针**,[下针左上2针并1针,（上针1针,下针扭针1针）×2,上针左上2针并1针,（下针扭针1针,上针1针）×2]×3,下针左上2针并1针,（上针1针,下针扭针1针）×2,上针左上2针并1针/共36针。
第34~42行	（下针扭针1针,上针1针）重复编织到行末。
下针织下针,上针织上针,收针。	
另一只袖子织法相同。	

袖子

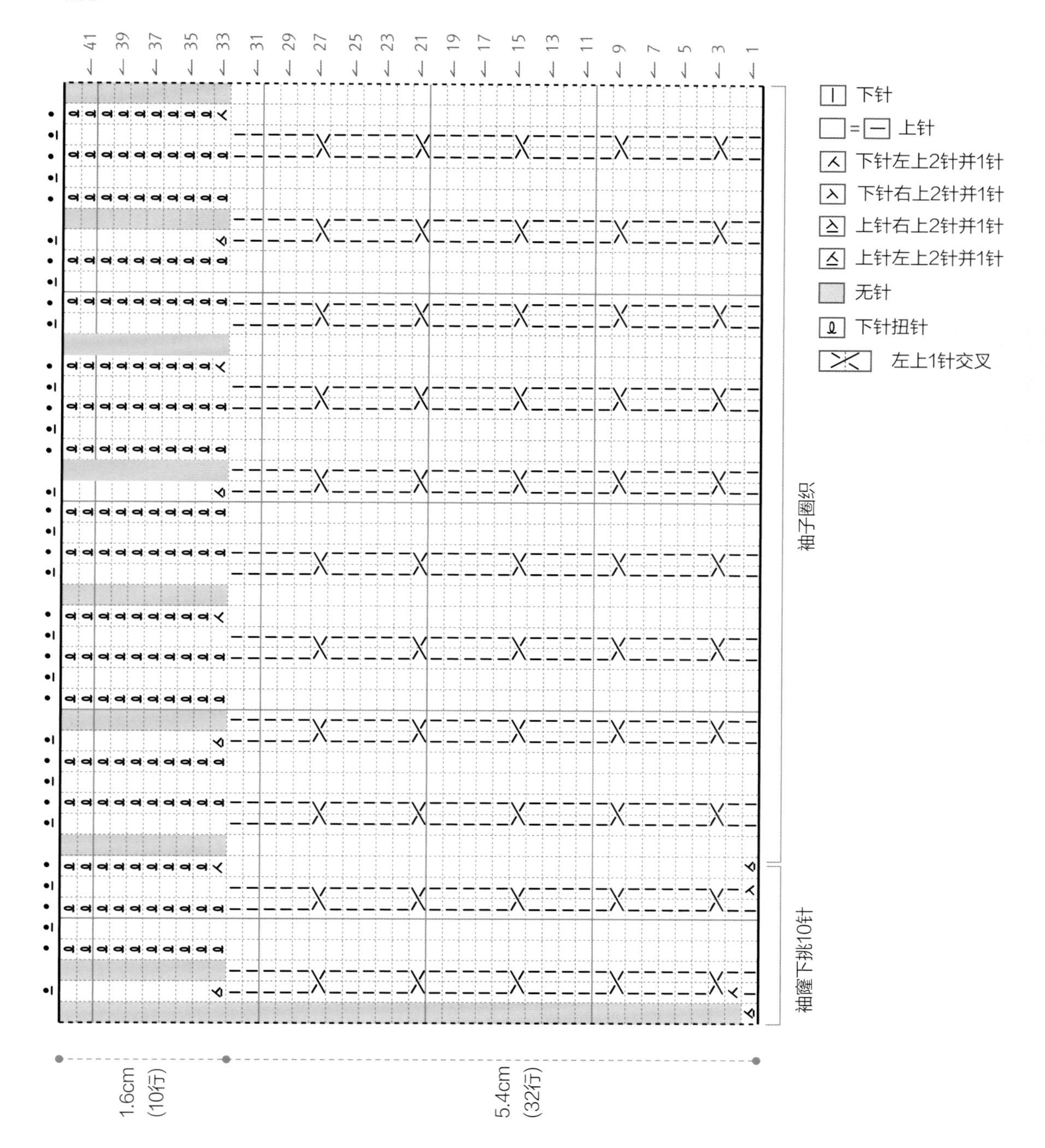

D 收尾

1 将织物放平进行熨烫。

2 对齐扣眼在对应位置缝上纽扣。

恐龙连帽外套

在孩子们的眼里恐龙是有趣、神奇和充满幻想的。
恐龙外套的每一针都融入了孩童般天真烂漫的情怀，
帽子和后背上的红色背棘让恐龙外套更加栩栩如生。

基本信息

模特 JerryBerry【petite berry】

适用尺寸 OB11, iMda Doll timp

尺寸 胸围 11cm，衣长（含帽）13.5cm，袖长 4.5cm

使用线材 Einband·绿色（1763），红色（1766）

可替换线材 2 股线（2ply）

针 直棒针·1.5mm（4 根），1.75mm（4 根）

其他工具 黄色纽扣 5.0mm（2 颗），红色豆扣 5.0mm（3 颗），剪刀，毛线缝针，缝衣线，缝衣针，珠针，记号扣（4 个）

编织密度 平针编织 40 针 × 57 行 =10cm × 10cm（1.75mm 直棒针）

侧面

HALLOWEEN
TRICK OR TREAT?

制作方法

难易程度 ★ ★ ★ ☆ ☆

× 衣身后片、左右前片和尾巴一体编织。
× 在帽子和开衫后片上针部分，将单独编织的恐龙背棘缝合。
× 口袋单独编织后缝合。

A 衣身

起针~第22行	
起针	使用1.75mm直棒针和绿色线，长尾起针法起44针。
第1行	上针44针。
第2行	上针22针，卷针加针22针后，在第1根棒针上分配上针22针，第2根棒针上分配卷针加针11针，第3根棒针上分配卷针加针11针，接下来编织上针22针/共66针。
第3行	下针32针，上针2针，下针32针。
第4行	上针32针，下针2针，上针32针。
第5行	下针30针，下针左上2针并1针，上针2针，下针右上2针并1针，下针30针/共64针。
第6行	上针31针，下针2针，上针31针。
第7行	下针29针，下针左上2针并1针，上针2针，下针右上2针并1针，下针29针/共62针。
第8行	上针30针，下针2针，上针30针。
第9行	下针28针，下针左上2针并1针，上针2针，下针右上2针并1针，下针28针/共60针。
第10行	上针29针，下针2针，上针29针。
第11行	下针9针，下针右上2针并1针，下针左上2针并1针，下针14针，下针左上2针并1针，上针2针，下针右上2针并1针，下针14针，下针右上2针并1针，下针左上2针并1针，下针9针/共54针。
第12行	上针26针，下针2针，上针26针。
第13行	下针24针，下针左上2针并1针，上针2针，下针右上2针并1针，下针24针/共52针。
第14行	上针25针，下针2针，上针25针。
第15行	下针23针，下针左上2针并1针，上针2针，下针右上2针并1针，下针23针/共50针。
第16行	上针24针，下针2针，上针24针。
第17行	下针22针，下针左上2针并1针，上针2针，下针右上2针并1针，下针22针/共48针。
第18行	上针23针，下针2针，上针23针。
第19行	下针23针，上针2针，下针23针。
第20行	上针23针，下针2针，上针23针。
第21行	下针14针，下针左上2针并1针，下针5针，下针左上2针并1针，上针2针，下针右上2针并1针，下针5针，下针左上2针并1针，下针14针/共44针。
第22行	上针21针，下针2针，上针21针。
右前片	
第23行	下针9针，将剩余35针移至其他棒针上休针不织（休针①），仅用右前片的9针编织。
第24行	上针9针。
第25行	下针7针，下针左上2针并1针/共8针。
第26行	上针8针。
第27行	下针6针，下针左上2针并1针/共7针。
第28行	上针7针。
第29行	下针右上2针并1针，下针3针，下针左上2针并1针/共5针。
第30行	上针5针。
第31行	下针3针，下针左上2针并1针/共4针。
第32~34行	上针开始的平针3行。
将4针移至其他棒针上作为肩部（右前肩）的休针。	
后片（右后肩和左后肩）	
从休针①（35针）的第1针上换新线开始编织。	
第23行	下针收针2针，下针10针，上针2针，下针12针，剩余9针移至其他棒针上休针不织（休针②），仅用后片的24针编织/共24针。
第24行	上针收针2针，上针10针，下针2针，上针10针/共22针。
第25行	下针右上2针并1针，下针6针，下针左上2针并1针，上针2针，下针右上2针并1针，下针6针，下针左上2针并1针/共18针。

第26行	上针8针，下针2针，上针8针。
第27行	下针右上2针并1针，下针6针，上针2针，下针6针，下针左上2针并1针/共16针。
第28行	上针7针，下针2针，上针7针。
第29行	下针右上2针并1针，下针4针，下针右上2针并1针，下针左上2针并1针，下针4针，下针左上2针并1针/共12针。
第30行	上针12针。
第31行	下针右上2针并1针，下针8针，下针左上2针并1针/共10针。
第32行	上针10针。
第33行	下针4针，剩余6针移至其他棒针上休针不织（休针③），仅用右后肩的4针编织。
第34行	上针4针。
将4针移至其他棒针上作为肩部休针（右后肩）。从休针③（6针）的第1针上换新线进行编织。	
第33行	下针收针2针，下针4针/共4针。
第34行	上针4针。
将4针移至其他针上作为肩部（左后肩）休针。	
左前片	
从休针②（9针）的第1针上换新线进行编织。	
第23~24行	下针开始编织平针2行。
第25行	下针右上2针并1针，下针7针/共8针。
第26行	上针8针。
第27行	下针右上2针并1针，下针6针/共7针。
第28行	上针7针。
第29行	下针右上2针并1针，下针3针，下针左上2针并1针/共5针。
第30行	上针5针。
第31行	下针右上2针并1针，下针3针/共4针。
第32~34行	上针开始的平针3行，将4针移至其他针上作为肩部（左前肩）的休针。

B 肩部休针缝合

1 将右后肩和右前肩正面相对，从反面用3根针收针法进行下针套收收针。

2 将左后肩和左前肩正面相对，从反面用3根针收针法进行下针套收收针。

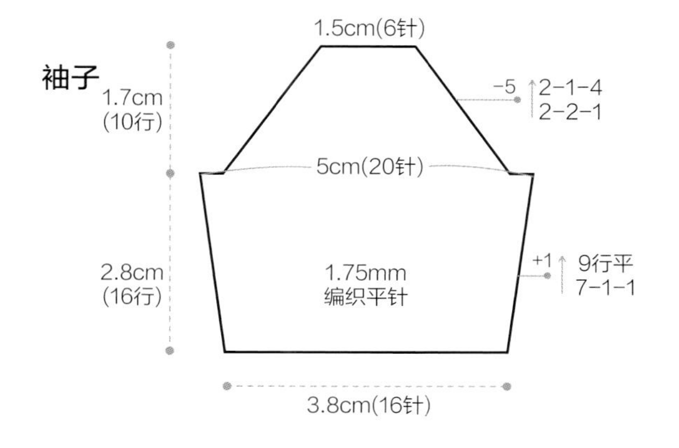

C 袖子（2个）

起针	使用1.75mm直棒针和红色线，长尾起针法起16针。
第1行	上针16针。
第2~6行	更换绿色线，编织上针开始的平针5行。
第7行	下针1针，下针右加针1针，下针14针，下针左加针1针，下针1针/共18针。
第8~16行	上针开始的平针9行。
第17行	下针收针2针，下针16针/共16针。
第18行	上针收针2针，上针14针/共14针。
第19行	下针右上2针并1针，下针10针，下针左上2针并1针/共12针。
第20行	上针12针。
第21行	下针右上2针并1针，下针8针，下针左上2针并1针/共10针
第22行	上针10针。
第23行	下针右上2针并1针，下针6针，下针左上2针并1针/共8针。
第24行	上针8针。
第25行	下针右上2针并1针，下针4针，下针左上2针并1针/共6针。
收针行	上针收针后，同样的方法再织一个袖子。

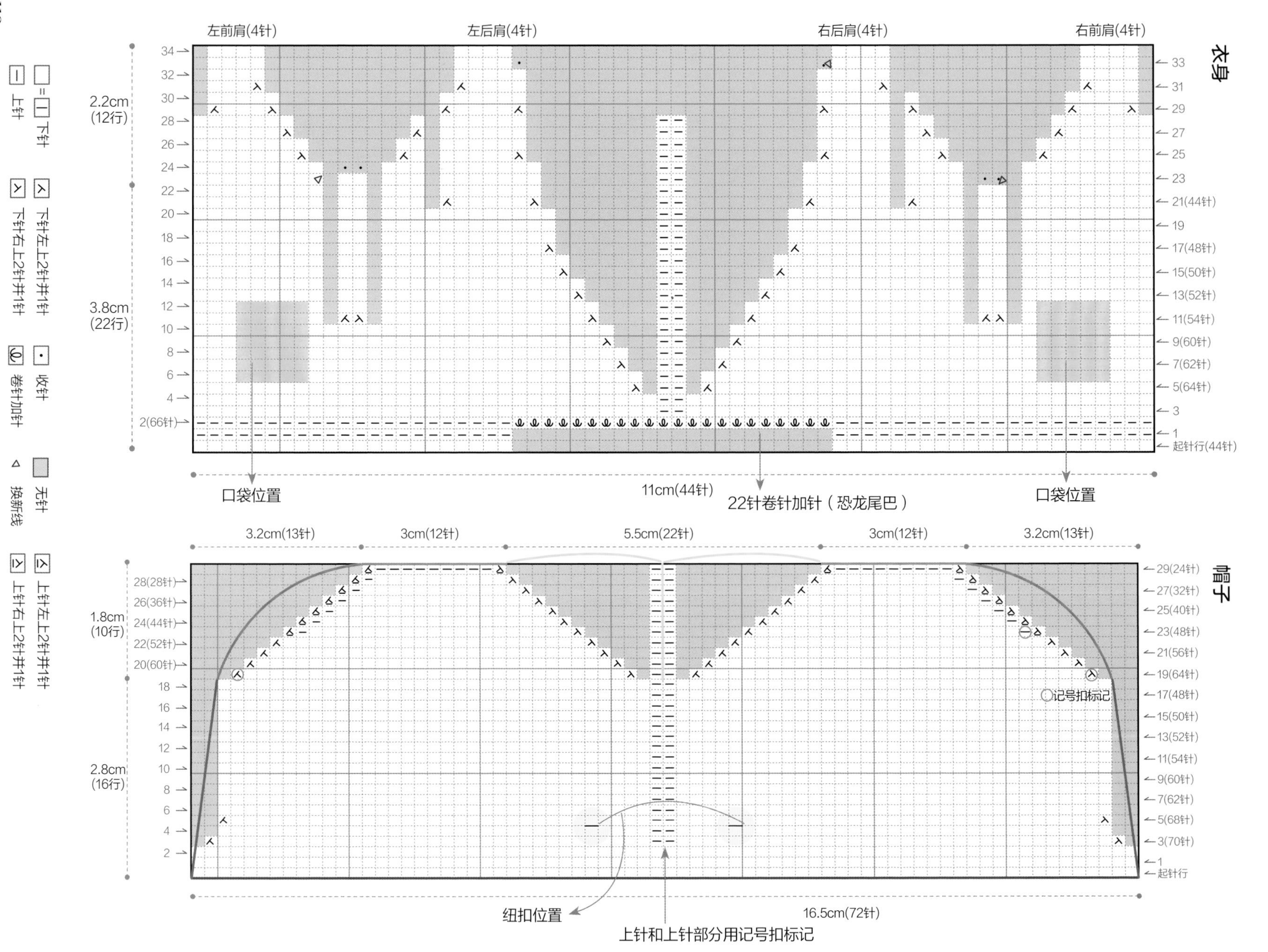

衣身
左前肩(4针)
左后肩(4针)
右后肩(4针)
右前肩(4针)
2.2cm (12行)
3.8cm (22行)
2(66针)
起针行(44针)
口袋位置
11cm(44针)
22针卷针加针（恐龙尾巴）
口袋位置
帽子
3.2cm(13针)
3cm(12针)
5.5cm(22针)
3cm(12针)
3.2cm(13针)
1.8cm (10行)
2.8cm (16行)
记号扣标记
纽扣位置
16.5cm(72针)
上针和上针部分用记号扣标记
□=□ 下针
□ 上针
□ 下针左上2针并1针
□ 下针右上2针并1针
□ 收针
□ 卷针加针
□ 无针
◁ 换新线
□ 上针左上2针并1针
□ 上针右上2针并1针

组合帽子

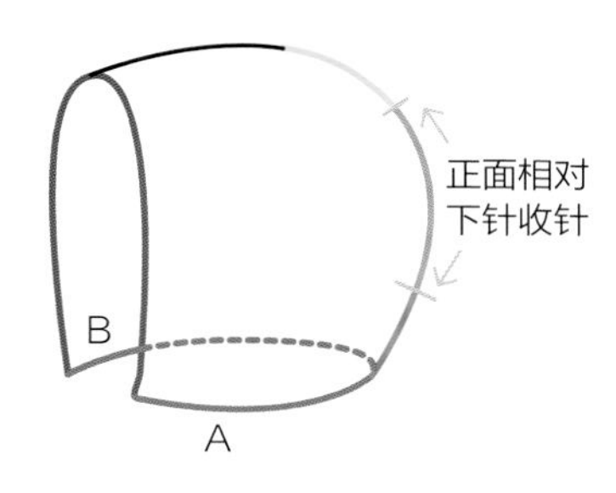

将相同颜色的部分用毛线缝针行和行缝合到有记号扣的位置（第19行）

帽子的缝合和前襟

70针
整体挑118针
帽子B部分和开衫B部分行和行缝合
B
中心
A
帽子A部分和开衫A部分行和行缝合
24针
24针
右前片
左前片
0.8cm
5行桂花针

D 帽子

起针	使用1.75mm直棒针和绿色线，长尾起针法起72针。
第1~2行	下针开始的平针2行。
第3行	下针右上2针并1针，下针33针，上针2针（2针之间用记号扣标记），下针33针，下针左上2针并1针/共70针。
第4行	上针34针，下针2针，上针34针。
第5行	下针右上2针并1针，下针32针，上针2针，下针32针，下针左上2针并1针/共68针。
第6行	上针33针，下针2针，上针33针。
第7行	下针33针，上针2针，下针33针。
第8~17行	重复编织第6、7行5次。
第18行	上针33针，下针2针，上针33针。
第19行	第1针和最后1针用记号扣做标记。下针右上2针并1针，下针29针，下针左上2针并1针，上针2针，下针右上2针并1针，下针29针，下针左上2针并1针/共64针。
第20行	上针左上2针并1针，上针27针，上针右上2针并1针，下针2针，上针左上2针并1针，上针27针，上针右上2针并1针/共60针。
第21行	下针右上2针并1针，下针25针，下针左上2针并1针，上针2针，下针右上2针并1针，下针25针，下针左上2针并1针/共56针。
第22行	上针左上2针并1针，上针23针，上针右上2针并1针，下针2针，上针左上2针并1针，上针23针，上针右上2针并1针/共52针。
第23行	上针右上2针并1针，上针1针（用记号扣做标记），下针20针，下针左上2针并1针，上针2针，下针右上2针并1针，下针20针，上针1针，上针左上2针并1针/共48针。
第24行	下针左上2针并1针，下针1针，上针18针，上针右上2针并1针，下针2针，上针左上2针并1针，上针18针，下针1针，下针右上2针并1针/共44针。
第25行	上针右上2针并1针，上针1针，下针16针，下针左上2针并1针，上针2针，下针右上2针并1针，下针16针，上针1针，上针左上2针并1针/共40针。
第26行	下针左上2针并1针，下针1针，上针14针，上针右上2针并1针，下针2针，上针左上2针并1针，上针14针，下针1针，下针右上2针并1针/共36针。
第27行	上针右上2针并1针，上针1针，下针12针，下针左上2针并1针，上针2针，下针右上2针并1针，下针12针，上针1针，上针左上2针并1针/共32针。
第28行	下针左上2针并1针，下针1针，上针10针，上针右上2针并1针，下针2针，上针左上2针并1针，上针10针，下针1针，下针右上2针并1针/共28针。
第29行	上针右上2针并1针，上针9针，上针左上2针并1针，上针2针，上针右上2针并1针，上针9针，上针左上2针并1针/共24针。
收针行	使用2根1.75mm直棒针。将线圈平均分配在2根直棒针上，正面对正面后在反面下针收针。

完成的帽子织片，参考上图，组合帽子后缝合在衣身上。

E 前襟

挑针	使用1.5mm直棒针和绿色线在前襟处挑118针（右前襟24针+帽子70针+左前襟24针）后，编织桂花针。
第1行	上针滑针1针，（上针1针，下针1针）×58，上针1针。
第2行	下针滑针1针，（下针1针，上针1针）×58，下针1针。
第3行	扣眼行：上针滑针1针，（上针1针，下针1针）×46，上针1针，（下针右上2针并1针，空加针1针，下针1针，上针1针）×3，（下针1针，上针1针）×6。
第4行	重复编织第2行1次。
收针行	下针织下针，上针织上针，罗纹套收收针。

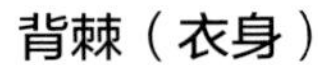

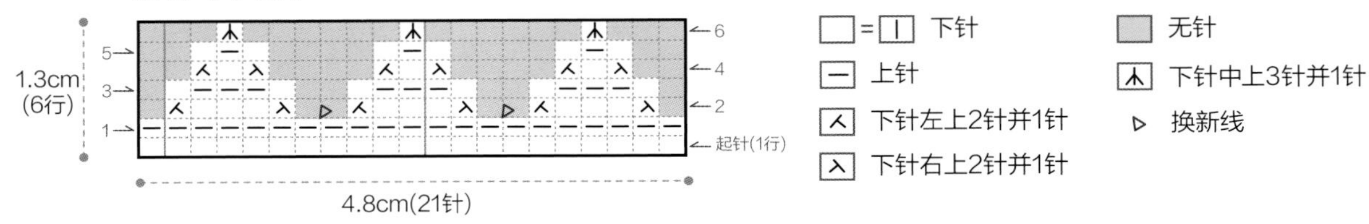

背棘（帽子）

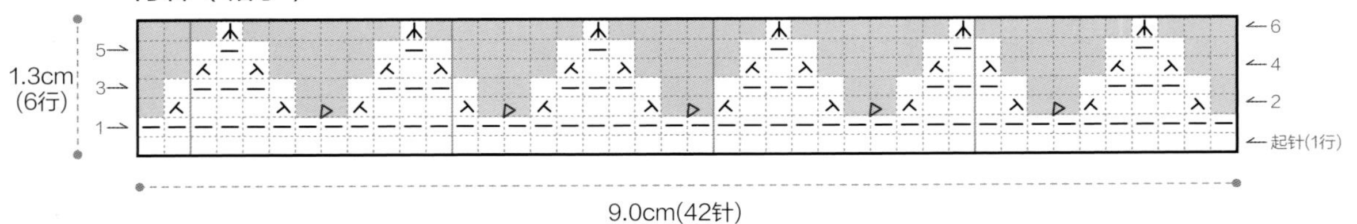

F 恐龙背棘

背棘（衣身）

起针	使用1.75mm直棒针和红色线，长尾起针法起21针。
第1行	下针21针。
第2行	下针右上2针并1针，下针3针，下针左上2针并1针，翻转织物，仅用5针编织。
第3行	上针1针，下针3针，上针1针。
第4行	下针右上2针并1针，下针1针，下针左上2针并1针/共3针。
第5行	上针1针，下针1针，上针1针。
第6行	下针中上3针并1针/共1针。

留出10cm以上线头后断线。
将留下的线头穿入剩余线圈。**
确认针上是否是14针。
加入红色线重复编织第2行~**1次。
确认针上是否是7针。
加入红色线重复编织第2行~**1次。

背棘（帽子）

起针	使用1.75mm直棒针和红色线，长尾起针法起42针。
第1行	下针42针。
第2~6行	第2行~**与衣身的恐龙背棘相同。

确认针上是否是35针。
加入红色线重复编织衣身的恐龙背棘2行~**1次。
确认针上是否是28针。
加入红色线重复编织衣身的恐龙背棘2行~**1次。
确认针上是否是14针。
加入红色线重复编织衣身的恐龙背棘2行~**1次。
确认针上是否是7针。
加入红色线重复编织衣身的恐龙背棘2行~**1次。

G 口袋

起针	使用1.75mm直棒针和红色线，长尾起针法起7针。
第1~5行	下针开始的平针5行。
第6行	下针7针。
收针行	上针收针后，用相同的方法再织一个口袋。

衣身缝上背棘

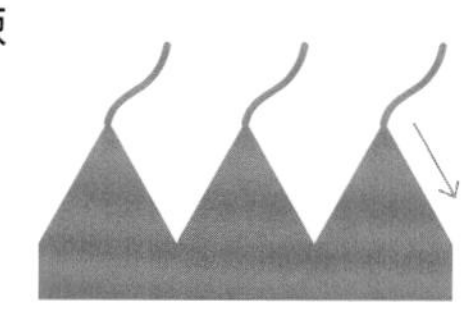

1 线头穿入毛线缝针，在右下方藏线后断线。
2 顶端的线头同步骤 1 进行藏线。

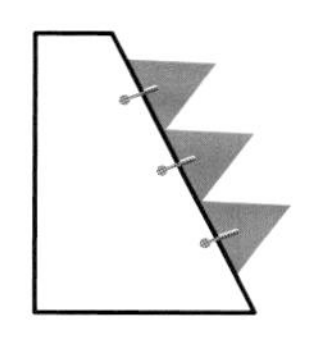

3 在衣身后片的 2 针上针处放上恐龙背棘后用珠针固定。
4 将红色线穿入毛线缝针，卷缝固定。

帽子缝上背棘

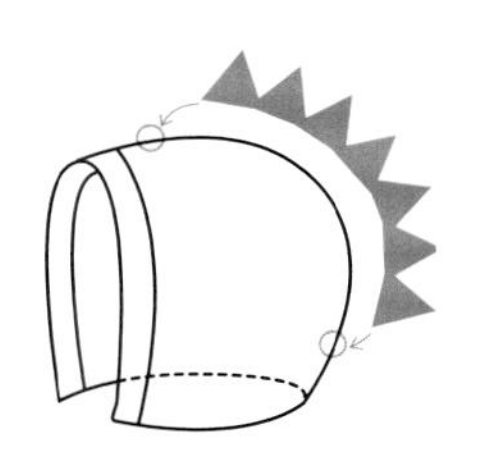

1 在帽子 2 针上针（第 3 行）的一个记号扣标记处开始到另一个记号扣（第 23 行）处，将恐龙背棘用珠针固定。
2 将红色线穿入毛线缝针，用卷缝固定。

尾巴收尾

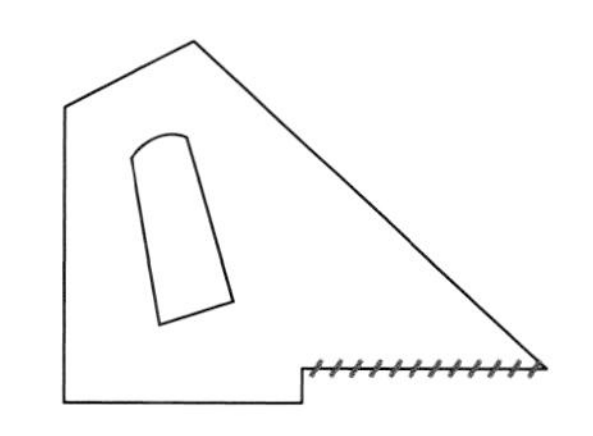

起针行反面相对，使用绿色线和毛线缝针卷缝尾巴。

H 收尾

1 熨烫。
2 使用毛线缝针反面藏线头。
3 袖子从正面用毛线缝针行和行缝合。
4 袖子对齐衣身的袖窿，用毛线缝针进行行和行缝合。
5 将口袋上的线头穿入毛线缝针。参考第 118 页将其用行和行的缝合方法缝在衣身两侧。
6 参考上面的图将恐龙的背棘缝合在衣身和帽子上。
7 将 2 颗黄色纽扣缝在帽子的顶端（参考第 115 页照片）。
8 参考上图将尾巴下端卷缝。
9 对齐扣眼在对应位置缝上 3 颗纽扣后，反面整理线头进行收尾。

费尔岛花样马甲

提花花样一直深受人们喜爱，特别是个性的几何图案、五彩斑斓的色彩交相呼应的费尔岛提花花样、菱形提花花样和北欧风提花花样等。这次的设计大胆地运用了多种粉色进行组合，搭配了绿色作为点缀，是一款既复古又时尚的万能马甲单品。柔和的色彩虽然很百搭，但偶尔挑战一下夸张的色彩如何？

正面

背面

基本信息

模特 Diana Doll

适合尺寸 USD，Darak-i，身高 31~33cm 的娃娃

尺寸 胸围 20cm，衣长 11cm

使用线材 Lang Reinforcement·藏蓝色，玫粉色，浅粉色，绿色，黄色（收藏线），米白色（0094）

可替换线材 2 股线（2ply）

针 直棒针·1.5mm（4 根）| 环形针·1.75mm（2 根）

其他工具 剪刀，毛线缝针，记号扣

编织密度 提花花样 56 针 × 61 行 =10cm × 10cm

制作方法

难易程度 ★★★★☆

× 从下往上编织。
× 衣身的前片和后片一起片织。
× 领围和袖口的配色双罗纹圈织。

A 衣身

起针~第9行	
起针	使用1.75mm环形针，长尾起针法起114针。
第1行	（藏蓝）上针。
第2行	（藏蓝）下针1针，[（藏蓝）下针扭针2针，（玫粉）上针2针]重复编织到剩余1针，（玫粉）上针1针。
第3行	（玫粉）下针3针，[（藏蓝）上针扭针2针，（玫粉）下针2针]重复编织到剩余3针，（藏蓝）上针扭针2针，上针1针。
第4~9行	重复编织第2、3行3次。

衣身配色花样	
第10行	（藏蓝）下针。
第11行	（藏蓝）上针。
第12行	（藏蓝）下针2针，[（浅粉）下针1针，（藏蓝）下针3针]重复编织到行末。
第13行	（藏蓝）上针1针，[（藏蓝）上针1针，（浅粉）上针3针]重复编织到剩余1针，（浅粉）上针1针。
第14行	（浅粉）下针。
第15行	（浅粉）上针2针，[（绿）上针1针，（浅粉）上针1针]重复编织到剩余2针，（绿）上针2针。
第16行	（浅粉）下针2针，[（玫粉）下针1针，（浅粉）下针3针]重复编织到行末。
第17行	（浅粉）上针1针，[（浅粉）上针1针，（玫粉）上针3针]重复编织到剩余1针，（浅粉）上针1针。
第18行	（浅粉）下针2针，[（玫粉）下针1针，（浅粉）下针3针]重复编织到行末。
第19行	（浅粉）上针1针，[（浅粉）上针1针，（绿）上针1针]重复编织到剩余1针，（绿）上针1针。
第20行	（浅粉）下针。
第21行	（藏蓝）上针1针，[（藏蓝）上针1针，（浅粉）上针3针]重复编织到剩余1针，（藏蓝）上针1针。
第22行	（藏蓝）下针2针，[（浅粉）下针1针，（藏蓝）下针3针]重复编织到行末。
第23行	（藏蓝）上针。
第24行	（米白）下针1针，[（米白）下针1针，（藏蓝）下针3针，（米白）下针1针，（藏蓝）下针5针，（米白）下针1针，（藏蓝）下针3针，（米白）下针2针]×7，（米白）下针1针。
第25行	（米白）上针1针，[（米白）上针1针，（藏蓝）上针1针，（米白）上针1针，（藏蓝）上针2针，（米白）上针2针，（藏蓝）上针3针，（米白）上针2针，（藏蓝）上针2针，（米白）上针1针，（藏蓝）上针1针]×7，（藏蓝）上针1针。
第26行	（藏蓝）下针1针，[（藏蓝）下针2针，（米白）下针1针，（藏蓝）下针1针，（米白）下针3针，（藏蓝）下针1针，（米白）下针3针，（藏蓝）下针1针，（米白）下针1针，（藏蓝）下针3针]×7，（藏蓝）下针1针。
第27行	（藏蓝）上针1针，[（藏蓝）上针4针，（米白）上针4针，（藏蓝）上针1针，（米白）上针4针，（藏蓝）上针3针]×7，（藏蓝）上针1针。
第28行	（绿）下针1针，[（绿）下针4针，（浅粉）下针1针，（绿）下针2针，（浅粉）下针1针，（绿）下针2针，（浅粉）下针1针，（绿）下针4针，（浅粉）下针1针]×7，（浅粉）下针1针。
第29行	（浅粉）上针1针，[（浅粉）上针2针，（绿）上针4针，（浅粉）上针1针，（绿）上针1针，（浅粉）上针1针，（绿）上针1针，（浅粉）上针1针，（绿）上针4针，（浅粉）上针1针]×7，（浅粉）上针1针。
第30行	（浅粉）下针1针，[（浅粉）下针2针，（绿）下针4针，（浅粉）下针1针，（绿）下针1针，（浅粉）下针1针，（绿）下针4针，（浅粉）下针3针]×7，（浅粉）下针1针。
第31行	（米白）上针1针，[（米白）上针1针，（玫粉）上针6针，（米白）上针3针，（玫粉）上针6针]×7，（玫粉）上针1针。

第32行	(浅粉)下针1针, [(浅粉)下针2针, (绿)下针4针, (浅粉)下针1针, (绿)下针1针, (浅粉)下针1针, (绿)下针4针, (浅粉)下针3针]×7, (浅粉)下针1针。
第33行	(浅粉)上针1针, [(浅粉)上针2针, (绿)上针4针, (浅粉)上针1针, (绿)上针1针, (浅粉)上针1针, (绿)上针1针, (浅粉)上针1针, (绿)上针4针, (浅粉)上针1针]×7, (浅粉)上针1针。
第34行	(绿)下针1针, [(绿)下针4针, (浅粉)下针1针, (绿)下针2针, (浅粉)下针1针, (绿)下针2针, (浅粉)下针1针, (绿)下针4针, (浅粉)下针1针]×7, (浅粉)下针1针。
第35行	(藏蓝)上针1针, [(藏蓝)上针4针, (米白)上针4针, (藏蓝)上针1针, (米白)上针4针, (藏蓝)上针3针]×7, (藏蓝)上针1针。
第36行	(藏蓝)下针1针, [(藏蓝)下针2针, (米白)下针1针, (藏蓝)下针1针, (米白)下针3针, (藏蓝)下针1针, (米白)下针3针, (藏蓝)下针1针, (米白)下针1针, (藏蓝)下针3针]×7, (藏蓝)下针1针。
第37行	(米白)上针1针, [(米白)上针1针, (藏蓝)上针1针, (米白)上针1针, (藏蓝)上针2针, (米白)上针2针, (藏蓝)上针3针, (米白)上针2针, (藏蓝)上针2针, (米白)上针1针, (藏蓝)上针1针]×7, (藏蓝)上针1针。
第38行	(米白)下针1针, [(米白)下针1针, (藏蓝)下针3针, (米白)下针1针, (藏蓝)下针5针, (米白)下针1针, (藏蓝)下针3针, (米白)下针2针]×7, (米白)下针1针。
第39行	藏蓝上针。

B 衣身前片和衣身后片分片编织

第40行	收针5针, (藏蓝)下针2针, [(玫粉)下针1针, (藏蓝)下针3针]×11, (玫粉)下针1针, (藏蓝)下针1针, 收针8针, (藏蓝)下针2针, [(玫粉)下针1针, (藏蓝)下针3针]×12, (玫粉)下针1针, (藏蓝)下针2针。

C 衣身后片

第41行	收针5针, [(玫粉)上针5针, (藏蓝)上针1针]×12/共48针。
第42行	收针2针, [(浅粉)下针1针, (玫粉)下针3针]×11, (浅粉)下针1针, (玫粉)下针1针/共46针。
第43行	收针2针, (浅粉)上针1针[(玫粉)上针1针, (浅粉)上针3针]×10, (玫粉)上针1针, (浅粉)上针2针/共44针。
第44行	(浅粉)下针右上2针并1针, 下针2针, [(绿)下针1针, (浅粉)下针3针]×10/共43针。
第45行	(浅粉)上针左上2针并1针, [(绿)上针1针, (黄)上针1针, (绿)上针1针, (浅粉)上针1针]×10, (绿)上针1针/共42针。
第46行	(浅粉)下针右上2针并1针, 下针1针, [(绿)下针1针, (浅粉)下针3针]×9, (绿)下针1针, (浅粉)下针2针/共41针。
第47行	(浅粉)上针左上2针并1针, 上针2针, [(玫粉)上针1针, (浅粉)上针3针]×9, (玫粉)上针1针/共40针。
第48行	(玫粉)下针2针, [(浅粉)下针1针, (玫粉)下针3针]×9, (浅粉)下针1针, (玫粉)下针1针。
第49行	[(玫粉)上针3针, (藏蓝)上针1针]×10。
第50行	(藏蓝)下针2针, [(玫粉)下针1针, (藏蓝)下针3针]×9, (玫粉)下针1针, (藏蓝)下针1针。
第51行	(藏蓝)上针。
第52行	(藏蓝)下针2针, (绿)下针2针]×10。
第53行	(藏蓝)上针1针, [(绿)上针2针, (藏蓝)上针2针]×9, (绿)上针2针, (藏蓝)上针1针。
第54行	[(黄)下针2针, (藏蓝)下针2针]×10。
第55行	(藏蓝)上针1针, [(绿)上针2针, (藏蓝)上针2针]×9, (绿)上针2针, (藏蓝)上针1针。
第56行	[(藏蓝)下针2针, (绿)下针2针]×10。
第57行	(藏蓝)上针。
第58行	(藏蓝)下针1针, [(浅粉)下针1针, (藏蓝)下针3针]×9, (浅粉)下针1针, (藏蓝)下针2针。
第59行	[(藏蓝)上针1针, (浅粉)上针3针]×10。
第60行	(浅粉)下针。
第61行	[(浅粉)上针1针, (绿)上针1针]×20。

第62行	（浅粉）下针1针，[（玫粉）下针1针，（浅粉）下针3针]×9，（玫粉）下针1针，（浅粉）下针2针。
第63行	[（浅粉）上针1针，（玫粉）上针3针]×10。
第64行	（浅粉）下针1针，[（玫粉）下针1针，（浅粉）下针3针]×9，（玫粉）下针1针，（浅粉）下针2针。

后肩分片编织

第65行	[（浅粉）上针1针，（绿）上针1针]×7，收针12针，[（浅粉）上针1针，（绿）上针1针]×7。

右肩

第66行	（浅粉）下针12针，收针2针，线头留出40cm以上后断线。接下来，线头穿过线圈后编织下一行/共12针。
第67行	（浅粉）上针左上2针并1针，上针2针，[（藏蓝）上针1针，（浅粉）上针3针]×2/共11针。
第68行	（藏蓝）下针1针，[（浅粉）下针1针，（藏蓝）下针3针]×2，（浅粉）下针左上2针并1针/共10针。
第69行	（藏蓝）上针7针，收针3针，线头穿过线圈。
第70行	收针3针，（藏蓝）下针4针。

剩余4针套收收针。

左肩

编织收针后留在左侧的14针，从领子后片中心的左侧挂浅粉色线编织下针。

第66行	收针2针，（浅粉）下针12针/共12针。
第67行	[（藏蓝）上针1针，（浅粉）上针3针]×2，（藏蓝）上针1针，（浅粉）上针1针，上针右上2针并1针/共11针。
第68行	（藏蓝）下针右上2针并1针，下针2针，（浅粉）下针1针，（藏蓝）下针3针，（浅粉）下针1针，（藏蓝）下针2针。
第69行	收针3针，（藏蓝）上针7针/共7针。
第70行	（藏蓝）下针4针，收针3针，断线后穿过线圈，用此线头将剩余4针套收收针/共4针。

D 衣身前片

左肩

第41行	在衣身前后片中间的反面挂线，[（玫粉）上针3针，（藏蓝）上针1针]×12/共48针。
第42行	收针2针，[（浅粉）下针1针，（玫粉）下针3针]×5，（浅粉）下针1针，剩余线圈不织放在针上的状态下，翻转织物/共21针。
第43行	（浅粉）上针2针，[（玫粉）上针1针，（浅粉）上针3针]×4，（玫粉）上针1针，（浅粉）上针2针。
第44行	（浅粉）下针右上2针并1针，下针2针，[（绿）下针1针，（浅粉）下针3针]×4，（绿）下针1针/共20针。
第45行	（绿）上针左上2针并1针，[（浅粉）上针1针，（绿）上针1针，（黄）上针1针，（绿）上针1针]×4，（浅粉）上针1针，（绿）上针1针/共19针。
第46行	（浅粉）下针右上2针并1针，下针1针，[（绿）下针1针，（浅粉）下针3针]×4/共18针。
第47行	（浅粉）上针1针，[（玫粉）上针1针，（浅粉）上针3针]×4，（玫粉）上针1针。
第48行	（玫粉）下针2针，[（浅粉）下针1针，（玫粉）下针3针]×3，（浅粉）下针1针，（玫粉）下针1针，下针左上2针并1针/共17针。
第49行	[（藏蓝）上针1针，（玫粉）上针3针]×4，（藏蓝）上针1针。
第50行	（藏蓝）下针2针，[（玫粉）下针1针，（藏蓝）下针3针]×3，（玫粉）下针1针，（藏蓝）下针2针。
第51行	（藏蓝）上针左上2针并1针，上针15针/共16针。
第52行	[（藏蓝）下针2针，（绿）下针2针]×4。
第53行	（藏蓝）上针1针，[（绿）上针2针，（藏蓝）上针2针]×3，（绿）上针2针，（藏蓝）上针1针。
第54行	[（黄）下针2针，（藏蓝）下针2针]×3，（黄）下针2针，（藏蓝）下针左上2针并1针/共15针。
第55行	[（绿）上针2针，（藏蓝）上针2针）×3，（绿）上针2针，（藏蓝）上针1针。
第56行	[（藏蓝）下针2针，（绿）下针2针]×3，（藏蓝）下针2针，（绿）下针1针。
第57行	（藏蓝）上针左上2针并1针，上针13针/共14针。
第58行	（藏蓝）下针1针，[（浅粉）下针1针，（藏蓝）下针3针]×3，（浅粉）下针1针。
第59行	（浅粉）上针2针，[（藏蓝）上针1针，（浅粉）上针3针]×3。

第60行	（浅粉）下针12针，下针左上2针并1针/共13针。
第61行	[（绿）上针1针，（浅粉）上针1针]×6，（绿）上针1针。
第62行	（浅粉）下针1针，[（玫粉）下针1针，（浅粉）下针3针]×3。
第63行	（浅粉）上针左上2针并1针，[（玫粉）上针3针，（浅粉）上针1针]×2，（玫粉）上针3针/共12针。
第64行	（浅粉）下针1针，[（玫粉）下针1针，（浅粉）下针3针]×2，（玫粉）下针1针，（浅粉）下针2针。
第65行	[（浅粉）上针1针，（绿）上针1针]×6。
第66行	（浅粉）下针10针，下针左上2针并1针/共11针。
第67行	[（浅粉）上针3针，（藏蓝）上针1针]×2，（浅粉）上针3针。
第68行	（藏蓝）下针1针，[（浅粉）下针1针，（藏蓝）下针3针]×2，（浅粉）下针1针，（藏蓝）下针1针。
第69行	（藏蓝）上针左上2针并1针，上针6针，收针3针，留出30cm的线头穿入线圈后，用此线完成剩余行数/共7针。
第70行	收针3针，（藏蓝）下针4针/共4针。

剩余4针套收收针。

右肩

第42行	在中心针2针上标记记号扣，（玫粉）下针1针，[（浅粉）下针1针，（玫粉）下针3针]×5，（浅粉）下针2针/共21针。
第43行	收针2针，（浅粉）上针1针，[（玫粉）上针1针，（浅粉）上针3针]×5/共21针。
第44行	（浅粉）下针1针，[（绿）下针1针，（浅粉）下针3针]×4，（绿）下针1针，（浅粉）下针1针，下针左上2针并1针/共20针。
第45行	[（浅粉）上针1针，（绿）上针1针，（黄）上针1针，（绿）上针1针]×4，（浅粉）上针1针，（绿）上针1针，（黄）上针左上2针并1针/共19针。
第46行	[（绿）下针1针，（浅粉）下针3针]×4，（绿）下针1针，（浅粉）下针左上2针并1针/共18针。
第47行	[（浅粉）上针3针，（玫粉）上针1针]×4，（浅粉）上针2针。
第48行	（玫粉）下针右上2针并1针，下针2针，[（浅粉）下针1针，（玫粉）下针3针]×3，（浅粉）下针1针，（玫粉）下针1针/共17针。
第49行	[（玫粉）上针3针，（藏蓝）上针1针]×4，（玫粉）上针1针。
第50行	[（藏蓝）下针3针，（玫粉）下针1针]×4，（藏蓝）下针1针。
第51行	（藏蓝）上针15针，上针右上2针并1针/共16针。
第52行	[（藏蓝）下针2针，（绿）下针2针]×4。
第53行	（藏蓝）上针1针，[（绿）上针2针，（藏蓝）上针2针]×3，（绿）上针2针，（藏蓝）上针1针。
第54行	（黄）下针右上2针并1针，[（藏蓝）下针2针，（黄）下针2针]×3，（藏蓝）下针2针/共15针。
第55行	（藏蓝）上针1针，[（绿）上针2针，（藏蓝）上针2针]×3，（绿）上针2针。
第56行	（藏蓝）下针1针，[（绿）下针2针，（藏蓝）下针2针]×3，（绿）下针2针。
第57行	（藏蓝）上针13针，上针右上2针并1针/共14针。
第58行	[（藏蓝）下针3针，（浅粉）下针1针]×3，（藏蓝）下针2针。
第59行	[（藏蓝）上针1针，（浅粉）上针3针]×3，（藏蓝）上针2针。
第60行	（浅粉）下针右上2针并1针，下针12针/共13针。
第61行	[（浅粉）上针1针，（绿）上针1针]×6，（浅粉）上针1针。
第62行	（浅粉）下针2针，[（玫粉）下针1针，（浅粉）下针3针]×2，（玫粉）下针1针，（浅粉）下针2针。
第63行	[（浅粉）上针1针，（玫粉）上针3针]×2，（浅粉）上针1针，（玫粉）上针2针，上针右上2针并1针/共12针。
第64行	（浅粉）下针1针，[（玫粉）下针1针，（浅粉）下针3针]×2，（玫粉）下针1针，（浅粉）下针2针。
第65行	[（浅粉）上针1针，（绿）上针1针]×6。
第66行	（浅粉）下针右上2针并1针，下针10针/共11针。
第67行	[（藏蓝）上针1针，（浅粉）上针3针]×2，（藏蓝）上针1针，（浅粉）上针2针。
第68行	[（浅粉）下针1针，（藏蓝）下针3针]×2，（浅粉）下针1针，（藏蓝）下针2针。
第69行	收针3针，（藏蓝）上针6针，上针右上2针并1针/共7针。
第70行	（藏蓝）下针4针，收针3针，留出30cm的线头穿入线圈后，用此线完成剩余行数/共4针。

剩余4针套收收针。

E 衣身和肩膀缝合

1 前片和后片对齐侧缝线行和行缝合。

2 前肩和后肩对齐针脚进行行和行缝合。

3 剩余配色线穿入毛线缝针，在织物反面藏线头。

F 领口行

圈织，下针部分织扭针，进行双罗纹配色编织。
正面开始使用3根1.5mm直棒针和藏蓝色线进行挑针。
棒针①领口后片挑24针。
棒针②左前片斜线挑29针，在留出的中心2针中先编织1针下针。
棒针③在剩余中心1针编织下针，右前片斜线挑29针（后领24针＋左前片29针＋中心2针＋右前片29针＝84针）。

第1行	（藏蓝）上针。
第2行	（玫粉）上针1针，[（藏蓝）下针扭针2针，（玫粉）上针2针]×12，（藏蓝）下针扭针2针，（玫粉）上针左上2针并1针，（藏蓝）下针扭针2针，（玫粉）上针左上2针并1针，[（藏蓝）下针扭针2针，（玫粉）上针2针]×6，（藏蓝）下针扭针2针，（玫粉）上针1针/共82针。
第3行	（玫粉）上针1针，[（藏蓝）下针扭针2针，（玫粉）上针2针]×12，[（藏蓝）下针扭针2针，（玫粉）上针1针]×2，[（藏蓝）下针扭针2针，（玫粉）上针2针]×6，（藏蓝）下针扭针2针，（玫粉）上针1针。
第4行	（玫粉）上针1针，[（藏蓝）下针扭针2针，（玫粉）上针2针]×12，（藏蓝）下针扭针2针，下针左上2针并1针，下针右上2针并1针，[（藏蓝）下针扭针2针，（玫粉）上针2针]×6，（藏蓝）下针扭针2针，（玫粉）上针1针/共80针。

玫粉色线断线，使用藏蓝色线套收收针。
下针织下针，上针织上针。
在V形领的中心2针处，用下针右上2针并1针和下针左上2针并1针收针。

领围、袖窿

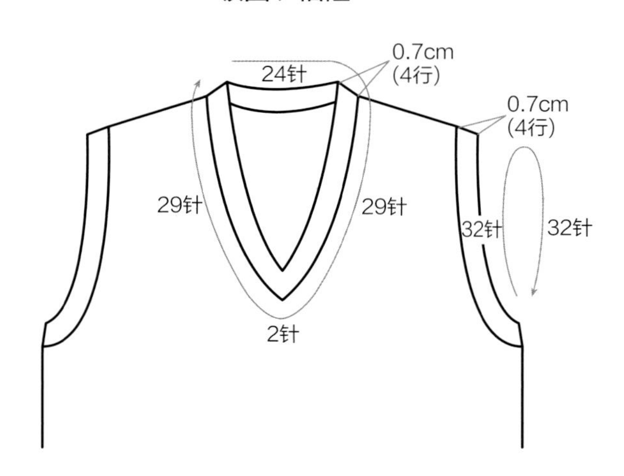

G 袖窿边

使用1.5mm的直棒针和藏蓝色线在袖窿下方收针处的中心开始编织。在后片挑32针，前片挑32针（32针+32针=64针）。在3根棒针上按便于编织的针数分好后开始圈织。

第1行	（藏蓝）上针
第2~4行	[（藏蓝）下针扭针2针，（玫粉）上针2针] × 16

玫粉色线断线，使用藏蓝色线套收收针。下针织下针，上针织上针。

H 收尾

熨烫整理织物。

提花编织技法

❶ 条纹配色

在第1针入针。

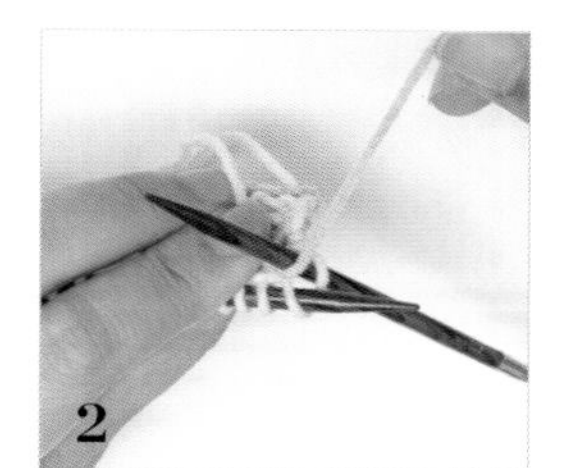

将配色线挂在针上。

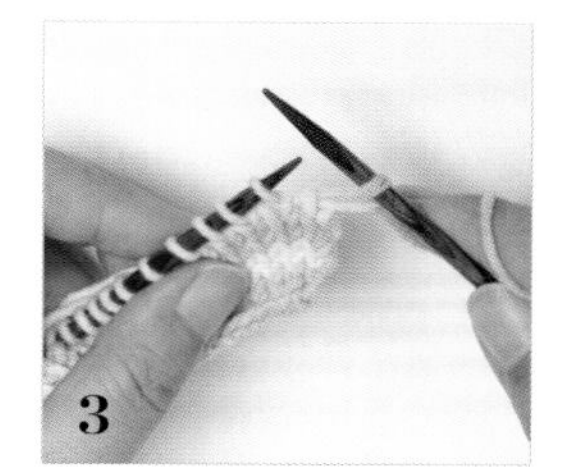

所有下针编织配色线。

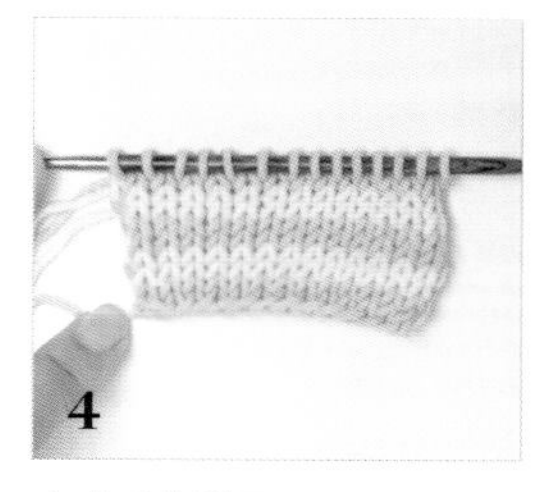

完成后的样子。

❷ 花样配色 编织花样时主色线（蓝色）和配色线（粉色线）的交叉十分重要。

在配色的线圈里入针后，配色线轻轻提起，将主色线放在配色线上形成交叉模样。

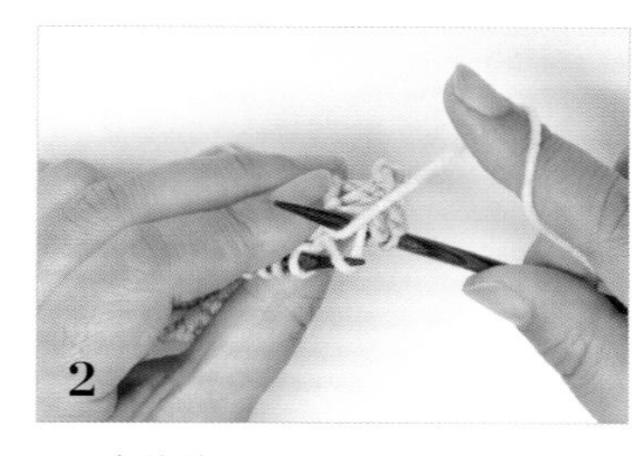

用配色线编织。

完成后的样子。

衣身花样配色

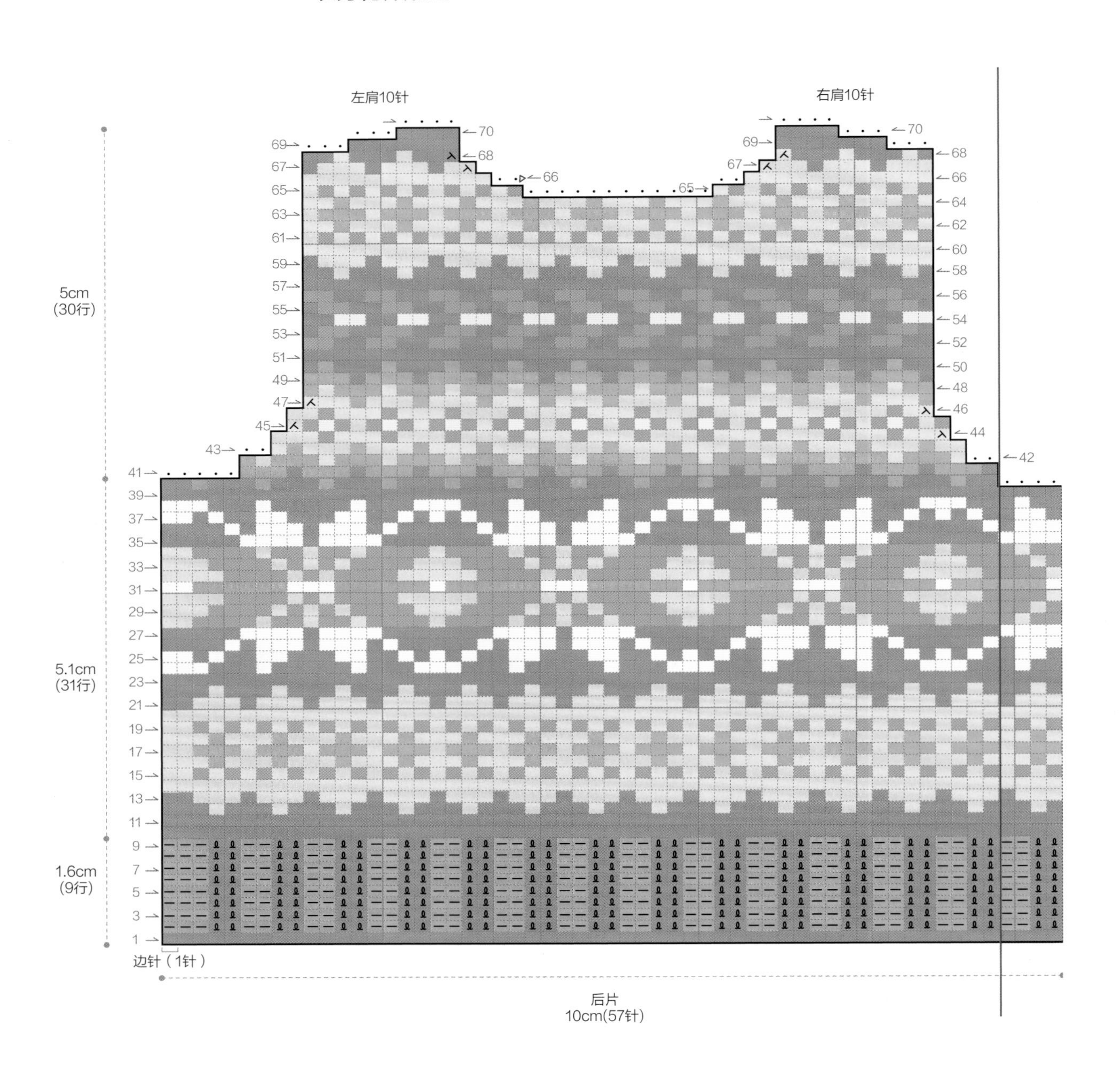

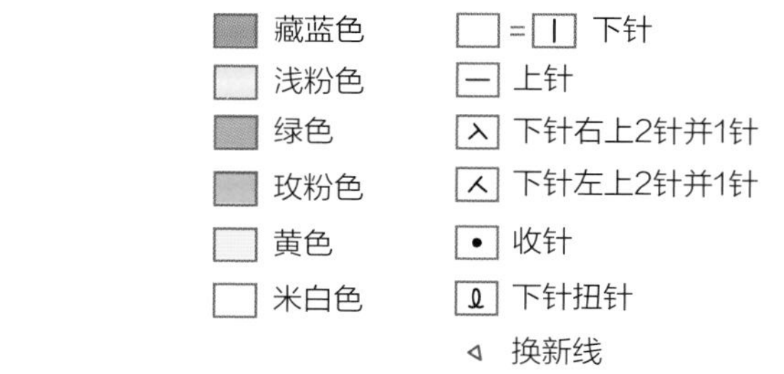

藏蓝色
浅粉色
绿色
玫粉色
黄色
米白色
= | 下针
— 上针
下针右上2针并1针
下针左上2针并1针
收针
下针扭针
换新线

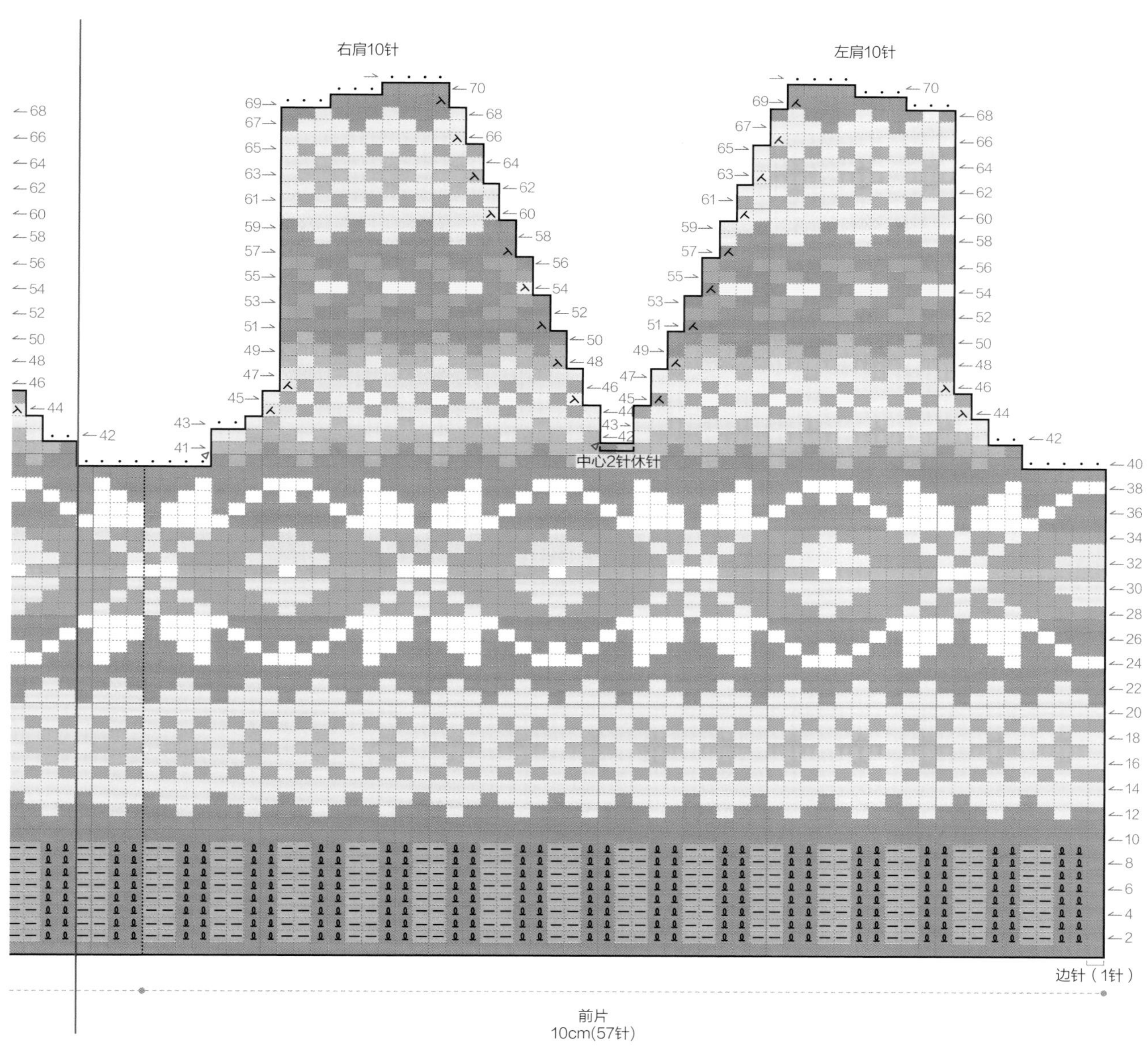

右肩10针
左肩10针
中心2针休针
边针（1针）
前片
10cm(57针)

小熊连帽开衫

柔软的褐色宽松开衫上，增加了带有小熊耳朵的帽子，
背面圆圆的小尾巴成为焦点，绝对是一款俏皮又可爱的小衣裳。

基本信息

模特 JerryBerry【petite cozy】

适用大小 OB11

尺寸 胸围 10cm，衣长（含帽）13cm

使用线材 LANG Passione·棕色（39），深褐色（15）

可替代线材 3股线（3ply）

针 直棒针·2.0mm（4根）

其他工具 褐色牛角扣10mm（4个），剪刀，毛线缝针，缝衣线，缝衣针，珠针

编织密度 起伏针42针×80行=10cm×10cm（2.0mm直棒针）

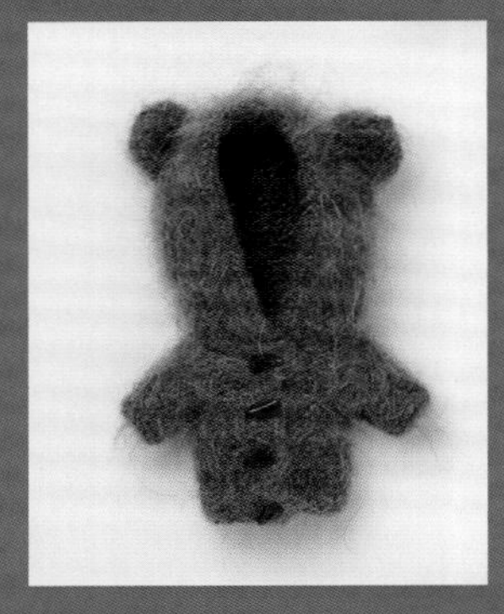

正面

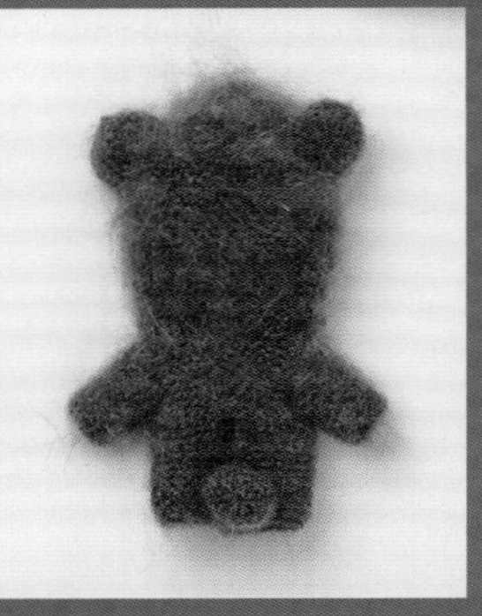

背面

制作方法

难易程度★★★☆☆

× 衣身后片和左右前片一起编织。
× 用下针编织起伏针。
× 在帽子上缝合熊耳朵，衣身上缝合尾巴。

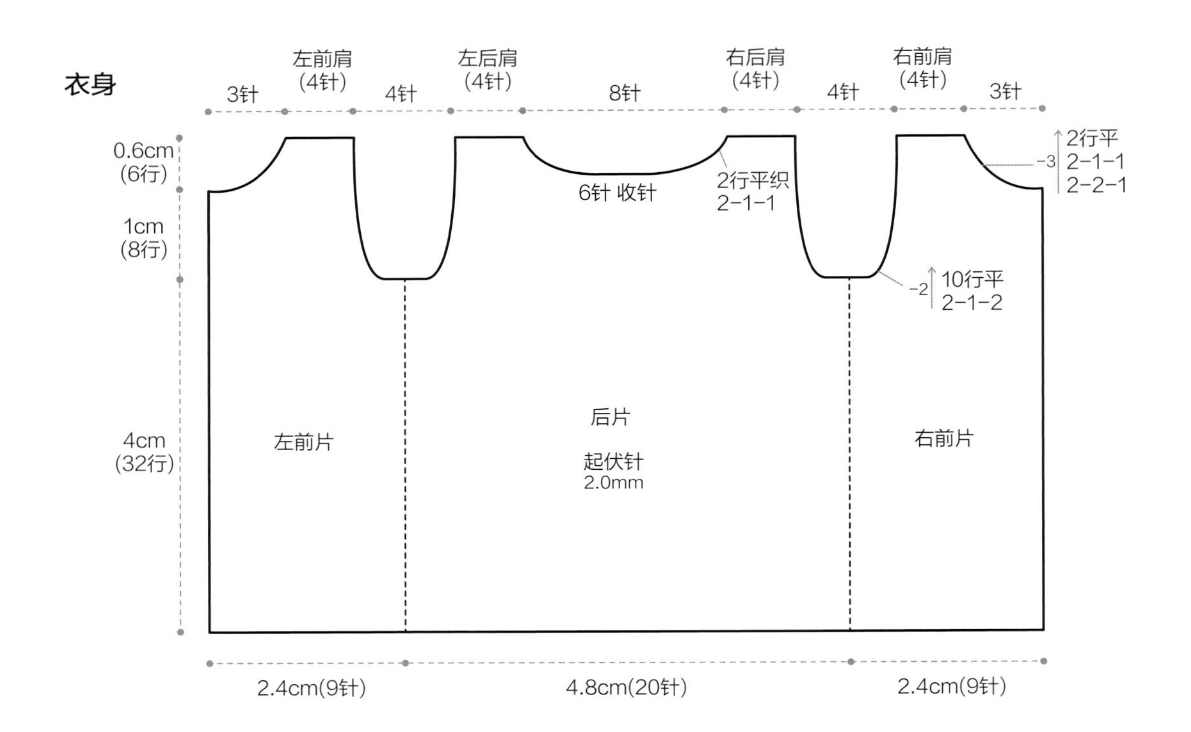

A 衣身

起针~第32行	
起针	使用2.0mm的直棒针和棕色线，长尾起针法起38针。
第1~32行	下针。

右前片	
第33行	下针8针，剩余30针移至其他棒针休针不织（休针①），仅用右前片的8针编织。
第34行	下针8针。
第35行	下针6针，下针左上2针并1针/共7针。
第36行	下针7针。
第37~40行	下针。
第41行	下针收针2针，下针5针/共5针。
第42行	下针5针。
第43行	下针右上2针并1针，下针3针/共4针。
第44~46行	下针3行。
4针移至其他针上作为肩部（右前肩）休针。	

后片	
从休针①（30针）的第1针上换新线开始编织。	
第33行	下针收针2针，下针20针，剩余8针移至其他棒针休针（休针②），仅用后片的20针编织/共20针。

第34行	下针收针2针，下针18针/共18针。
第35行	下针右上2针并1针，下针14针，下针左上2针并1针/共16针。
第36~42行	下针7行。
第43行	下针5针，剩余11针移至其他棒针休针不织（休针③），仅用后片右后肩的5针编织。
第44行	下针右上2针并1针，下针3针/共4针。
第45~46行	下针2行，4针移至其他棒针作为肩部（右后肩）休针。
在休针③（11针）的第1针上换新线开始编织。	
第43行	下针收针6针，下针5针/共5针。
第44行	下针3针，下针左上2针并1针/共4针。
第45~46行	下针2行，4针移至其他棒针作为肩部（左后肩）的休针。

左前片	
在休针②（8针）的第1针上换新线。	
第33~34行	下针2行。
第35行	下针右上2针并1针，下针6针/共7针。
第36~41行	下针6行。
第42行	下针收针2针，下针5针/共5针。
第43行	下针5针。
第44行	下针右上2针并1针，下针3针/共4针。
第45~46行	下针2行。
4针移至其他棒针作为肩部（左前肩）的休针。	

B 肩部休针缝合

1 右后肩和右前肩的正面相对，在反面用3根针收针法进行下针套收收针。

2 左后肩和左前肩的正面相对，在反面用3根针收针法进行下针套收收针。

C 袖子（2个）

起针	使用2.0mm直棒针和棕色线，长尾起针法起18针。
第1~8行	下针8行。
第9行	下针1针，下针向左扭加针1针，下针16针，下针向左扭加针1针，下针1针/共20针。
第10~16行	下针7行。
第17行	下针收针2针，下针18针/共18针。
第18行	下针收针2针，下针16针/共16针。
第19行	下针收针2针，下针14针/共14针。
第20行	下针收针2针，下针12针/共12针。
第21行	下针右上2针并1针，下针8针，下针左上2针并1针/共10针。
第22行	下针右上2针并1针，下针6针，下针左上2针并1针/共8针。
第23行	下针右上2针并1针，下针4针，下针左上2针并1针/共6针。
下针收针。用同样的方法编织另一个袖子。	

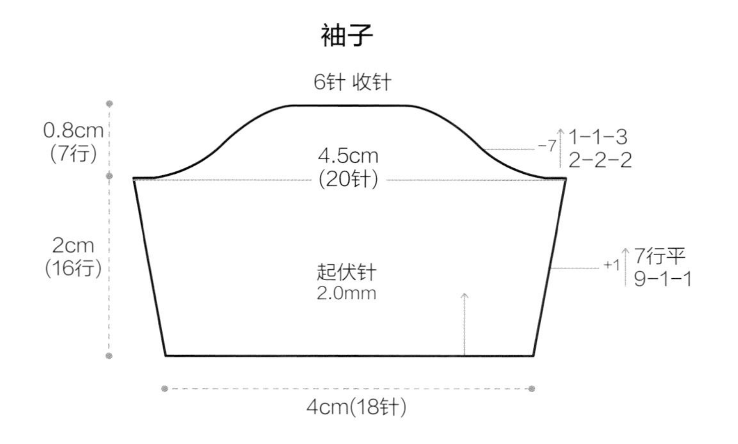

D 帽子

起针	使用2.0mm直棒针和棕色线，长尾起针法起70针。
第1行	下针70针。
第2行	下针右上2针并1针，下针66针，下针左上2针并1针/共68针。
第3行	下针68针。
第4行	下针右上2针并1针，下针64针，下针左上2针并1针/共66针。
第5~12行	下针8行。
第13行	（下针15针，下针左上2针并1针，下针16针）×2/共64针。
第14~20行	下针7行。
第21行	（下针15针，下针左上2针并1针，下针15针）×2/共62针。
第22~28行	下针7行。
第29行	下针收针22针，下针18针，下针收针22针，留出5cm的线头后，穿入最后一个收针线圈拉紧/共18针。
第30~32行	换新线，下针3行。
第33行	下针右上2针并1针，下针14针，下针左上2针并1针/共16针。
第34~40行	下针7行。
第41行	下针右上2针并1针，下针12针，下针左上2针并1针/共14针。
第42~48行	下针7行。
第49行	下针右上2针并1针，下针10针，下针左上2针并1针/共12针。
第50~56行	下针7行。
第57行	下针右上2针并1针，下针8针，下针左上2针并1针/共10针。
第58~66行	下针9行。
下针收针。	
完成的帽子织片参考图片说明组合成帽子后缝合在衣身上。	

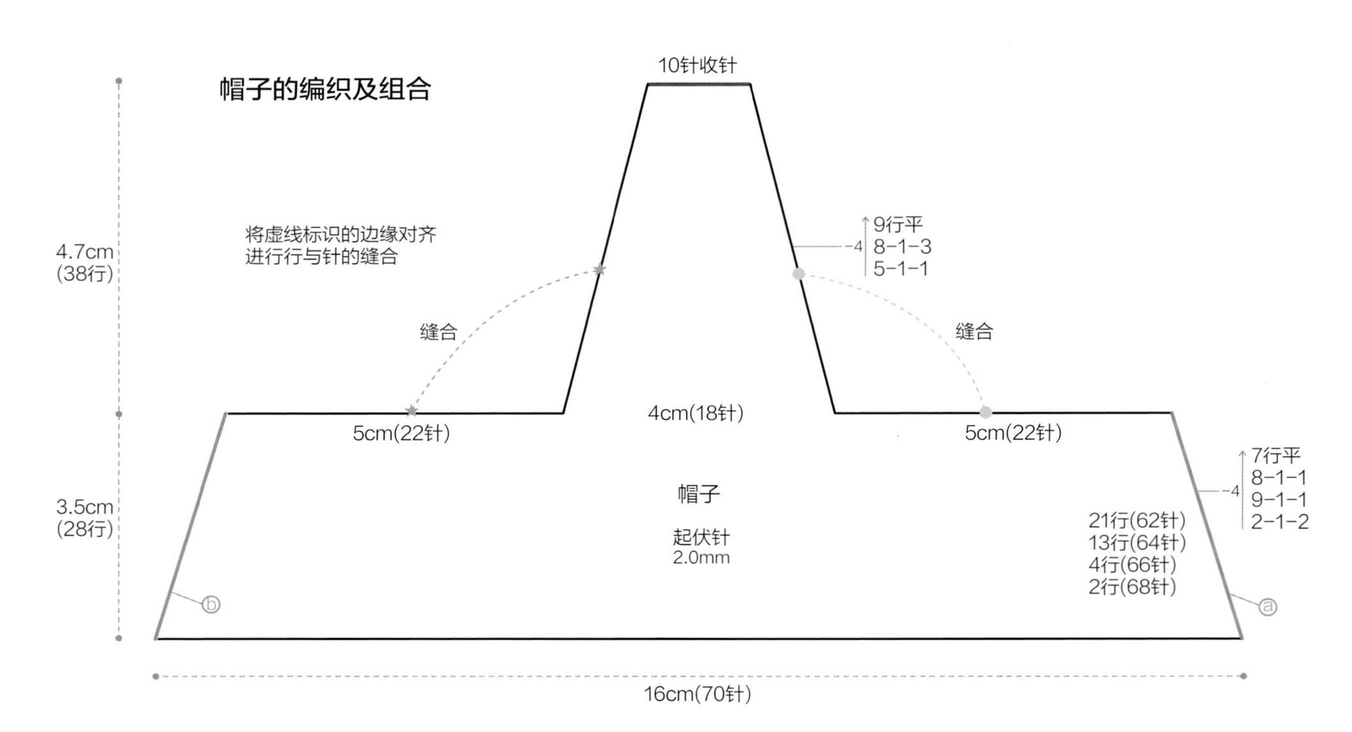

帽子的缝合和前襟的编织

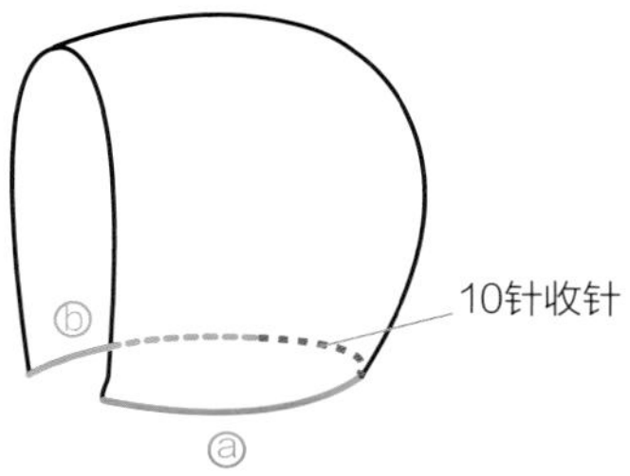

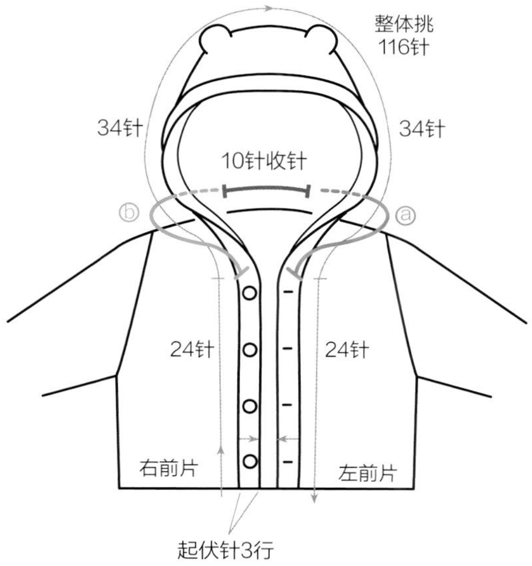

E 前襟

挑针	使用2.0mm直棒针和棕色线，在前襟整圈挑116针（右前襟24针+帽子68针+左前襟24针）。
第1行	下针116针。
第2行	扣眼行：下针1针，（下针左上2针并1针，空加针1针，下针4针）×4，下针91针。
第3行	下针116针。
收针行	下针扭针套收收针。

F 熊耳朵

起针	使用2.0mm直棒针和棕色线，长尾起针法起22针。
第1行	棕色线和深褐色线进行配色编织。配色方法参考第129页。 （棕）下针8针，（深褐）下针6针，（棕）下针8针。
第2行	（棕）上针8针，（深褐）上针6针（棕）上针8针。
第3~6行	重复编织第1~2行2次。
第7行	（棕）下针5针，下针左上2针并1针，下针右上2针并1针，（深褐）下针4针，（棕）下针左上2针并1针，下针右上2针并1针，下针5针/共18针。
第8行	仅用棕色线编织。上针4针，上针左上2针并1针，上针右上2针并1针，上针2针，上针左上2针并1针，上针右上2针并1针，上针4针/共14针。
第9行	下针3针，（下针左上2针并1针，下针右上2针并1针）×2，下针3针/共10针。

1.留出10cm以上线头后断线。
2.用相同的方法编织另一只耳朵后，参考第138页“熊耳朵的组合和缝合”图形完成2只耳朵。

G 熊尾巴

起针	使用2.0mm直棒针和棕色线，长尾起针法起8针。
第1行	（下针1针放2针）×8/共16针。
第2行	下针16针。
第3行	（下针1针，下针1针放2针）×8/共24针。
第4~6行	下针3行。
第7行	（下针1针，下针左上2针并1针）×8/共16针。
第8行	下针16针。
第9行	（下针左上2针并1针）×8/共8针。

留出10cm以上线头后断线，参考第138页“熊尾巴的组合与缝合”完成尾巴。

熊耳朵的组合和缝合

1

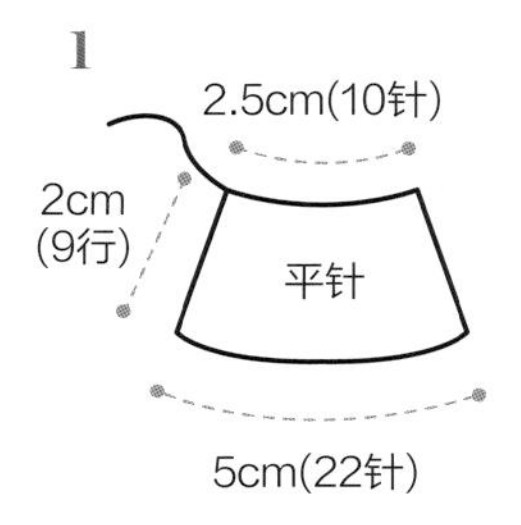

将线头穿入毛线缝针，穿过剩余线圈后拉紧。

2

按箭头方向进行行和行缝合。接下来，线头暂不整理留下备用。

3

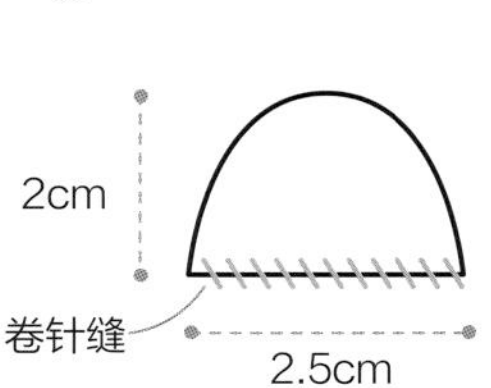

将图2的线头穿入毛线针，在起针处卷针缝。

4

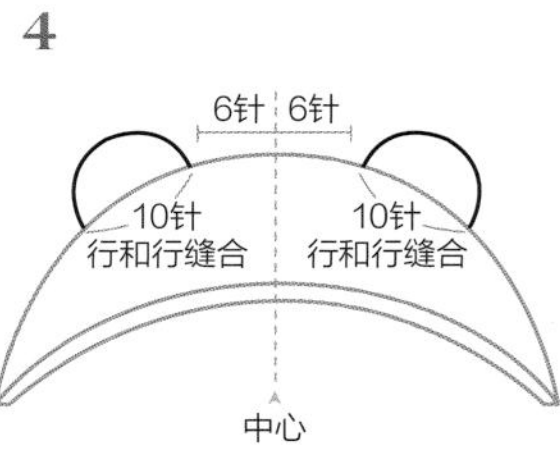

在帽子的中心处各间隔6针后，行和行缝合耳朵。

熊尾巴的组合和缝合

1

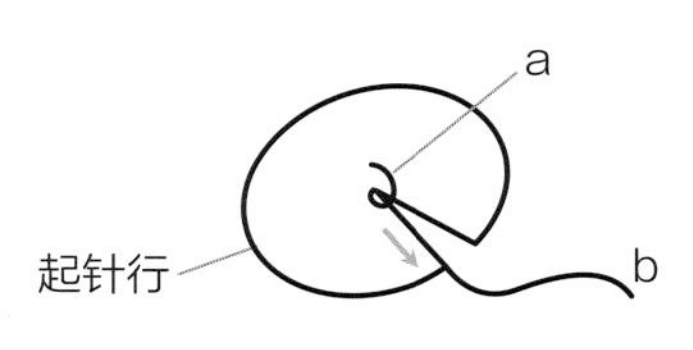

线头（a）穿入毛线缝针后，通过剩余线圈拉紧，接下来按箭头方向进行行和行缝合。

2

将起针行的线头（b）穿入毛线缝针后，在起针行的每一针进行卷针缝，接下来毛缝线针通过卷针缝的线圈后拉紧。

3

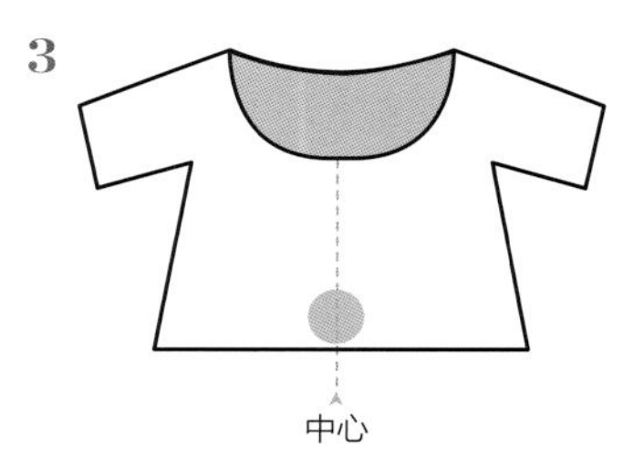

熊尾巴缝合在连帽开衫后片中间靠下位置。

H 收尾

1 使用毛线缝针在反面整理线头。

2 对齐扣眼在其对应位置缝上 4 颗扣子。

3 参考图片将熊耳朵组合后缝在帽子上。

4 参考图片说明将熊尾巴组合后缝在帽子上。

（上接第85页）

披肩的锁针编织和纽襻的制作

用4号蕾丝钩针将起始行的剩余线头钩8针锁针。之后用毛线缝针连接在衣身上做成纽襻。

披肩领口的装饰行

从领口起针处正面的右侧编织图开始用4号蕾丝钩针钩引拔针连接新线开始编织（参考第191页编织图）

第1行	（锁针3针，短针1针）× 27，锁针1针，中长针1针
第2行	起立针1针，（短针1针，锁针3针）× 26，短针1针，锁针1针，中长针1针。
第3行	起立针3针，长针4针，锁针1针，（短针1针，锁针1针，长针5针，锁针1针）× 13，在第2行开始处钩引拔针。

* **提示** 起立针是钩锁针用来完成织物行的高度的针。是否编织起立针取决于织物的样式。

G 收尾

1 披肩底端的狗牙边用珠针固定，调整织物的最佳造型进行熨烫。

2 对齐上衣后片的扣眼在对应位置缝上扣子。

3 对齐披肩的扣眼在对应位置缝上扣子。

4 从披肩领口镂空处穿入丝带。

5 腰间也穿入丝带。对齐连衣裙腰间镂空处从后方穿入。

POST

秋日森林开衫

这款开衫以褐色为主色调，让人感受到漫步在铺满落叶的秋日森林中的惬意。

秋风袭来穿上这件开衫一起去郊游好吗？

基本信息

模特 Diana Doll

适用大小 Darak-i，iMda Doll 3.0，身高 31~33cm 的娃娃

尺寸 胸围 23cm，衣长 16.7cm，袖长 9.2cm

使用线材 LANG 美利奴 400 蕾丝线 • 紫色 | LANG REINFORCEMENT • 浅绿色，草绿色，浅栗色，深栗色（收藏线），青色（0279），米白色（0094），深米黄（0022），红色（0060） | Appleton 羊毛刺绣线 • 绿色（428）

可替代线材 2 股线（2ply），羊毛刺绣线

针 环形针 • 1.5mm（1 根），1.75mm（1 根） | 直棒针 • 1.75mm（4 根）

其他工具 剪刀，毛线缝针，记号扣，缝衣线，缝衣针，珠针，纽扣 6.0mm（6 颗）

编织密度 提花花样 50 针 × 53 行 =10cm × 10cm

正面

背面

制作方法

难易程度 ★★★★☆

- 从下往上编织。
- 衣身的前片和后片同时片织。
- 袖子是单独编织后在袖窿处进行行和行缝合。
- 左右前襟和后片领口行同时挑针进行编织。
- 编织图收录在第191、192页。

A 衣身

起针~第13行	
起针	使用紫色线和1.75mm环形针，长尾起针法起136针。
第1行	（紫）下针。
第2行	正面-（青）上针3针，[（紫）下针扭针2针，（青）上针2针）]×33，（青）上针1针。
第3行	（青）下针1针，[（青）下针2针，（紫）上针扭针2针）]×33，（青）下针3针。
第4~9行	重复编织第2、3行3次。
第10~13行	（紫）平针4行。

衣身提花	
第14行	[（紫）下针1针，（浅绿）下针3针，（紫）下针1针，（绿）下针1针，（紫）下针2针）]×17。
第15行	[（紫）上针2针，（绿）上针1针，（浅绿）上针3针，（紫）上针2针）]×17。
第16行	[（浅绿）下针4针，（绿）下针1针，（浅绿）下针1针，（紫）下针2针]×17。
第17行	[（紫）上针1针，（浅绿）上针3针，（绿）上针1针，（浅绿）上针1针，（紫）上针2针]×17。
第18行	[（紫）下针1针，（浅绿）下针1针，（绿）下针1针，（浅绿）下针4针，（紫）下针1针]×17。
第19行	[（紫）上针1针，（浅绿）上针1针，（紫）上针1针，（浅绿）上针5针）]×17。
第20行	[（浅绿）下针2针，（紫）下针1针，（浅绿）下针2针，（紫）下针3针]×17。
第21行	[（紫）上针4针，（浅绿）上针1针，（紫）上针3针]×17。
第22~23行	（紫）平针。
第24行	（青）下针2针，[（紫）下针3针，（青）下针3针]×22，（紫）下针2针。
第25行	（青）上针2针，[（紫）上针3针，（青）上针3针]×22，（紫）上针2针。
第26~27行	平针。
第28行	[（紫）下针4针，（浅栗）下针1针，（紫）下针4针]×15，（紫）下针1针。
第29行	（紫）上针1针，[（紫）上针3针，（浅栗）上针3针，（紫）上针3针]×15。
第30行	[（紫）下针2针，（浅栗）下针5针，（紫）下针2针]×15，（紫）下针1针。
第31行	（紫）上针1针，[（紫）上针2针，（浅栗）上针5针，（紫）上针2针]×15。
第32行	[（紫）下针2针，（浅栗）下针5针，（紫）下针2针]×15，（紫）下针1针。
第33行	（紫）上针1针，[（紫）上针1针，（深米黄）上针1针，（紫）上针5针，（深米黄）上针1针，（紫）上针1针]×15。
第34行	[（紫）下针1针，（深米黄）下针7针，（紫）下针1针]×15，（紫）下针1针。
第35行	（紫）上针1针，[（紫）上针1针，（深米黄）上针7针，（紫）上针1针]×15。
第36行	[（紫）下针2针，（深米黄）下针5针，（紫）下针2针]×15，（紫）下针1针。
第37行	（紫）上针1针，[（紫）上针4针，（深米黄）上针1针，（紫）上针4针]×15。
第38行	使用米色线（别线）标记口袋处：（紫）下针26针，（米）下针20针，（紫）下针44针，（米）下针20针，（紫）下针26针。
第39行	（紫）上针。
第40行	（紫）下针1针，[（紫）下针3针，（草绿）下针7针]×13，（紫）下针3针，（草绿）下针2针。
第41行	[（紫）上针7针，（草绿）上针3针]×13，（紫）上针6针。

第42行	[(紫)下针5针，(草绿)下针1针，(紫)下针1针，(草绿)下针1针，(紫)下针1针，(草绿)下针1针]×13，(紫)下针6针。
第43行	(紫)上针2针，[(草绿)上针1针，(紫)上针1针，(草绿)上针1针，(紫)上针3针，(草绿)上针1针，(紫)上针3针]×13，[(草绿)上针1针，(紫)上针1针]×2。
第44行	[(紫)下针7针，下针左上2针并1针，下针8针]×8/共128针。
第45行	(紫)上针。
第46行	[(紫)下针9针，(米)下针3针]×10，(紫)下针8针。
第47行	[(紫)上针7针，(米)上针5针]×10，(紫)上针7针，(米)上针1针。
第48行	(米)下针1针，[(紫)下针7针，(米)下针5针]×10，(紫)下针7针。
第49行	[(紫)上针7针，(米)上针5针]×10，(紫)上针7针，(米)上针1针。
第50行	[(紫)下针9针，(米)下针3针]×10，(紫)下针8针。
第51行	(红)上针3针，(紫)上针1针，[(红)上针11针，(紫)上针1针]×10，(红)上针4针。
第52行	(红)下针1针，(米)下针1针，(红)下针2针，[(紫)下针1针，(红)下针2针，(米)下针1针，(红)下针5针，(米)下针1针，(红)下针2针]×10，(紫)下针1针，(红)下针2针，(米)下针1针。
第53行	(红)上针2针，[(紫)上针3针，(红)上针3针，(米)上针1针，(红)上针5针]×10，(紫)上针3针，(红)上针3针。
第54行	(红)下针2针，[(紫)下针5针，(红)下针3针，(米)下针1针，(红)下针3针]×10，(紫)下针5针，(红)下针1针。
第55行	(紫)上针8针，[(红)上针3针，(紫)上针9针]×10。
第56行	[(紫)下针7针，下针左上2针并1针，下针7针]×8/共120针。
第57行	(紫)上针。
第58行	(青)下针右上2针并1针，[(紫)下针1针，(青)下针1针]重复编织到剩余2针，(紫)下针左上2针并1针/共118针。
第59行	[(紫)上针1针，(青)上针1针]重复编织到行末。
第60行	(紫)下针。
第61行	(紫)上针左上2针并1针，重复编织上针到剩余2针，上针左上2针并1针/共116针。
第62行	(紫)下针2针，[(深栗)下针4针，(紫)下针1针，(深栗)下针3针，(紫)下针5针]×8，(深栗)下针4针，(紫)下针1针，(深栗)下针3针，(紫)下针2针。
第63行	[(紫)上针1针，(深栗)上针6针，(紫)上针6针]×8，(紫)上针1针，(深栗)上针6针，(紫)上针5针。
第64行	(紫)下针右上2针并1针，下针2针，(深栗)下针4针，(紫)下针1针，(深栗)下针3针，[(紫)下针5针，(深栗)下针4针，(紫)下针1针，(深栗)下针3针]×7，(紫)下针5针，(深栗)下针4针，(紫)下针1针，(深栗)下针1针，下针左上2针并1针/共114针。

衣身前后片和袖子分片编织部分

第65行	(深栗)上针1针，(紫)上针1针，(深栗)上针3针，(紫)上针2针，(深栗)上针1针，(紫)上针4针，(深栗)上针2针，(紫)上针1针，(深栗)上针3针，(紫)上针2针，(深栗)上针1针，(紫)上针4针，收针8针，(深栗)上针1针，[(紫)上针4针，(深栗)上针2针，(紫)上针1针，(深栗)上针3针，(紫)上针2针，(深栗)上针1针]×3，(紫)上针4针，(深栗)上针2针，(紫)上针1针，(深栗)上针1针，收针8针，(紫)上针1针，(深栗)上针2针，(紫)上针1针，(深栗)上针3针，(紫)上针2针，(深栗)上针1针，(紫)上针4针，(深栗)上针2针，(紫)上针1针，(深栗)上针3针，(紫)上针2针，(深栗)上针1针，(紫)上针2针。

右前肩

第66行	(紫)下针2针，(深栗)下针1针，(紫)下针1针，(深栗)下针4针，(紫)下针1针，(深栗)下针2针，(紫)下针4针，(深栗)下针1针，(紫)下针1针，(深栗)下针4针，(紫)下针1针，(深栗)下针2针，(紫)下针1针，收针处以后的剩余针移至另一根棒针上休针，用剩余25针编织右肩。
第67行	收针2针，(深栗)上针1针，(紫)上针1针，(深栗)上针7针，(紫)上针3针，(深栗)上针2针，(紫)上针1针，(深栗)上针6针，上针右上2针并1针/共22针。
第68行	(紫)下针1针，(深栗)下针5针，(紫)下针1针，(深栗)下针2针，(紫)下针3针，(深栗)下针1针，(紫)下针1针，(深栗)下针5针，(紫)下针1针，(深栗)下针左上2针并1针/共21针。
第69行	(深栗)上针2针，(紫)上针1针，(深栗)上针4针，(紫)上针6针，(深栗)上针2针，(紫)上针1针，(深栗)上针4针，(紫)上针1针。
第70行	(深栗)下针右上2针并1针，下针1针，(紫)下针2针，(深栗)下针2针，(紫)下针4针，(深栗)下针5针，(紫)下针2针，(深栗)下针2针，(紫)下针1针/共20针。
第71行	(紫)上针1针，(深栗)上针3针，(紫)上针1针，(深栗)上针4针，(紫)上针5针，(深栗)上针3针，(紫)上针1针，(深栗)上针2针。

第72行	（深栗）下针1针，（紫）下针2针，（深栗）下针2针，（紫）下针7针，（深栗）下针2针，（紫）下针2针，（深栗）下针2针，（紫）下针2针。
第73行	（深栗）上针3针，（紫）上针2针，（深栗）上针2针，（紫）上针5针，（深栗）上针4针，（紫）上针2针，上针右上2针并1针/共19针。
第74行	（紫）下针4针，（深栗）下针2针，（紫）下针6针，（深栗）下针1针，（紫）下针4针，（深栗）下针2针。
第75行	（紫）上针。
第76行	（青）下针右上2针并1针，[（紫）下针1针，（青）下针1针]×8，（紫）下针1针/共18针。
第77行	[（紫）上针1针，（青）上针1针]×9。
第78行	（紫）下针。
第79行	（浅绿）上针1针，[（紫）上针3针，（浅绿）上针2针]×3，（紫）上针右上2针并1针/共17针。
第80行	（紫）下针1针，[（浅绿）下针3针，（紫）下针2针]×3，（浅绿）下针1针。
第81行	[（紫）上针3针，（浅绿）上针2针]×3，（紫）上针2针。
第82行	（紫）下针右上2针并1针，下针2针，[（浅绿）下针1针，（紫）下针4针]×2，（浅绿）下针1针，（紫）下针2针/共16针。
第83行	（浅绿）上针1针，[（紫）上针2针，（浅绿）上针3针]×3。
第84行	（紫）下针。
第85行	（紫）上针14针，上针右上2针并1针/共15针。
第86行	[（青）下针3针，（紫）下针3针]×2，（青）下针3针。
第87行	[（紫）上针3针，（青）上针3针]×2，（紫）上针3针。
第88行	（紫）下针右上2针并1针，下针13针/共14针。
第89行	收针4针，（紫）上针10针/共10针。
第90行	（紫）下针5针，收针5针，线头留长一些断线后穿过线圈。接下来用留出的线头完成上针收针。

B 后片

第66行	在休针的48针的第1针上挂深栗色线，收针2针，（深栗）下针2针，[（紫）下针4针，（深栗）下针1针，（紫）下针1针，（深栗）下针4针，（紫）下针1针，（深栗）下针2针]×3，（紫）下针4针，（深栗）下针1针/共46针。
第67行	收针2针，（紫）上针3针，[（深栗）上针2针，（紫）上针1针，（深栗）上针7针，（紫）上针3针]×3，（深栗）上针右上2针并1针/共43针。
第68行	[（紫）下针3针，（深栗）下针1针，（紫）下针1针，（深栗）下针5针，（紫）下针1针，（深栗）下针2针]×3，（紫）下针2针，下针左上2针并1针/共42针。
第69行	（紫）上针4针，[（深栗）上针2针，（紫）上针1针，（深栗）上针4针，（紫）上针6针]×2，（深栗）上针2针，（紫）上针1针，（深栗）上针4针，（紫）上针5针。
第70行	（紫）下针2针，[（深栗）下针5针，（紫）下针2针，（深栗）下针2针，（紫）下针4针]×3，（紫）下针1针。
第71行	（紫）上针5针，[（深栗）上针3针，（紫）上针1针，（深栗）上针4针，（紫）上针5针]×2，（深栗）上针3针，（紫）上针1针，（深栗）上针4针，（紫）上针3针。
第72行	（紫）下针4针，[（深栗）下针2针，（紫）下针2针，（深栗）下针2针，（紫）下针7针]×2，（深栗）下针2针，（紫）下针2针，（深栗）下针2针，（紫）下针6针。
第73行	（紫）上针3针，[（深栗）上针4针，（紫）上针2针，（深栗）上针2针，（紫）上针5针]×3。
第74行	（紫）下针5针，[（深栗）下针1针，（紫）下针4针，（深栗）下针2针，（紫）下针6针]×2，（深栗）下针1针，（紫）下针4针，（深栗）下针2针，（紫）下针4针。
第75行	（紫）上针。
第76行	[（紫）下针1针，（青）下针1针]×21。
第77行	[（青）上针1针，（紫）上针1针]×21。
第78行	（紫）下针。
第79行	（紫）上针2针，[（浅绿）上针2针，（紫）上针3针]×8。
第80行	（浅绿）下针1针，[（紫）下针2针，（浅绿）下针3针]×8，（紫）下针1针。
第81行	（紫）上针1针，[（浅绿）上针2针，（紫）上针3针]×8，（浅绿）上针1针。
第82行	（紫）下针1针，[（浅绿）下针1针，（紫）下针4针]×8，（浅绿）下针1针。
第83行	（紫）上针1针，[（浅绿）上针3针，（紫）上针2针]×8，（浅绿）上针1针。
第84行	（紫）下针。
第85行	（紫）上针。
第86行	[（紫）下针3针，（青）下针3针]×7。
第87行	[（紫）上针3针，（青）上针3针]×7。

C 领口后片和肩膀分片编织部分

第88行	(紫)下针16针(右肩),收针10针,下针16针(左肩)。

编织左肩肩线

第89行	收针4针,(紫)上针10针,上针右上2针并1针/共11针。
第90行	(紫)下针右上2针并1针,下针4针,收针5针/共5针。

线头留长一些,断线后穿过剩余线圈。剩余5针用留出的线头上针收针。

编织右肩肩线

第89行	挂上紫色线,上针左上2针并1针,上针10针,收针4针/共11针。

线头留长一些,断线后穿过剩余线圈。

第90行	用上一行留出的长线头,收针5针,下针4针,(紫)下针左上2针并1针/共5针。

将剩余5针收针。

左前肩

第66行	在休针的25针的第1针上挂紫色线,收针2针,(紫)下针2针,(深栗)下针1针,(紫)下针1针,(深栗)下针4针,(紫)下针1针,(深栗)下针2针,(紫)下针4针,(深栗)下针1针,(紫)下针1针,(深栗)下针4针,(紫)下针1针,(深栗)下针1针/共23针。
第67行	(紫)上针左上2针并1针,(深栗)上针7针,(紫)上针3针,(深栗)上针2针,(紫)上针1针,(深栗)上针6针,上针右上2针并1针/共21针。
第68行	(紫)下针1针,(深栗)下针5针,(紫)下针1针,(深栗)下针2针,(紫)下针3针,(深栗)下针1针,(紫)下针1针,(深栗)下针5针,(紫)下针1针,(深栗)下针1针。
第69行	(深栗)上针2针,(紫)上针1针,(深栗)上针4针,(紫)上针6针,(深栗)上针2针,(紫)上针1针,(深栗)上针4针,(紫)上针1针。
第70行	(深栗)下针3针,(紫)下针2针,(深栗)下针2针,(紫)下针4针,(深栗)下针5针,(紫)下针2针,(深栗)下针1针,下针左上2针并1针/共20针。
第71行	(深栗)上针3针,(紫)上针1针,(深栗)上针4针,(紫)上针5针,(深栗)上针3针,(紫)上针1针,(深栗)上针3针。
第72行	(深栗)下针2针,(紫)下针2针,(深栗)下针2针,(紫)下针7针,(深栗)下针2针,(紫)下针2针,(深栗)下针2针,(紫)下针1针。
第73行	(深栗)上针左上2针并1针,(紫)上针2针,(深栗)上针2针,(紫)上针5针,(深栗)上针4针,(紫)上针2针,(深栗)上针2针,(紫)上针1针/共19针。
第74行	(紫)下针1针,(深栗)下针1针,(紫)下针4针,(深栗)下针2针,(紫)下针6针,(深栗)下针1针,(紫)下针4针。
第75行	(紫)上针。
第76行	[(紫)下针1针,(青)下针1针]×8,(紫)下针1针,(青)下针左上2针并1针/共18针。
第77行	[(青)上针1针,(紫)上针1针]×9。
第78行	(紫)下针。
第79行	(紫)上针左上2针并1针,上针2针,[(浅绿)上针2针,(紫)上针3针]×2,(浅绿)上针2针,(紫)上针2针/共17针。
第80行	[(紫)下针2针,(浅绿)下针3针]×3,(紫)下针2针
第81行	(紫)上针2针,[(浅绿)上针2针,(紫)上针3针]×3。
第82行	(紫)下针5针,[(浅绿)下针1针,(紫)下针4针]×2,(浅绿)下针左上2针并1针/共16针。
第83行	(紫)上针1针,[(浅绿)上针3针,(紫)上针2针]×3。
第84行	(紫)下针。
第85行	(紫)上针左上2针并1针,上针14针/共15针。
第86行	[(青)下针3针,(紫)下针3针]×2,(青)下针3针。
第87行	[(紫)上针3针,(青)上针3针]×2,(紫)上针3针。
第88行	(紫)下针13针,下针左上2针并1针/共14针。
第89行	(紫)上针10针,收针4针,线头留长一些,断线后穿过剩余线圈。
第90行	用上一行留出的长线头,收针5针,(紫)下针5针/共5针。

将剩余5针收针。

D 口袋

将衣身第38行处标记口袋用的米色线（别线）拆除后，用2根棒针上下各挑20针。

口袋装饰行

配色编织双罗纹，正面时下针织扭针，反面时上针织扭针。

起针	在挂在底边棒针上的20针的两边各挑1针得到22针。之后使用1.5mm环形针在反面用紫色线编织。
第1行	（紫）扭加针1针，下针22针，扭加针1针/共24针
第2行（正面）	正面-（紫）下针1针，[（紫）下针扭针2针，（青）上针2针]×5，（紫）下针扭针2针，下针1针
第3行	（紫）上针1针，[（紫）上针扭针2针，（青）下针2针]×5，（紫）上针扭针2针，上针1针
第4~5行	重复编织第2、3行1次

使用紫色线下针织下针，上针织上针，罗纹套收收针。

口袋内衬

在衣身上方棒针上的20针的两边各挑1针得到22针。在正面用1.75mm环形针挂紫色线。

第1~22行	编织下针开始的平针22行，套收收针。

口袋收尾

1.熨烫口袋装饰行和口袋内衬。
2.在衣身前片的反面将口袋内衬的3面卷缝连接。
3.将口袋装饰行的侧边行与行缝合在衣身正面。

E 袖子

不在衣身处挑针，单独编织2个袖子。
从袖子肩膀开始编织，使用1.75mm的直棒针挂紫色线起36针。

第1行	（紫）上针。
第2行	（紫）下针1针放2针，下针34针，下针1针放2针/共38针。
第3行	（紫）卷针加针2针，从刚刚完成的卷针加针开始，（紫）上针3针，[（青）上针3针，（紫）上针3针]×6，（青）上针1针，卷针加针2针/共42针。
第4行	（紫）卷针加针4针，接着刚刚完成的卷针加针，[（紫）下针3针，（青）下针3针]×7，（紫）卷针加针4针/共50针。
第5行	（紫）上针。
第6行	（紫）下针。
第7行	[（浅绿）上针3针，（紫）上针2针]×10。
第8行	（紫）下针1针，（浅绿）下针1针，[（紫）下针4针，（浅绿）下针1针]×9，（紫）下针3针。
第9行	（紫）上针1针，[（浅绿）上针2针，（紫）上针3针]×9，（浅绿）上针2针，（紫）上针2针。
第10行	[（紫）下针2针，（浅绿）下针3针]×10。
第11行	[（浅绿）上针2针，（紫）上针3针]×10。
第12行	（紫）下针。
第13行	[（青）上针1针，（紫）上针1针]×25。
第14行	[（紫）下针1针，（青）下针1针]×25。
第15行	（紫）上针左上2针并1针，上针46针，上针右上2针并1针/共48针。
第16行	（红）下针1针，[（紫）下针9针，（红）下针3针]×3，（紫）下针9针，（红）下针2针。
第17行	（米白）上针1针，（红）上针3针，[（紫）上针5针，（红）上针3针，（米）上针1针，（红）上针3针]×3，（紫）上针5针，（红）上针3针。
第18行	（红）下针4针，[（紫）下针3针，（红）下针3针，（米）下针1针，（红）下针5针]×3，（紫）下针3针，（红）下针3针，（米）下针1针，（红）下针1针。
第19行	（红）上针3针，（米）上针1针，（红）上针2针，[（紫）上针1针，（红）上针2针，（米）上针1针，（红）上针5针，（米）上针1针，（红）上针2针]×3，（紫）上针1针，（红）上针2针，（米）上针1针，（红）上针2针。
第20行	（红）下针5针，[（紫）下针1针，（红）下针11针]×3，（紫）下针1针，（红）下针6针。
第21行	（米）上针2针，[（紫）上针9针，（米）上针3针]×3，（紫）上针9针，（米）上针1针。
第22行	（米）下针2针，[（紫）下针7针，（米）下针5针]×3，（紫）下针7针，（米）下针3针。
第23行	（米）上针3针，[（紫）上针7针，（米）上针5针]×3，（紫）上针7针，（米）上针2针。
第24行	（米）下针右上2针并1针，[（紫）下针7针，（米）下针5针]×3，（紫）下针7针，（米）下针1针，下针左上2针并1针/共46针。
第25行	（米）上针1针，[（紫）上针9针，（米）上针3针]×3，（紫）上针9针。
第26行	（紫）下针。
第27行	（紫）上针。
第28行	（紫）下针2针，[（草绿）下针1针，（紫）下针1针，（草绿）下针1针，（紫）下针3针，（草绿）下针1针，（紫）下针3针]×4，（草绿）下针1针，（紫）下针1针，（草绿）下针1针，（紫）下针1针。

第29行	[(紫)上针5针,(草绿)上针1针,(紫)上针1针,(草绿)上针1针,(紫)上针1针,(草绿)上针1针]×4,(紫)上针5针,(草绿)上针1针。
第30行	[(紫)下针7针,(草绿)下针3针]×4,(紫)下针6针。
第31行	(紫)上针左上2针并1针,上针2针,[(草绿)上针7针,(紫)上针3针]×4,(草绿)上针右上2针并1针/共44针。
第32行	(紫)下针。
第33行	(紫)上针。
第34行	(紫)下针4针,[(深米黄)下针1针,(紫)下针8针]×4,(深米黄)下针1针,(紫)下针3针。
第35行	(紫)上针1针,[(深米黄)上针5针,(紫)上针4针]×4,(深米黄)上针5针,(紫)上针2针。
第36行	(紫)下针1针,[(深米黄)下针7针,(紫)下针2针]×4,(深米黄)下针7针。
第37行	[(深米黄)上针7针,(紫)上针2针]×4,(深米黄)上针7针,(紫)上针1针。
第38行	(紫)下针1针,[(深米黄)下针1针,(紫)下针5针,(深米黄)下针1针,(紫)下针2针]×4,(深米黄)下针1针,(紫)下针5针,(深米黄)下针1针。
第39行	(栗)上针左上2针并1针,上针4针,[(紫)上针4针,(栗)上针5针]×4,(紫)上针右上2针并1针/共42针。
第40行	(紫)下针1针,[(栗)下针5针,(紫)下针4针]×4,(栗)下针5针。
第41行	[(栗)上针5针,(紫)上针4针]×4,(栗)上针5针,(紫)上针1针。
第42行	(紫)下针2针,[(栗)下针3针,(紫)下针6针]×4,(栗)下针3针,(紫)下针1针。
第43行	(紫)上针2针,[(栗)上针1针,(紫)上针8针]×4,(栗)上针1针,(紫)上针3针。
第44行	(紫)下针。
第45行	(紫)上针。

更换1.5mm环形针,扭针编织双罗纹。

第46行	(紫)下针1针,[(紫)下针扭针2针,(青)上针2针]×10,(青)上针1针。
第47行	(青)下针1针,[(青)下针2针,(紫)上针扭针2针]×10,(紫)上针1针。
第48~49行	重复编织第46、47行1次。

使用紫色线下针织下针,上针织上针,罗纹套收收针。

F 衣身的前后肩线缝合

1 衣身的前片和后片的沿肩线行和行缝合。

2 袖子边线行和行缝合。

3 剩余配色线穿入毛线缝针后,从织物反面藏线。

G 前襟和领边

用扭针技法编织双罗纹。使用1.5mm环形针,织物正面面对自己,使用紫色线在右前片挑96针,后领围挑20针,左前片挑96针/共212针。

第1行	(紫)下针。
第2行	正面:下针滑针1针,[(紫)下针扭针2针,(青)上针2针]×52,(紫)下针扭针2针,下针1针。
第3行	(紫)上针滑针1针,[(紫)上针扭针2针,(青)下针2针]×52,(紫)上针扭针2针,上针1针。
第4行	扣眼行:(紫)下针1针,下针左上2针并1针,空加针1针,[(青)上针2针,(紫)下针扭针2针]×2,(青)上针2针,空加针1针,(紫)下针左上2针并1针,[(青)上针2针,(紫)下针扭针2针]×2,(青)上针1针,空加针1针,(紫)下针左上2针并1针,下针扭针1针,[(青)上针2针,(紫)下针扭针2针]×2,空加针1针,(青)上针左上2针并1针,[(紫)下针扭针2针,(青)上针2针]×2,(紫)下针扭针1针,空加针1针,(青)上针左上2针并1针,上针1针,[(紫)下针扭针2针,(青)上针2针]×2,(紫)下针扭针1针,空加针1针,(青)上针左上2针并1针,上针1针,[(紫)下针扭针2针,(青)上针2针]×37,(紫)下针扭针1针,下针1针。
第5行	(紫)上针滑针1针,[(紫)上针扭针2针,(青)下针2针]×52,(紫)上针扭针2针,上针1针。

青色线断线,使用紫色线下针织下针,上针织上针,套收收针。

H 收尾

1 衣身和袖子熨烫后,整理织物。

2 在衣身上对齐袖子后用珠针固定,行和行缝合。

3 对齐右前襟的扣眼位子,在左前襟上缝纽扣。

结编花样外套和复古发带

少女风格设计常用的结编花样装饰的毛衣外套。
给略显保守沉闷的外套上加一些小小的点缀，
能打破冬季外套惯有的单一感。
配上复古的花片发带，完美演绎出经典又明快的圣诞穿搭。

基本信息

模特 iMda Doll 3.0【Simonne】

适合尺寸 Darak-i，Diana Doll，身高 31~33cm 的娃娃

尺寸 外套：胸围 18.6cm，衣长 14.2cm，袖长 9.5cm | 发带：头围 23cm

使用线材 外套：Schachemayr Fine Wool · 奶油色（2070） | Lang Jawoll · 白色（0001）
发带：LANG REINFORCEMET · 栗色（0095），藏蓝（0034），灰色（0005），芥末黄（0150），白色（0001），绿色（0098），紫色（0290），米黄色（0022）

可替换线材 外套：3 股线（3ply），发带：2 股线（2ply），羊毛刺绣线

针 外套：环形针 · 1.75mm（1 根），2.0mm（1 根），2.25mm（1 根） | 蕾丝钩针 · 4 号（1 根） | 常规用钩针 · 0 号（1 根）
发带：蕾丝钩针 · 4 号（1 根）

其他工具 外套：米黄色纽扣 6.0mm（9 颗），麻花针，剪刀，毛线缝针，缝衣线，缝衣针，其他颜色线若干 | 发带：毛线缝针，剪刀

编织密度 外套：花样编织 45 针 × 53 行 =10cm × 10cm | 发带：花片直径 2.3cm

正面

背面

POST

制作方法

结编花样外套

难易程度 ★★★★★

× 衣身从领口开始往下编织。
× 领口处挑针编织结编花样领。
× 上衣的育克前片、后片、袖子行、外套下摆、领子、口袋装饰行全部使用2次绕线的结编（参考第154页）。
× 前襟的纽扣行编织起伏针。
× 编织图收录在第194页。

A 衣身

使用常规钩针0号，别线起48针锁针。使用白色线和1.75mm环形针在锁针的里山处挑48针。

第1行	下针。
第2行	下针滑针1针，下针47针。
第3行	下针滑针1针，下针3针，（下针2针，下针向左扭加针1针，下针3针）×8，下针1针，空加针1针，下针左上2针并1针，下针1针/共56针。
第4行	下针滑针1针，下针55针。
第5行	更换奶油色线，下针滑针1针，下针3针，上针2针，下针1针，上针2针，下针右加针1针，下针2针，下针左加针1针，下针2针，下针1针放2针×5，下针2针，下针右加针1针，下针2针，下针左加针1针，上针1针，（下针1针，上针2针）×3，下针1针，上针1针，下针右加针1针，下针2针，下针左加针1针，下针2针，下针1针放2针×5，下针2针，下针右加针1针，下针2针，下针左加针1针，上针2针，下针1针，上针2针，下针4针/共74针。
第6行	下针滑针1针，下针5针，上针1针，下针2针，上针22针，下针1针，（上针1针，下针2针）×4，上针21针，下针2针，上针1针，下针6针。
第7行	下针滑针1针，下针3针，（上针2针，下针1针）×2，下针右加针1针，下针2针，下针左加针1针，下针16针，下针右加针1针，下针2针，下针左加针1针，（上针2针，下针1针）×4，上针2针，下针右加针1针，下针2针，下针左加针1针，下针16针，下针右加针1针，下针2针，下针左加针1针，（下针1针，上针2针）×2，下针4针/共82针。
第8行	下针滑针1针，下针3针，（下针2针，上针1针）×2，上针24针，（下针2针，上针1针）×5，上针24针，下针2针，上针1针，下针6针。
第9行	下针滑针1针，下针3针，上针2针，2次绕线的结编，上针1针，下针右加针1针，下针2针，下针左加针1针，下针18针，下针右加针1针，下针2针，下针的左加针1针，（2次绕线的结编，上针2针）×2，2次绕线的结编，下针右加针1针，下针2针，下针左加针1针，下针18针，下针右加针1针，下针2针，下针左加针1针，上针1针，2次绕线的结编，上针2针，下针4针/共90针。
第10行	下针滑针1针，下针5针，上针1针，下针2针，上针1针，下针1针，上针27针，（下针2针，上针1针）×5，上针26针，下针1针，（上针1针，下针2针）×2，下针4针。
第11行	下针滑针1针，下针3针，（上针2针，下针1针）×2，上针2针，下针右加针1针，下针2针，下针左加针1针，下针20针，下针右加针1针，下针2针，下针左加针1针，上针1针，（下针1针，上针2针）×5，下针1针，上针1针，下针右加针1针，下针2针，下针左加针1针，下针20针，下针右加针1针，下针2针，下针左加针1针，（上针2针，下针1针）×2，上针2针，下针4针/共98针。
第12行	下针滑针1针，下针3针，（下针2针，上针1针）×2，下针2针，上针28针，下针1针，（上针1针，下针2针）×5，上针1针，下针1针，上针28针，（下针2针，上针1针）×2，下针6针。
第13行	下针滑针1针，下针3针，上针2针，下针1针，上针2针，2次绕线的结编，下针右加针1针，下针2针，下针左加针1针，下针22针，下针右加针1针，下针2针，下针左加针1针，上针2针，下针1针，上针2针，（2次绕线的结编，上针2针）×2，下针1针，上针2针，下针右加针1针，下针2针，下针左加针1针，下针22针，下针右加针1针，下针2针，下针左加针1针，2次绕线的结编，上针2针，下针1针，上针2针，下针1针，空加针1针，下针左上2针并1针，下针1针/共106针。
第14行	下针滑针1针，下针3针，（下针2针，上针1针）×3，上针30针，（下针2针，上针1针）×7，上针30针，（下针2针，上针1针）×2，下针6针。

第15行	下针滑针1针,下针3针,(上针2针,下针1针)×3,上针1针,下针右加针1针,下针28针,下针左加针1针,(下针1针,上针2针)×7,下针1针,下针右加针1针,下针28针,下针左加针1针,上针1针,(下针1针,上针2针)×3,下针4针/共110针。
第16行	下针滑针1针,下针3针,(下针2针,上针1针)×4,上针29针,(下针2针,上针1针)×7,上针29针,(下针2针,上针1针)×3,下针6针。
第17行	下针滑针1针,下针3针,上针2针,2次绕线的结编,上针2针,下针1针,上针2针,下针右加针1针,下针2针,下针左加针1针,下针24针,下针右加针1针,下针2针,下针左加针1针,上针1针,下针1针,上针2针,(2次绕线的结编,上针2针)×3,下针1针,上针1针,下针右加针1针,下针2针,下针左加针1针,下针24针,下针右加针1针,下针2针,下针左加针1针,上针2针,下针1针,上针2针,2次绕线的结编,上针2针,下针4针/共118针。
第18行	下针滑针1针,下针3针,(下针2针,上针1针)×3,下针2针,上针32针,下针1针,(上针1针,下针2针)×7,上针1针,下针1针,上针32针,(下针2针,上针1针)×3,下针6针。
第19行	下针滑针1针,下针3针,(上针2针,下针1针)×4,下针右加针1针,下针30针,下针左加针1针,(上针2针,下针1针)×8,上针2针,下针右加针1针,下针30针,下针左加针1针,(下针1针,上针2针)×4,下针4针/共122针。
第20行	下针滑针1针,下针3针,(下针2针,上针1针)×4,上针32针,(下针2针,上针1针)×9,上针32针,(下针2针,上针1针)×3,下针6针。
第21行	下针滑针1针,下针3针,上针2针,下针1针,上针2针,2次绕线的结编,上针2针,下针1针,上针1针,下针右加针1针,下针2针,下针左加针1针,下针26针,下针右加针1针,下针2针,下针左加针1针,下针1针,上针2针,(2次绕线的结编,上针2针)×4,下针1针,下针右加针1针,下针2针,下针左加针1针,下针26针,下针右加针1针,下针2针,下针左加针1针,上针1针,下针1针,上针2针,2次绕线的结编,上针2针,下针1针,上针2针,下针4针/共130针。
第22行	下针滑针1针,下针3针,(下针2针,上针1针)×4,下针1针,上针34针,(上针1针,下针2针)×9,上针35针,下针1针,(上针1针,下针2针)×4,下针4针。
第23行	下针滑针1针,下针3针,(上针2针,下针1针)×4,上针2针,下针右加针1针,下针32针,下针左加针1针,上针1针,(下针1针,上针2针)×9,下针1针,上针1针,下针右加针1针,下针32针,下针左加针1针,(上针2针,下针1针)×5,空加针1次,下针左上2针并1针,下针1针/共134针。
第24行	下针滑针1针,下针3针,(下针2针,上针1针)×5,上针33针,下针1针,(上针1针,下针2针)×9,上针1针,下针1针,上针33针,(上针1针,下针2针)×5,下针4针。
第25行	下针滑针1针,下针3针,上针2针,(2次绕线的结编,上针2针)×2,下针1针,下针右加针1针,下针2针,下针左加针1针,下针28针,下针右加针1针,下针2针,下针左加针1针,上针2针,(2次绕线的结编,上针2针)×5,下针右加针1针,下针2针,下针左加针1针,下针28针,下针右加针1针,下针2针,下针左加针1针,下针1针,上针2针,(2次绕线的结编,上针2针)×2,下针4针/共142针。
第26行	下针滑针1针,下针3针,(下针2针,上针1针)×5,下针2针,上针34针,(下针2针,上针1针)×11,上针33针,(下针2针,上针1针)×5,下针6针。

衣身和袖子分离后先织袖子。接下来,将衣身前片和后片连接编织。

B 左袖

第27行	下针滑针1针,下针3针,(上针2针,下针1针)×5,上针2针,下针32针,翻转织物。
第28行	卷针加针5针,上针32针,翻转织物/共37针。
第29行	卷针加针5针,下针37针/共42针。
第30~50行	编织上针开始的平针21行。
第51行	上针2针,(下针左上2针并1针,上针2针)×10/共32针。
第52行	(下针2针,上针1针)×10,下针2针。
第53行	(上针2针,2次绕线的结编)×5,上针2针。
第54行	(下针2针,上针1针)×10,下针2针。
第55行	(上针2针,下针1针)×10,上针2针。
第56行	(下针2针,上针1针)×10,下针2针。
第57行	上针2针,下针1针,(上针2针,2次绕线的结编)×4,上针2针,下针1针,上针2针/共32针。
58~60行	重复编织第54~56行1次。

罗纹套收收针。此时,下针编织下针,上针编织上针。

C 右袖

衣身后片的36针移到另一个棒针上。	
第27行	下针编织32针后翻转织物。
第28~60行	重复左袖的编织顺序。

D 缝合衣身前片和后片

第27行	当衣身和袖子分片编织时，挂在棒针最前端的左前片21针（袖窿处）卷针加针10针，衣身后片，下针1针放2针，下针1针，（上针2针，下针1针）×11，上针1针，卷针加针10针，右前片，下针1针放2针，（上针2针，下针1针）×5，上针2针，下针4针/共100针。
第28行	下针滑针1针，下针3针，（下针2针，上针1针）×30，下针6针。
第29行	下针滑针1针，下针3针，上针2针，下针1针，上针2针，（2次绕线的结编，上针2针）×14，下针1针，上针2针，下针4针。
第30行	下针滑针1针，下针3针，（下针2针，上针1针）×30，下针6针。
第31行	下针滑针1针，下针3针，（上针2针，下针1针）×30，上针2针，下针4针。
第32行	下针滑针1针，下针3针，（下针2针，上针1针）×30，下针6针。
第33行	下针滑针1针，下针3针，上针2针，（2次绕线的结编，上针2针）×15，下针1针，空加针1针，下针左上2针并1针，下针1针。
第34、35行	重复编织第30、31行1次。
第36~38行	下针滑针1针，剩余针全部编织下针。
第39行	**更换2.0mm环形针**，下针滑针1针，下针31针，（下针1针，下针1针放2针1针，下针1针）×12，下针32针/共112针。
第40行	下针滑针1针，下针3针，上针104针，下针4针。
第41行	下针滑针1针，剩余针全部编织下针。
第42行	下针滑针1针，下针3针，上针104针，下针4针。
第43行	下针滑针1针，留出3针全部编织下针，空加针1针，下针左上2针并1针，下针1针。
第44行	下针滑针1针，下针3针，上针104针，下针4针
第45行	下针滑针1针，剩余针全部编织下针。
第46~51行	重复编织第44、45行3次。
第52行	下针滑针1针，下针3针，上针104针，下针4针。
第53行	用别线标注口袋位置，下针滑针1针，下针17针，用别线编织下针14针，主线留出20cm左右，下针48针，别线编织下针14针，主线编织下针15针，空加针1针，下针左上2针并1针，下针1针。
第54行	下针滑针1针，下针3针，上针104针，下针4针。
第55行	下针滑针1针，剩余针全部编织下针。
第56~61行	重复编织第54、55行3次。
第62行	下针滑针1针，下针3针，上针104针，下针4针。
第63行	下针滑针1针，留出3针全部编织下针，空加针1针，下针左上2针并1针，下针1针。
第64行	下针滑针1针，下针3针，上针104针，下针4针。
第65行	下针滑针1针，剩余针全部编织下针。
第66行	下针滑针1针，下针3针，上针104针，下针4针。
第67~70行	下针滑针1针，剩余针全部编织下针（起伏针行）。
第71行	下针滑针1针，下针3针，（下针5针，下针向左扭加针1针，下针9针，下针向左扭加针1针，下针3针）×6，下针6针/共124针。
第72行	下针滑针1针，下针3针，（下针2针，上针1针）×38，下针6针。
第73行	下针滑针1针，下针3针，（上针2针，下针1针）×38，上针2针，下针1针，空加针1针，下针左上2针并1针，下针1针。
第74行	下针滑针1针，下针3针，（下针2针，上针1针）×38，下针6针。
第75行	下针滑针1针，下针3针，（上针2针，2次绕线的结编）×19，上针2针，下针4针。
第76行	下针滑针1针，下针3针，（下针2针，上针1针）×38，下针6针。
第77行	下针滑针1针，下针3针，（上针2针，下针1针）×38，上针2针，下针4针。
第78行	下针滑针1针，下针3针，（下针2针，上针1针）×38，下针6针。
第79行	下针滑针1针，下针3针，上针2针，下针1针，（上针2针，2次绕线的结编）×18，上针2针，下针1针，上针2针，下针4针。
第80~82行	重复编织第76~78行1次。
第83行	下针滑针1针，下针3针，（上针2针，2次绕线的结编）×19，上针2针，下针1针，空加针1针，下针左上2针并1针，下针1针。
第84~86行	重复编织第76~78行1次。
套收收针。此时，下针编织下针，上针编织上针。	

E 结编装饰领

在领围处将领子折过来整理。此时反面成为正面。一边拆除领围处的锁针，一边挑48针。

第1行	使用奶油色线和1.75mm环形针（反面）下针48针/共48针。
第2行	下针收针3针，上针45针。
第3行	上针收针3针，下针42针。
第4行	**更换2.0mm环形针**，上针滑针1针，上针1针，（下针2针，上针1针）×12，下针2针，上针2针
第5行	下针滑针1针，下针1针，（上针2针，下针1针）×12，上针2针，下针2针。
第6行	上针滑针1针，上针1针，（下针2针，上针1针）×12，下针2针，上针2针。
第7行	下针滑针1针，下针1针，下针左加针1针，（上针2针，2次绕线的结编）×6，上针2针，下针右加针1针，下针2针/共44针。
第8行	上针滑针1针，上针2针，（下针2针，上针1针）×12，下针2针，上针3针。
第9行	下针滑针1针，下针2针，（上针2针，下针1针）×12，上针2针，下针3针。
第10行	上针滑针1针，上针2针，（下针2针，上针1针）×12，下针2针，上针3针。
第11行	下针滑针1针，下针2针，上针2针，下针1针，（上针2针，2次绕线的结编）×5，上针2针，下针1针，上针2针，下针3针。
第12行	上针滑针1针，上针2针，（下针2针，上针1针）×12，下针2针，上针3针。
第13行	**更换2.25mm环形针**，下针滑针1针，下针2针，（上针2针，下针1针）×12，上针2针，下针3针
第14行	上针滑针1针，上针2针，（下针2针，上针1针）×12，下针2针，上针3针。
第15行	下针滑针1针，下针2针，（上针2针，2次绕线的结编）×6，上针2针，下针3针。
第16~18行	重复编织第8~10行1次。

套收收针。此时，下针编织下针，上针编织上针。

F 口袋

使用2.0mm环形针，将第53行口袋处做标记的别线拆除，并上下各挑14针。

口袋内衬

在织物上用针头两端各挑1针编织/共16针。

第1~16行	换新线，在正面编织下针开始平针16行后套收收针。

口袋装饰行

使用2.0mm环形针，在织物上用针头两端各织挑1针/共16针。

第1行	正面：下针1针，（上针2针，下针1针）×4，上针2针，下针1针。
第2行	上针1针，（下针2针，上针1针）×4，下针2针，上针1针。
第3行	下针1针，（上针2针，2次绕线的结编）×2，上针2针，下针1针。
第4行	上针1针，（下针2针，上针1针）×4，下针2针，上针1针。
第5行	下针1针，（上针2针，下针1针）×4，上针2针，下针1针。
第6行	上针1针，（下针2针，上针1针）×4，下针2针，上针1针。

套收收针。此时，下针编织下针，上针编织上针。

G 收尾

1 熨烫织物。
2 口袋装饰行的两侧在正面行和行缝合。
3 在衣身前片的反面锁缝口袋内衬的3个边。
4 袖子侧面行和行缝合。
5 对齐袖山和袖窿行和行缝合。
6 对齐扣眼，在前襟对应位置缝合9颗纽扣。

2次绕线的结编

挂在右针上的线放在后侧。

左针上的4针移到麻花针上。

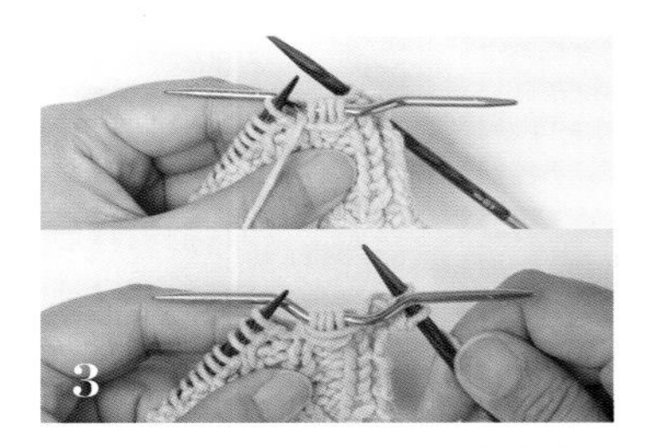

移到麻花针上的4针放到后侧，将线从后向前绕2圈。

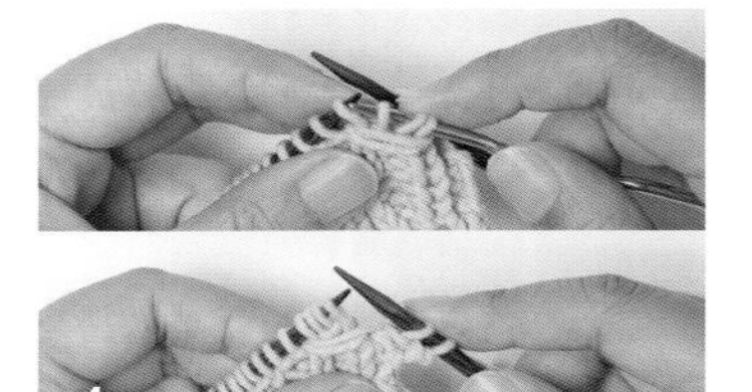

将麻花针上的4针重新移回左针上。

按照下针1针，上针2针，下针1针的顺序编织。

完成的样子。

制作方法

•

复古发带

难易程度 ★ ★ ★ ☆ ☆

× 从魔术环起针中心处开始编织。

× 每行更换颜色进行配色。

花片

* **提示** 起立针是钩锁针时调整行高的针。有无起立针取决于织物的样子。

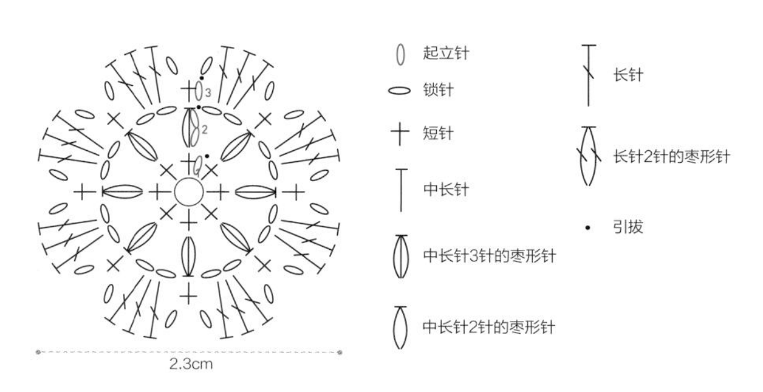

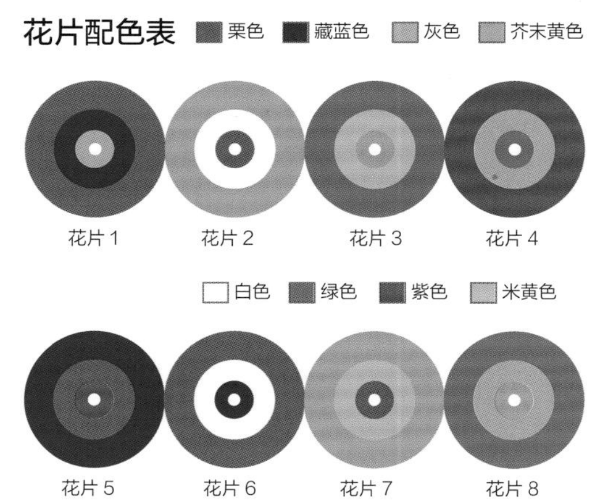

连接花片，编织饰边

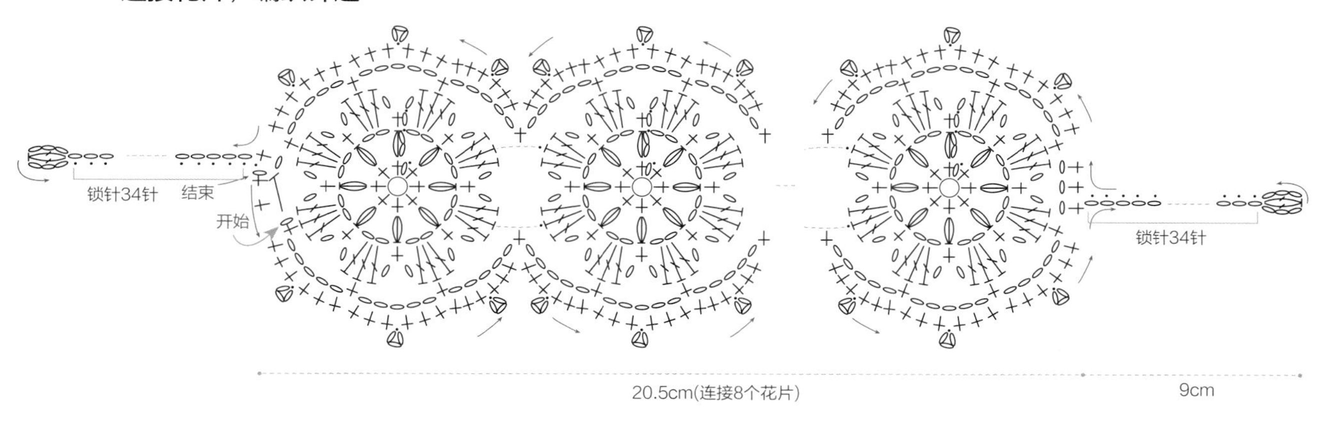

A 花片1

使用4号蕾丝钩针完成环形起针。参考花片配色表编织。

第1行	起立针1针，短针8针，引拔连接。
第2行	起立针2针，中长针2针的枣形针1针，（锁针2针，中长针3针的枣形针1针）×7，锁针2针，引拔连接。
第3行	起立针1针，（短针1针，锁针1针，长针3针，锁针1针）×8，引拔连接。

B 花片2

参考方格花片配色表进行编织。

第1行	起立针1针，短针8针，引拔连接。
第2行	起立针2针，中长针2针的枣形针1针，（锁针2针，中长针3针的枣形针1针）×7，锁针2针，引拔连接。
第3行	起立针1针，短针1针，锁针1针，长针3针，锁针1针，短针1针，锁针1针，长针2针，在花片1上引拔连接，长针1针，锁针1针，短针1针，锁针1针，长针2针，在花片1上引拔连接，长针1针，锁针1针，（短针1针，锁针1针，长针3针，锁针1针）×5，引拔连接。

用同样的方法编织和连接花片3~8。

C 饰边

绕着8个花片钩编完成。参考编织图用灰色线进行编织。

第1行	起立针1针，（短针1针，锁针5针）×24，短针1针，锁针3针，（短针1针，锁针5针）×24，短针1针，锁针1针，用中长针1针连接起始处。
第2行	起立针1针，短针2针，（短针3针，狗牙针1针，短针3针）×24，短针1针，锁针34针，锁针3针，长针2针的枣形针，锁针3针，引拔34针，短针2针，（短针3针，狗牙针1针，短针3针）×24，短针1针，锁针34针，锁针3针，长针2针的枣形针，锁针3针，引拔34针，在起始处引拔连接。

D 收尾

使用毛线缝针藏线收尾。

流苏斗篷和荷叶边波奈特帽子

谈起斗篷只能联想到嬉皮士打扮吗？

是不是总感觉它无法与少女联系在一起？

其实只要搭配好，斗篷也可以演绎出可爱俏皮的风格。

用流苏点缀的A字形斗篷，搭配蕾丝质感的荷叶边波奈特帽子，

一套少女专属的时尚穿搭推荐给大家。

波奈特帽子

斗篷（正面）

斗篷（背面）

基本信息

模特 JerryBerry【petite berry】

适合尺寸 斗篷：OB11, iMda Doll Timp | 波奈特帽子：OB11, 1/6 娃娃（momo, clara）

尺寸 斗篷：下摆围 17cm，总长 5.0cm | 波奈特帽子：帽围 13.5cm，总长 5.8cm

使用线材 Lang 美利奴 400 蕾丝・灰色（0003）

可替代线材 2 股线（2ply）

针 斗篷：直棒针・1.5mm（2 根），1.75mm（2 根）| 波奈特帽子：直棒针・1.5mm（4 根）

其他工具 灰色流苏 1cm（2 个），银色纽扣 4mm（3 个），剪刀，麻花针，毛线缝针，缝衣线，缝衣针，金色 O 形圈 3mm（2 个）

编织密度 斗篷：花样编织 80 针 × 80 行 =10cm × 10cm，波奈特帽子：花样 53 针 × 80 行 =10cm × 10cm

制作方法

流苏斗篷

难易程度 ★★★★☆

× 从下往上编织，在领围处挑针编织领子。

× 纽扣行和衣身一起编织。

A 衣身

起针	使用1.5mm直棒针长尾起针法起81针。
第1~4行	下针81针。

- 丨 下针
- □ = ㅡ 上针
- 下针左上2针并1针
- 下针右上2针并1针
- 上针左上2针并1针
- 上针右上2针并1针
- 下针向左扭加针
- 右上1针与2针交叉
- 左上1针与2针交叉
- 右上2针交叉
- 左上2针交叉
- ○ 空加针
- • 下针收针
- 无针

衣身

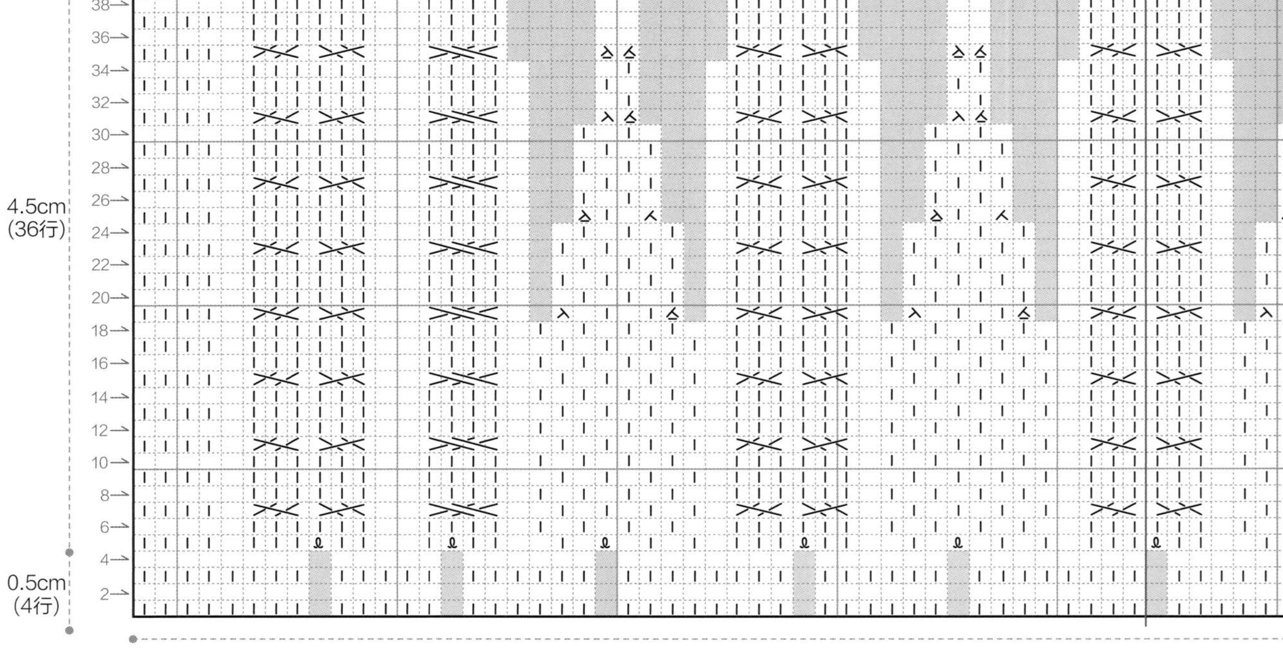

编织花样	
第5行	下针4针，上针1针，下针2针，下针向左扭加针1针，下针3针，上针2针，下针2针，下针向左扭加针1针，下针1针，上针1针，[（下针1针，上针1针）×2，下针向左扭加针1针，上针1针，下针1针，上针2针，下针2针，下针向左扭加针1针，下针3针，上针1针]×3，（下针1针，上针1针）×2，下针向左扭加针1针，上针1针，下针1针，上针2针，下针2针，下针向左扭加针1针，下针1针，上针2针，下针2针，下针向左扭加针1针，下针3针，上针1针，下针4针/共92针。
第6行	下针5针，上针6针，下针2针，上针4针，下针1针，[（上针1针，下针1针）×4，下针1针，上针6针，下针1针]×3，（上针1针，下针1针）×4，下针1针，上针4针，下针2针，上针6针，下针5针。
第7行	下针4针，上针1针，左上1针与2针交叉，右上1针与2针交叉，上针2针，左上2针交叉，上针1针，[（下针1针，上针1针）×4，上针1针，左上1针与2针交叉，右上1针与2针交叉，上针1针]×3，（下针1针，上针1针）×4，上针1针，右上2针交叉，上针2针，左上1针与2针的交叉，右上1针与2针的交叉，上针1针，下针4针。
第8行	重复编织第6行1次。
第9行	下针4针，上针1针，下针6针，上针2针，下针4针，上针1针，[（下针1针，上针1针）×4，上针1针，下针6针，上针1针]×3，（下针1针，上针1针）×4，上针1针，下针4针，上针2针，下针6针，上针1针，下针4针。
第10行	重复编织第6行1次。
第11~18行	重复编织第7~10行2次。
第19行	下针4针，上针1针，左上1针与2针交叉，右上1针与2针交叉，上针2针，左上2针交叉，上针1针，[上针左上2针并1针，（下针1针，上针1针）×2，下针右上2针并1针，上针1针，左上1针与2针的交叉，右上1针与2针的交叉，上针1针]×3，上针左上2针并1针，（下针1针，上针1针）×2，下针右上2针并1针，上针1针，右上2针交叉，上针2针，左上1针与2针的交叉，右上1针与2针的交叉，上针1针，下针4针/共84针。
第20行	下针5针，上针6针，下针2针，上针4针，下针1针，[（下针1针，上针1针）×3，下针1针，上针6针，下针1针]×3，（下针1针，上针1针）×3，下针1针，上针4针，下针2针，上针6针，下针5针。

（下转第160页）

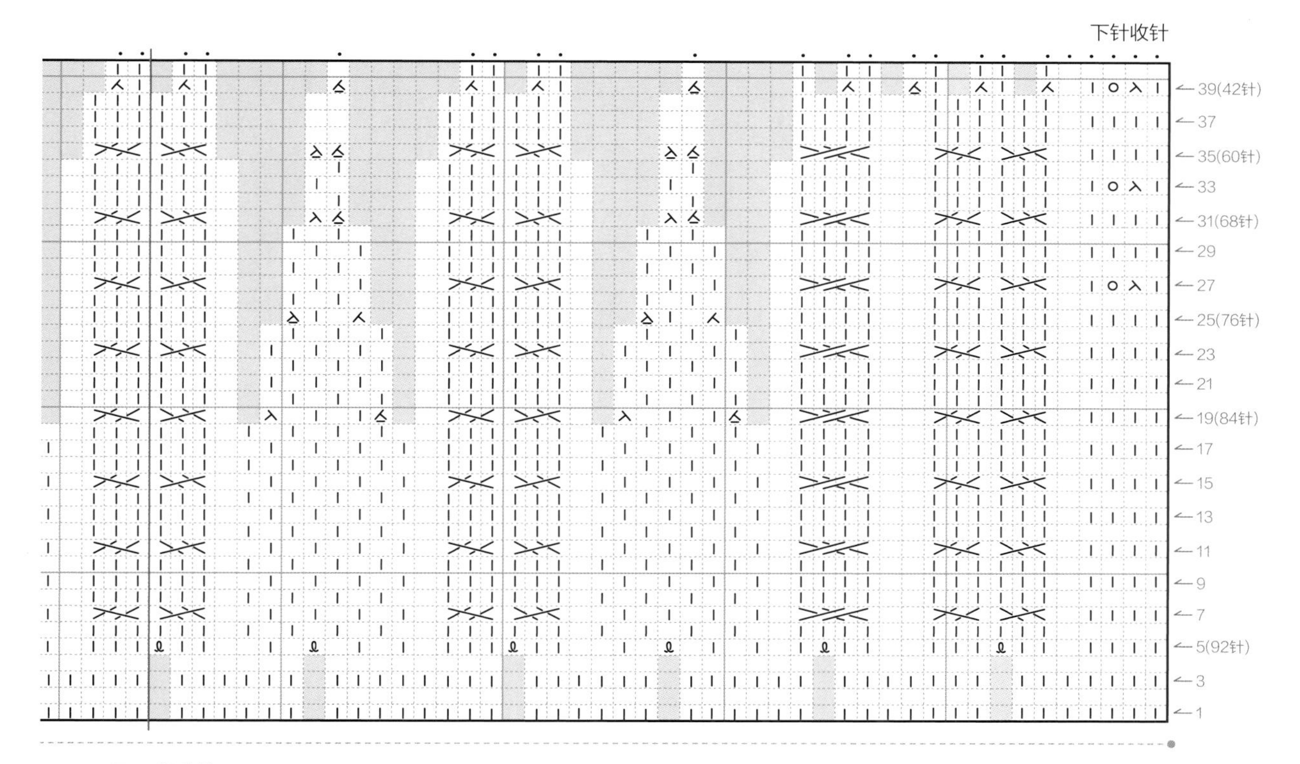

（上接第159页）

第21行	下针4针，上针1针，下针6针，上针2针，下针4针，上针1针，[（上针1针，下针1针）×3，上针1针，下针6针，上针1针]×3，（上针1针，下针1针）×3，上针1针，下针4针，上针2针，下针6针，上针1针，下针4针。
第22行	重复编织第20行1次。
第23行	下针4针，上针1针，左上1针与2针的交叉，右上1针与2针的交叉，上针2针，左上2针交叉，上针1针，[（上针1针，下针1针）×3，上针1针，左上1针与2针的交叉，右上1针与2针的交叉，上针1针]×3，（上针1针，下针1针）×3，上针1针，右上2针交叉，上针2针，左上1针与2针的交叉，右上1针与2针的交叉，上针1针，下针4针
第24行	重复编织第20行1次。
第25行	下针4针，上针1针，下针6针，上针2针，下针4针，上针1针，（下针左上2针并1针，上针1针，下针1针，上针右上2针并1针，上针1针，下针6针，上针1针）×3，下针左上2针并1针，上针1针，下针1针，上针右上2针并1针，上针1针，下针4针，上针2针，下针6针，上针1针，下针4针/共76针。
第26行	下针5针，上针6针，下针2针，上针4针，下针1针，[（上针1针，下针1针）×2，下针1针，上针6针，下针1针]×3，（上针1针，下针1针）×2，下针1针，上针4针，下针2针，上针6针，下针5针。
第27行	扣眼行：下针1针，下针右上2针并1针，空加针1针，下针1针，上针1针，左上1针与2针的交叉，右上1针与2针的交叉，上针2针，左上2针交叉，上针1针，[（下针1针，上针1针）×2，上针1次，左上1针与2针的交叉，右上1针与2针的交叉，上针1针]×3，（下针1针，上针1针）×2，上针1针，右上2针交叉，上针2针，左上1针与2针的交叉，右上1针与2针的交叉，上针1针，下针4针。
第28行	重复编织第26行1次。
第29行	下针4针，上针1针，下针6针，上针2针，下针4针，上针1针，[（下针1针，上针1针）×2，上针1针，下针6针，上针1针]×3，（下针1针，上针1针）×2，上针1针，下针4针，上针2针，下针6针，上针1针，下针4针。
第30行	重复编织第26行1次。
第31行	下针4针，上针1针，左上1针与2针的交叉，右上1针与2针的交叉，上针2针，左上2针交叉，上针1针，（上针左上2针并1针，下针右上2针并1针，上针1针，左上1针与2针的交叉，右上1针与2针的交叉，上针1针）×3，上针左上2针并1针，下针右上2针并1针，上针1针，右上2针交叉，上针2针，左上1针与2针的交叉，右上1针与2针的交叉，上针1针，下针4针/共68针。
第32行	下针5针，上针6针，下针2针，上针4针，下针1针，（下针1针，上针1针，下针1针，上针6针，下针1针）×3，下针1针，上针1针，下针1针，上针4针，下针2针，上针6针，下针5针。
第33行	扣眼行：下针1针，下针右上2针并1针，空加针1针，下针1针，上针1针，下针6针，上针2针，下针4针，上针1针，（上针1针，下针1针，上针1针，下针6针，上针1针）×3，上针1针，下针1针，上针1针，下针4针，上针2针，下针6针，上针1针，下针4针。
第34行	重复编织第32行1次。
第35行	下针4针，上针1针，左上1针与2针的交叉，右上1针与2针的交叉，上针2针，左上2针交叉，（上针左上2针并1针，上针右上2针并1针，左上1针与2针的交叉，右上1针与2针的交叉）×3，上针左上2针并1针，上针右上2针并1针，右上2针交叉，上针2针，左上1针与2针的交叉，右上1针与2针的交叉，上针1针，下针4针/共60针。
第36行	下针5针，上针6针，下针2针，上针4针，（下针2针，上针6针）×3，下针2针，上针4针，下针2针，上针6针，下针5针。
第37行	下针4针，上针1针，下针6针，上针2针，下针4针，（上针2针，下针6针）×3，上针2针，下针4针，上针2针，下针6针，上针1针，下针4针。
第38行	下针5针，上针6针，下针2针，上针4针，（下针2针，上针6针）×3，下针2针，上针4针，下针2针，上针6针，下针5针。
第39行	扣眼行：下针1针，下针右上2针并1针，空加针1针，下针1针，上针1针，（下针左上2针并1针，下针1针）×2，上针左上2针并1针，下针1针，下针左上2针并1针，下针1针，[上针左上2针并1针，（下针1针，下针左上2针并1针）×2]×3，上针左上2针并1针，下针1针，下针左上2针并1针，下针1针，上针左上2针并1针，（下针1针，下针左上2针并1针）×2，上针1针，下针4针/共42针。
第40行	下针5针，上针4针，下针1针，上针3针，（下针1针，上针4针）×3，下针1针，上针3针，下针1针，上针4针，下针5针。
收针行	下针收针。

领子

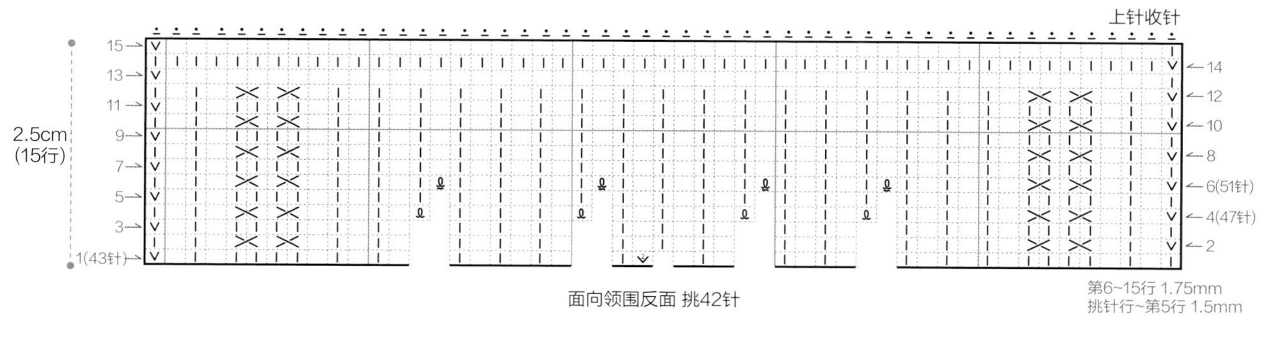

- 下针
- 上针（空白格 = 上针符号）
- 下针向左扭加针
- 上针向左扭加针
- 右上1针交叉
- 左上1针交叉
- 滑针
- 上针收针

B 领子

挑针	面向领围反面，使用1.5mm的直棒针挑42针。
第1行	上针滑针1针，下针1针，上针1针，下针1针，上针4针，（下针1针，上针1针）×6，下针1针放2针，（下针1针，上针1针）×6，下针1针，上针4针，（下针1针，上针1针）×2/共43针。
第2行	下针滑针1针，上针1针，下针1针，上针1针，右上1针交叉，左上1针交叉，（上针1针，下针1针）×13，上针1针，右上1针交叉，左上1针交叉，（上针1针，下针1针）×2。
第3行	上针滑针1针，下针1针，上针1针，下针1针，上针4针，（下针1针，上针1针）×13，下针1针，上针4针，（下针1针，上针1针）×2。
第4行	下针滑针1针，上针1针，下针1针，上针1针，左上1针交叉，右上1针交叉，（上针1针，下针1针）×3，下针向左扭加针1针，（上针1针，下针1针）×2，下针向左扭加针1针，（上针1针，下针1针）×3，下针向左扭加针1针，（上针1针，下针1针）×3，下针向左扭加针1针，（上针1针，下针1针）×2，上针1针，左上1针交叉，右上1针交叉，（上针1针，下针1针）×2/共47针。
第5行	上针滑针1针，下针1针，上针1针，下针1针，上针4针，（下针1针，上针1针）×3，（上针1针，下针1针）×3，上针1针，（上针1针，下针1针）×3，上针1针，（上针1针，下针1针）×2，上针1针，（上针1针，下针1针）×3，上针4针，（下针1针，上针1针）×2。
第6行	**更换1.75mm直棒针**，下针滑针1针，上针1针，下针1针，上针1针，右上1针交叉，左上1针交叉，（上针1针，下针1针）×3，上针向左扭加针1针，（下针1针，上针1针）×2，下针1针，上针向左扭加针1针，（下针1针，上针1针）×3，下针1针，上针向左扭加针1针，（下针1针，上针1针）×3，下针1针，上针向左扭加针1针，（下针1针，上针1针）×3，右上1针交叉，左上1针交叉，（上针1针，下针1针）×2/共51针。
第7行	上针滑针1针，下针1针，上针1针，下针1针，上针4针，（下针1针，上针1针）×17，下针1针，上针4针，（下针1针，上针1针）×2。
第8行	下针滑针1针，上针1针，下针1针，上针1针，左上1针交叉，右上1针交叉，（上针1针，下针1针）×17，上针1针，左上1针交叉，右上1针交叉，（上针1针，下针1针）×2。
第9行	重复编织第7行1次。
第10行	下针滑针1针，上针1针，下针1针，上针1针，右上1针交叉，左上1针交叉，（上针1针，下针1针）×17，上针1针，右上1针交叉，左上1针交叉，（上针1针，下针1针）×2。
第11、12行	重复编织第7、8行1次。
第13行	上针滑针1针，下针49针，上针1针。
第14行	下针滑针1针，下针50针。
第15行	重复编织第13行1次。
收针行	上针收针。

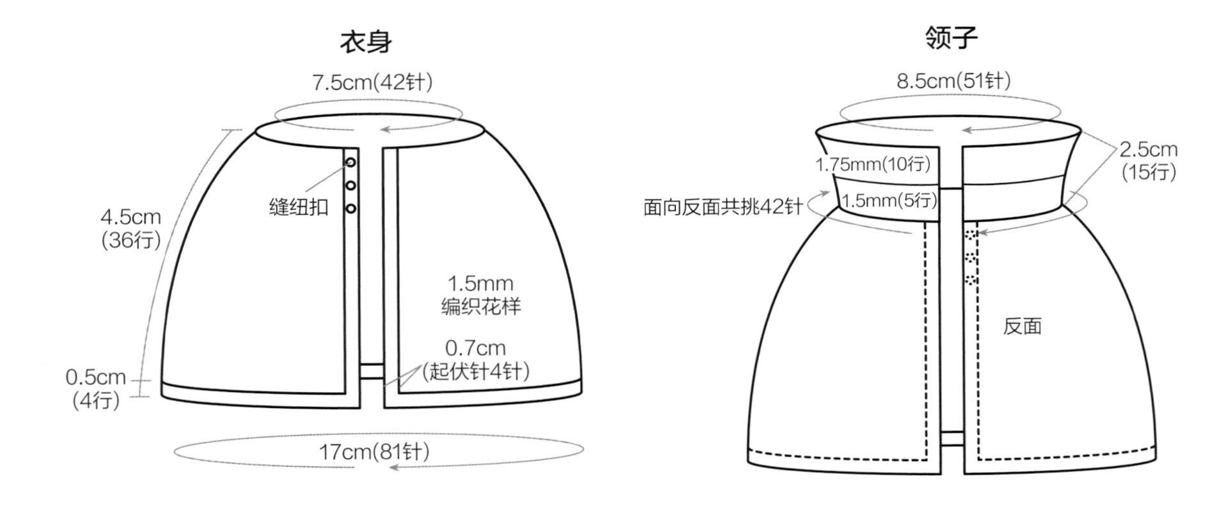

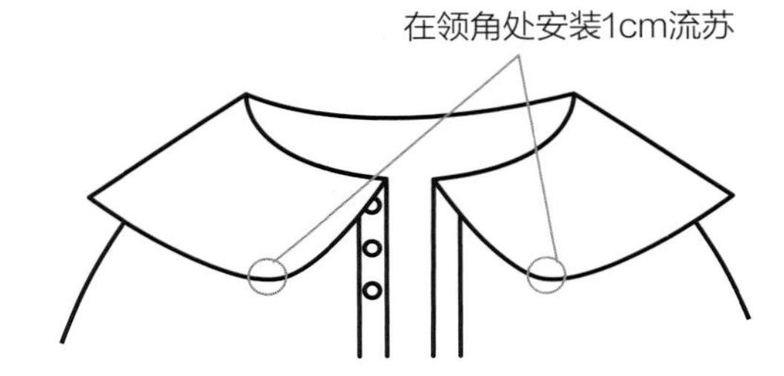

C 收尾

1 熨烫。

2 用毛衣缝针在织物反面整理线头。

3 参考第 176 页的流苏制作方法完成 1cm 的流苏，挂上金色 O 形圈安装在领角处。

4 在扣眼的对应位置缝上 3 颗纽扣后，在反面整理线头收尾。

制作方法

荷叶边波奈特帽子

难易程度 ★★★★☆

× 从后往前圈织，编织至第72针后片织。
× 荷叶边在前端挑针编织。

下针提线2针并1针：将左针上的第1针（A）下方的线挑起挂在左针上，接下来挑起的针和A同时编织下针。
上针提线2针并1针：将左针上的第1针（A）下方的线挑起挂在左针上，接下来挑起的针和A同时编织上针。

A 波奈特帽子

起针~第12行	
起针	使用1.5mm直棒针4根，长尾起针法起6针圈织。
第1行	下针1针放2针×6/共12针。
第2行	下针12针。
第3行	下针1针放2针×12/共24针。
第4行	下针24针。
第5行	（下针1针，下针1针放2针）×12/共36针
第6行	下针36针。
第7行	（下针2针，下针1针放2针）×12/共48针
第8行	下针48针。
第9行	（下针3针，下针1针放2针）×12/共60针
第10行	下针60针。
第11行	（下针4针，下针1针放2针）×12/共72针
第12行	下针72针。

开始片织。引返第（33~38行）部分参考第92~95页。

第13行	下针3针，上针1针，[上针1针，右上1针与2针的交叉，左上1针与2针的交叉，上针1针，（下针1针，上针1针）×3]×4，上针1针，右上1针与2针的交叉，左上1针与2针的交叉，上针2针，下针3针。
第14行	上针3针，下针1针，[下针1针，上针6针，下针1针，（上针1针，下针1针）×3]×4，下针1针，上针6针，下针2针，上针3针。
第15行	下针3针，上针1针，[上针1针，下针6针，上针1针，（下针1针，上针1针）×3]×4，上针1针，下针6针，上针2针，下针3针。
第16行	与第14行相同。
第17~32行	重复编织第13~16行4次。
第33行	下针3针，上针1针，[上针1针，右上1针与2针的交叉，左上1针与2针的交叉，上针1针，（下针1针，上针1针）×3]×3，上针1针，右上1针与2针的交叉，左上1针与2针的交叉，上针1针，（下针1针，上针1针）×2，①将线放在后侧下一针不织移到右针上。线放到前侧，将右针上的1针重新移回左针上。翻转织物。
第34行	（上针1针，下针1针）×2，[下针1针，上针6针，下针1针，（上针1针，下针1针）×3]×2，下针1针，上针6针，下针1针，（上针1针，下针1针）×2，②将线放在前侧，下一针不织移到右针上。线放在后侧，右针上的1针重新移回左针。翻转织物。
第35行	（下针1针，上针1针）×2，上针1针，下针6针，上针1针，（下针1针，上针1针）×3，上针1针，下针6针，上针1针，（下针1针，上针1针）×2，以下同①。
第36行	（上针1针，下针1针）×2，下针1针，上针6针，下针1针，（上针1针，下针1针）×2，以下同②。
第37行	（下针1针，上针1针）×2，上针1针，右上1针与2针的交叉，左上1针与2针的交叉，上针1针，（下针1针，上针1针）×2，下针提线2针并1针，上针2针，右上1针与2针的交叉，左上1针与2针的交叉，（上针1针，下针1针）×2，上针1针，下针提线2针并1针，上针2针，右上1针与2针的交叉，左上1针与2针的交叉，上针2针，下针3针。
第38行	上针3针，下针1针，[下针1针，上针6针，下针1针，（上针1针，下针1针）×3]×2，下针1针，上针6针，下针1针，（上针1针，下针1针）×2，上针提线2针并1针，下针2针，上针6针，下针1针，（上针1针，下针1针）×2，上针提线2针并1针，下针2针，上针6针，下针2针，上针3针。
第39行	下针3针，上针66针，下针3针。
收针行	下针收针。

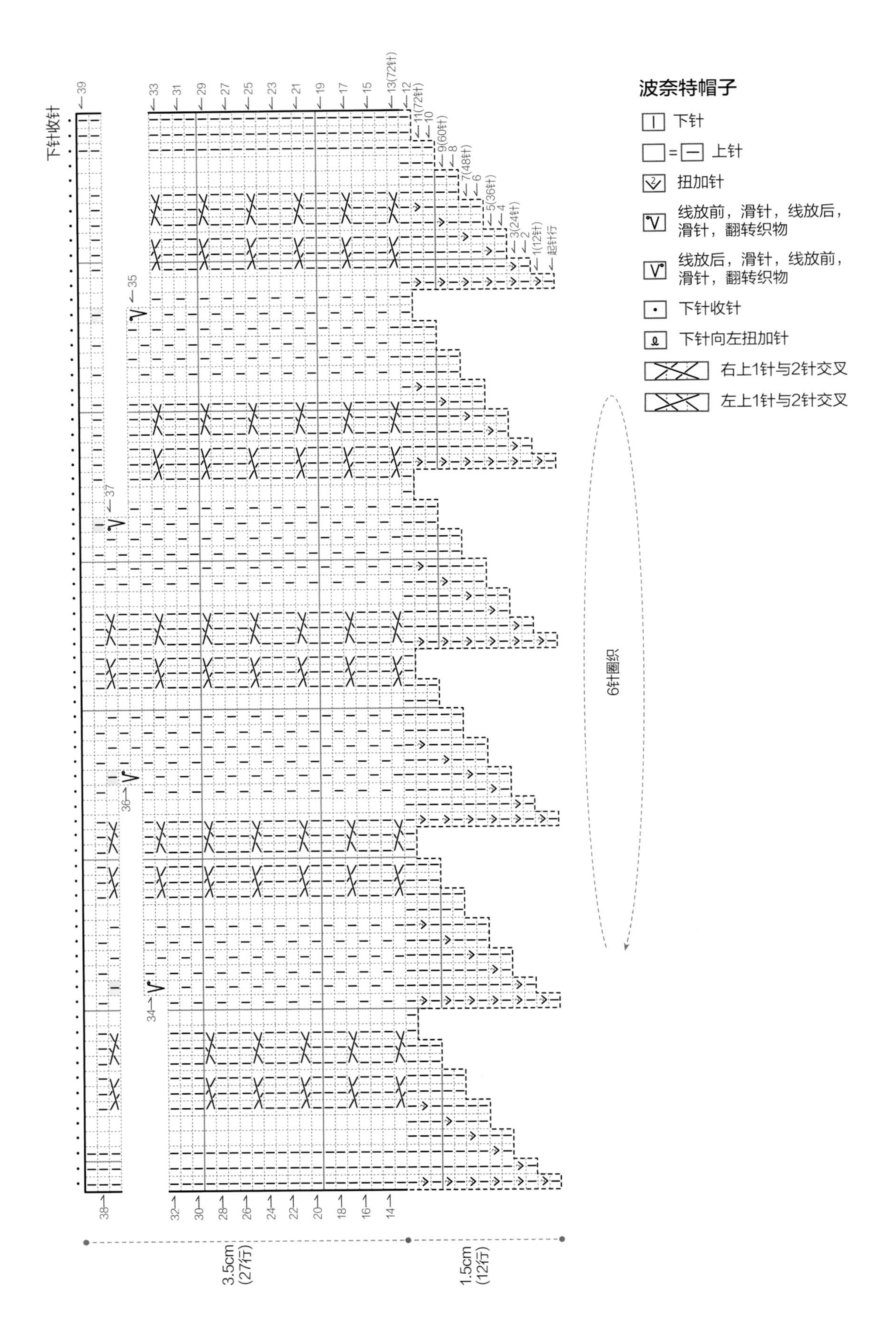
波奈特帽子
下针
= 上针
扭加针
线放前，滑针，线放后，滑针，翻转织物
线放后，滑针，线放前，滑针，翻转织物
下针收针
下针向左扭加针
右上1针与2针交叉
左上1针与2针交叉
6针圈织
下针收针
3.5cm (27行)
1.5cm (12行)
起针行
1(12针)
3(24针)
5(36针)
7(48针)
9(60针)
11(72针)
13(72针)

荷叶边

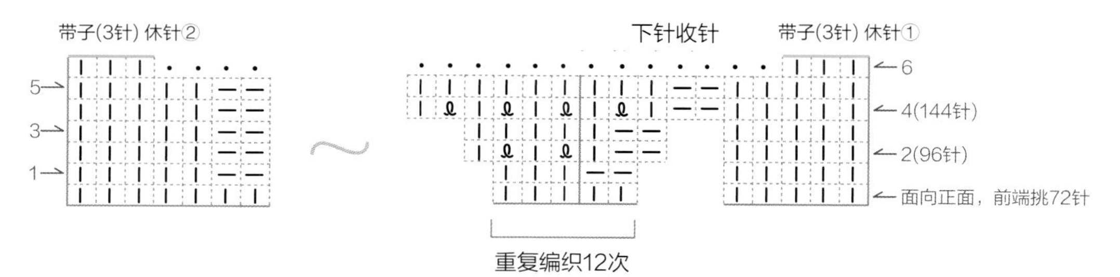

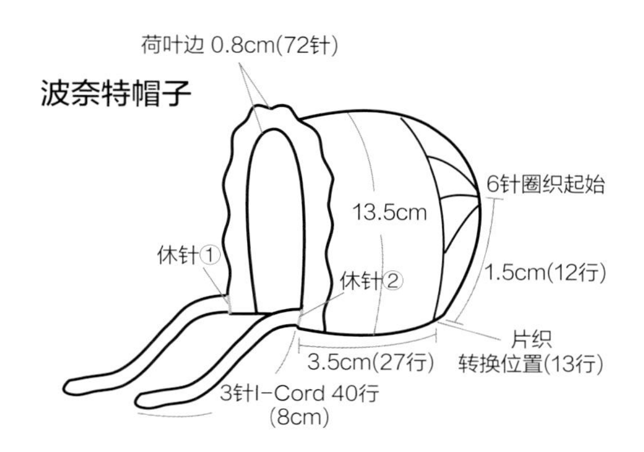

B 荷叶边

挑针	面向正面使用1.5mm直棒针在前端挑72针。
第1行	上针5针，下针2针，（上针3针，下针2针）×12，上针5针。
第2行	下针5针，[上针2针，（下针1针，下针向左扭加针1针）×2，下针1针]×12，上针2针，下针5针/共96针。
第3行	上针5针，下针2针，（上针5针，下针2针）×12，上针5针。
第4行	下针5针，[上针2针，（下针1针，下针向左扭加针1针）×4，下针1针]×12，上针2针，下针5针/共144针。
第5行	上针5针，下针2针，（上针9针，下针2针）×12，上针5针。
第6行及收针	1.下针3针（作为休针①），下针收针138针，下针3针（作为休针②）。此时不断线编织休针②（3针）做带子。 2.编织3针I-Cord（参考第61页I-Cord编织）40行。 3.留出10cm以上线头后断线。 4.线头穿入毛线缝针，穿过线圈后拉紧。 5.在反面藏线头。 6.在休针①的第1针上换新线，编织3针I-Cord（参考第61页I-Cord编织）40行。 7.线头整理同休针②。

C 收尾

1 熨烫

2 使用毛线缝针在反面整理线头。

3 6针（起始处）起针处使用毛线缝针锁缝后拉紧。

刺绣连帽外套

红色的魅力属于拥有圣诞节日的冬季。
因此设计出这款适合在特别的日子穿搭的针织外套。
在响遍圣诞歌曲的街道上，这件绣有可爱小花朵的红色刺绣连帽外套是绝对的焦点。

基本信息

模特 iMda Doll 3.0【Angelique】

适用尺寸 Darak-i, USD, Diana Doll，身高31~33cm的娃娃

尺寸 胸围24cm，衣长（含帽）16.8cm，袖长9.8cm

使用线材 Lang Jawoll・红色（0060）| REINFORCEMENT・红色（0060，纽襻）| 美利奴羊毛・白色，黄色，紫色，橙色，淡绿色（刺绣用）

可替代线材 外套：3股线（3ply），纽襻和刺绣：羊毛刺绣线

针 环形针・2.0mm（2根），2.25mm（1根），2.5mm（1根）| 蕾丝钩针・0号（1根）

其他工具 麻花针，毛线缝针，牛角扣12mm（6个），剪刀

编织密度 花样编织46针×55行=10cm×10cm（2.0mm针），44针×54行=10cm×10cm（2.25mm针），43针×53行=10cm×10cm（2.5mm针），平针编织35针×54行=10cm×10cm（2.25mm针）

正面　　背面

POST

制作方法

难易程度 ★ ★ ★ ★ ★

- × 从下往上编织，领围处挑针织帽子。
- × 袖子单独编织后缝合。
- × 不减针，通过更换棒针针号自然形成A字型。
- × 花样编织结束后，用刺绣进行点缀。
- × 部分编织图收录在第195、196页。

A 衣身

起针	使用2.25mm环形针，长尾起针法起104针。
第1行	上针3针，（下针2针，上针2针）×24，下针2针，上针3针。
第2行	下针3针，（上针2针，下针2针）×24，上针2针，下针3针。
第3、4行	重复编织第1、2行1次。
第5行	上针3针，（下针2针，上针2针）×24，下针2针，上针3针。
第6行	**更换2.5mm环形针**，（上针1针，下针4针，上针3针，上针向左扭加针1针，上针2针，下针4针，上针2针，上针向左扭加针1针，上针3针，下针4针，上针6针，下针4针，上针3针，上针向左扭加针1针，上针2针，下针4针，上针2针，上针向左扭加针1针，上针3针，下针4针，上针1针）×2/共112针。
第7行	下针1针，（上针4针，下针6针）×5，上针4针，下针2针，（上针4针，下针6针）×5，上针4针，下针1针。
第8行	（上针1针，左上1针交叉，右上1针交叉，上针6针，左上2针交叉，上针6针，左上2针交叉，上针6针，右上2针交叉，上针6针，左上2针交叉，上针6针，左上1针交叉，右上1针交叉，上针1针）×2。
第9行	下针1针，（上针4针，下针6针）×5，上针4针，下针2针，（上针4针，下针6针）×5，上针4针，下针1针。
第10行	[上针1针，右上1针交叉，左上1针交叉，上针5针，左上2针与1针交叉（下侧为上针），右上2针与1针交叉（下侧为上针），上针5针，下针4针，上针6针，下针4针，上针5针，左上2针与1针交叉（下侧为上针），右上2针与1针交叉（下侧为上针），上针5针，右上1针交叉，左上1针交叉，上针1针]×2。
第11行	（下针1针，上针4针，下针5针，上针2针，下针2针，上针2针，下针5针，上针4针，下针6针，上针4针，下针5针，上针2针，下针2针，上针2针，下针5针，上针4针，下针1针）×2。
第12行	[上针1针，左上1针交叉，右上1针交叉，上针4针，左上2针与1针交叉（下侧为上针），上针2针，右上2针与1针交叉（下侧为上针），上针4针，左上2针交叉，上针6针，右上2针交叉，上针4针，左上2针与1针交叉（下侧为上针），上针2针，右上2针与1针交叉（下侧为上针），上针4针，左上1针交叉，右上1针交叉，上针1针]×2。
第13行	（下针1针，上针4针，下针4针，上针2针，下针4针，上针2针，下针4针，上针4针，下针6针，上针4针，下针4针，上针2针，下针4针，上针2针，下针4针，上针4针，下针1针）×2。
第14行	[上针1针，右上1针交叉，左上1针交叉，上针3针，左上2针与1针交叉（下侧为上针），上针4针，右上2针与1针交叉（下侧为上针），上针3针，下针4针，上针6针，下针4针，上针3针，左上2针与1针交叉（下侧为上针），上针4针，右上2针与1针交叉（下侧为上针），上针3针，右上1针交叉，左上1针交叉，上针1针]×2。
第15行	（下针1针，上针4针，下针3针，上针2针，下针6针，上针2针，下针3针，上针4针，下针6针，上针4针，下针3针，上针2针，下针6针，上针2针，下针3针，上针4针，下针1针）×2。
第16行	（上针1针，左上1针交叉，右上1针交叉，上针3针，下针2针，上针6针，下针2针，上针3针，左上2针交叉，上针6针，右上2针交叉，上针3针，下针2针，上针6针，下针2针，上针3针，左上1针交叉，右上1针交叉，上针1针）×2。
第17行	（下针1针，上针4针，下针3针，上针2针，下针6针，上针2针，下针3针，上针4针，下针6针，上针4针，下针3针，上针2针，下针6针，上针2针，下针3针，上针4针，下针1针）×2。
第18行	[上针1针，右上1针交叉，左上1针交叉，上针3针，右上2针与1针交叉（下侧为上针），上针4针，左上2针与1针交叉（下侧为上针），上针3针，下针4针，上针6针，下针4针，上针3针，右上2针与1针交叉（下侧为上针），上针4针，左上2针与1针交叉（下侧为上针），上针3针，右上1针交叉，左上1针交叉，上针1针]×2。

第19行	（下针1针，上针4针，下针4针，上针2针，下针4针，上针2针，下针4针，上针4针，下针6针，上针4针，下针4针，上针2针，下针4针，上针2针，下针4针，上针4针，下针1针）×2。
第20行	[上针1针，左上1针交叉，右上1针交叉，上针4针，右上2针与1针交叉（下侧为上针），上针2针，左上2针与1针交叉（下侧为上针），上针4针，左上2针交叉，上针6针，右上2针交叉，上针4针，右上2针与1针交叉（下侧为上针），上针2针，左上2针与1针交叉（下侧为上针），上针4针，左上1针交叉，右上1针交叉，上针1针]×2。
第21行	（下针1针，上针4针，下针5针，上针2针，下针2针，上针2针，下针5针，上针4针，下针6针，上针4针，下针5针，上针2针，下针2针，上针2针，下针5针，上针4针，下针1针）×2。
第22行	[上针1针，右上1针交叉，左上1针交叉，上针5针，右上2针与1针交叉（下侧为上针），左上2针与1针交叉（下侧为上针），上针5针，下针4针，上针6针，下针4针，上针5针，右上2针与1针交叉（下侧为上针），左上2针与1针交叉（下侧为上针），上针5针，右上1针交叉，左上1针交叉，上针1针]×2。
第23~25行	重复编织第7~9行1次。
第26~47行	**更换2.25mm环形针**，重复编织第10~25行1次，重复编织第10~15行1次。
第48~67行	**更换2.0mm环形针**，重复编织第16~25行1次，重复编织第10~19行1次。
第68行	上针1针，左上1针交叉，右上1针交叉，上针左上2针并1针，上针2针，右上2针与1针交叉（下侧为上针），上针2针，左上2针与1针交叉（下侧为上针），上针2针，上针左上2针并1针，左上2针交叉，上针1针/共24针。

剩余86针移至另一个棒针休针，仅用右前片24针编织。

第69行	下针1针，上针4针，下针4针，上针2针，下针2针，上针2针，下针4针，上针4针，下针1针。
第70行	上针1针，右上1针交叉，左上1针交叉，上针4针，右上2针与1针交叉（下侧为上针），左上2针与1针交叉（下侧为上针），上针4针，下针4针，上针1针。
第71行	下针1针，上针4针，下针5针，上针4针，下针5针，上针4针，下针1针。
第72行	上针1针，左上1针交叉，右上1针交叉，上针5针，左上2针交叉，上针5针，左上2针交叉，上针1针。
第73行	下针1针，上针4针，下针5针，上针4针，下针5针，上针4针，下针1针。
第74行	上针1针，右上1针交叉，左上1针交叉，上针4针，左上2针与1针交叉（下侧为上针），右上2针与1针交叉（下侧为上针），上针4针，下针4针，上针1针。
第75行	下针1针，上针4针，下针4针，上针2针，下针2针，上针2针，下针4针，上针4针，下针1针。
第76行	上针1针，左上1针交叉，右上1针交叉，上针3针，左上2针与1针交叉（下侧为上针），上针2针，右上2针与1针交叉（下侧为上针），上针3针，左上2针交叉，上针1针。
第77行	下针1针，上针4针，下针3针，上针2针，下针4针，上针2针，下针3针，上针4针，下针1针。
第78行	上针1针，右上1针交叉，左上1针交叉，上针2针，左上2针与1针交叉（下侧为上针），上针4针，右上2针与1针交叉（下侧为上针），上针2针，下针4针，上针1针。
第79行	下针1针，上针4针，下针2针，上针2针，下针6针，上针2针，下针2针，上针4针，下针1针。
第80行	上针1针，左上1针交叉，右上1针交叉，上针2针，下针2针，上针6针，下针2针，上针2针，左上2针交叉，上针1针。
第81行	下针1针，上针4针，下针2针，上针2针，下针6针，上针2针，下针2针，上针4针，下针1针。
第82行	上针1针，右上1针交叉，左上1针交叉，上针2针，右上2针与1针交叉（下侧为上针），上针4针，左上2针与1针交叉（下侧为上针），上针2针，下针4针，上针1针。
第83行	下针1针，上针4针，下针3针，上针2针，下针4针，上针2针，下针3针，上针4针，下针1针。
第84行	上针1针，左上1针交叉，右上1针交叉，上针3针，右上2针与1针交叉（下侧为上针），上针2针，左上2针与1针交叉（下侧为上针），上针3针，左上2针交叉，上针1针。
第85行	下针1针，上针4针，下针4针，上针2针，下针2针，上针2针，下针4针，上针4针，下针1针。
第86行	上针1针，右上1针交叉，左上1针交叉，上针4针，右上2针与1针交叉（下侧为上针），左上2针与1针交叉（下侧为上针），上针4针，下针4针，上针1针。
第87行	下针1针，上针4针，下针5针，上针4针，下针5针，上针4针，下针1针。
第88、89行	重复编织第72、73行1次。

剩余24针移至另一根棒针休针。

在休针的86针的第1针上换新线，编织4针下针收针。

第68行	上针1针，右上2针交叉，上针左上2针并1针，上针2针，右上2针与1针交叉（下侧为上针），上针2针，左上2针与1针交叉（下侧为上针），上针2针，上针左上2针并1针，左上1针交叉，右上1针交叉，上针左上2针并1针，左上1针交叉，右上1针交叉，上针左上2针并1针，上针2针，右上2针与1针交叉（下侧为上针），上针2针，左上2针与1针交叉（下侧为上针），上针2针，上针左上2针并1针，左上2针交叉，上针1针/共47针。

剩余30针移至另一根棒针休针，仅用后片47针编织。

第69行	下针1针，（上针4针，下针4针，上针2针，下针2针，上针2针，下针4针，上针4针，下针1针）×2。
第70行	上针1针，下针4针，上针4针，右上2针与1针交叉（下侧为上针），左上2针与1针交叉（下侧为上针），上针4针，右上1针交叉，左上1针交叉，上针1针，右上1针交叉，左上1针交叉，上针4针，右上2针与1针交叉（下侧为上针），左上2针与1针交叉（下侧为上针），上针4针，下针4针，上针1针。
第71行	下针1针，（上针4针，下针5针，上针4针，下针5针，上针4针，下针1针）×2。
第72行	上针1针，右上2针交叉，上针5针，左上2针交叉，上针5针，左上1针交叉，右上1针交叉，上针1针，左上1针交叉，右上1针交叉，上针5针，左上2针交叉，上针5针，左上2针交叉，上针1针。
第73行	下针1针，（上针4针，下针5针，上针4针，下针5针，上针4针，下针1针）×2。
第74行	上针1针，下针4针，上针4针，左上2针与1针交叉（下侧为上针），右上2针与1针交叉（下侧为上针），上针4针，右上1针交叉，左上1针交叉，上针1针，右上1针交叉，左上1针交叉，上针4针，左上2针与1针交叉（下侧为上针），右上2针与1针交叉（下侧为上针），上针4针，下针4针，上针1针。
第75行	下针1针，（上针4针，下针4针，上针2针，下针2针，上针2针，下针4针，上针4针，下针1针）×2。
第76行	上针1针，右上2针交叉，上针3针，左上2针与1针交叉（下侧为上针），上针2针，右上2针与1针交叉（下侧为上针），上针3针，左上1针交叉，右上1针交叉，上针1针，左上1针交叉，右上1针交叉，上针3针，左上2针与1针交叉（下侧为上针），上针2针，右上2针与1针交叉（下侧为上针），上针3针，左上2针交叉，上针1针。
第77行	下针1针，（上针4针，下针3针，上针2针，下针4针，上针2针，下针3针，上针4针，下针1针）×2。
第78行	上针1针，下针4针，上针2针，左上2针与1针交叉（下侧为上针），上针4针，右上2针与1针交叉（下侧为上针），上针2针，右上1针交叉，左上1针交叉，上针1针，右上1针交叉，左上1针交叉，上针2针，左上2针与1针交叉（下侧为上针），上针4针，右上2针与1针交叉（下侧为上针），上针2针，下针4针，上针1针。
第79行	下针1针，（上针4针，下针2针，上针2针，下针6针，上针2针，下针2针，上针4针，下针1针）×2。
第80行	上针1针，右上2针交叉，上针2针，下针2针，上针6针，下针2针，上针2针，左上1针交叉，右上1针交叉，上针1针，左上1针交叉，右上1针交叉，上针2针，下针2针，上针6针，下针2针，上针2针，左上2针交叉，上针1针。
第81行	下针1针，（上针4针，下针2针，上针2针，下针6针，上针2针，下针2针，上针4针，下针1针）×2。
第82行	上针1针，下针4针，上针2针，右上2针与1针交叉（下侧为上针），上针4针，左上2针与1针交叉（下侧为上针），上针2针，右上1针交叉，左上1针交叉，上针1针，右上1针交叉，左上1针交叉，上针2针，右上2针与1针交叉（下侧为上针），上针4针，左上2针与1针交叉（下侧为上针），上针2针，下针4针，上针1针。
第83行	下针1针，（上针4针，下针3针，上针2针，下针4针，上针2针，下针3针，上针4针，下针1针）×2。
第84行	上针1针，右上2针交叉，上针3针，右上2针与1针交叉（下侧为上针），上针2针，左上2针与1针交叉（下侧为上针），上针3针，左上1针交叉，右上1针交叉，上针1针，左上2针交叉，右上1针交叉，上针3针，右上2针与1针交叉（下侧为上针），上针2针，左上2针与1针交叉（下侧为上针），上针3针，左上2针交叉，上针1针。
第85行	下针1针，（上针4针，下针4针，上针2针，下针2针，上针2针，下针4针，上针4针，下针1针）×2。
第86行	上针1针，下针4针，上针4针，右上2针与1针交叉（下侧为上针），左上2针与1针交叉（下侧为上针），上针4针，右上1针交叉，左上1针交叉，上针1针，右上1针交叉，左上1针交叉，上针4针，右上2针与1针交叉（下侧为上针），左上2针与1针交叉（下侧为上针），上针4针，下针4针，上针1针。
第87行	下针1针，（上针4针，下针5针，上针4针，下针5针，上针4针，下针1针）×2。
第88、89行	重复编织第72、73行后，剩余47针移至另一根棒针休针。在休针中的30针的第1针上换新线，编织4针下针收针。
第68行	上针1针，右上2针交叉，上针左上2针并1针，上针2针，右上2针与1针交叉（下侧为上针），上针2针，左上2针与1针交叉（下侧为上针），上针2针，上针左上2针并1针，左上1针交叉，右上1针交叉，上针1针/共24针。
第69行	下针1针，上针4针，下针4针，上针2针，下针2针，上针2针，下针4针，上针4针，下针1针。
第70行	上针1针，下针4针，上针4针，右上2针与1针交叉（下侧为上针），左上2针与1针交叉（下侧为上针），上针4针，右上1针交叉，左上1针交叉，上针1针。
第71行	下针1针，上针4针，下针5针，上针4针，下针5针，上针4针，下针1针。
第72行	上针1针，右上2针交叉，上针5针，左上2针交叉，上针5针，左上1针交叉，右上1针交叉，上针1针。
第73行	下针1针，上针4针，下针5针，上针4针，下针5针，上针4针，下针1针。

第74行	上针1针，下针4针，上针4针，左上2针与1针交叉（下侧为上针），右上2针与1针交叉（下侧为上针），上针4针，右上1针交叉，左上1针交叉，上针1针。
第75行	下针1针，上针4针，下针4针，上针2针，下针2针，上针2针，下针4针，上针4针，下针1针。
第76行	上针1针，右上2针交叉，上针3针，左上2针与1针交叉（下侧为上针），上针2针，右上2针与1针交叉（下侧为上针），上针3针，左上1针交叉，右上1针交叉，上针1针。
第77行	下针1针，上针4针，下针3针，上针2针，下针4针，上针2针，下针3针，上针4针，下针1针。
第78行	上针1针，下针4针，上针2针，左上2针与1针交叉（下侧为上针），上针4针，右上2针与1针交叉（下侧为上针），上针2针，右上1针交叉，左上1针交叉，上针1针。
第79行	下针1针，上针4针，下针2针，上针2针，下针6针，上针2针，下针2针，上针4针，下针1针。
第80行	上针1针，右上2针交叉，上针2针，下针2针，上针6针，下针2针，上针2针，左上1针交叉，右上1针交叉，上针1针。
第81行	下针1针，上针4针，下针2针，上针2针，下针6针，上针2针，下针2针，上针4针，下针1针。
第82行	上针1针，下针4针，上针2针，右上2针与1针交叉（下侧为上针），上针4针，左上2针与1针交叉（下侧为上针），上针2针，右上1针交叉，左上1针交叉，上针1针。
第83行	下针1针，上针4针，下针3针，上针2针，下针4针，上针2针，下针3针，上针4针，下针1针。
第84行	上针1针，右上2针交叉，上针3针，右上2针与1针交叉（下侧为上针），上针2针，左上2针与1针交叉（下侧为上针），上针3针，左上1针交叉，右上1针交叉，上针1针。
第85行	下针1针，上针4针，下针4针，上针2针，下针2针，上针2针，下针4针，上针4针，下针1针。
第86行	上针1针，下针4针，上针4针，右上2针与1针交叉（下侧为上针），左上2针与1针交叉（下侧为上针），上针4针，右上1针交叉，左上1针交叉，上针1针。
第87行	下针1针，上针4针，下针5针，上针4针，下针5针，上针4针，下针1针。
第88、89行	重复编织第72、73行1次。

剩余24针移至另一根棒针休针。

对齐前片和后片，前后2针同时编织下针，用3根针收针法将肩部12针收针。

B 袖子

起针	使用2.0mm环形针，长尾起针法起22针。
第1行	上针2针，（下针2针，上针2针）×5。
第2行	下针2针，（上针2针，下针2针）×5。
第3~6行	重复编织第1、2行2次。
第7行	上针2针，（下针2针，上针2针）×5。
第8行	上针1针，下针4针，上针1针，上针向左扭加针1针，上针2针，上针向左扭加针1针，上针1针，下针4针，上针1针，上针向左扭加针1针，上针2针，上针向左扭加针1针，上针1针，下针4针，上针1针/共26针。
第9行	下针1针，上针4针，下针6针，上针4针，下针6针，上针4针，下针1针。
第10行	上针1针，左上1针交叉，右上1针交叉，上针6针，左上2针交叉，上针6针，左上1针交叉，右上1针交叉，上针1针。
第11行	下针1针，上针4针，下针6针，上针4针，下针6针，上针4针，下针1针。
第12行	上针1针，右上1针交叉，左上1针交叉，上针5针，左上2针与1针交叉（下侧为上针），右上2针与1针交叉（下侧为上针），上针5针，右上1针交叉，左上1针交叉，上针1针。
第13行	下针1针，上针4针，下针5针，上针2针，下针2针，上针2针，下针5针，上针4针，下针1针。
第14行	上针1针，上针向左扭加针1针，左上1针交叉，右上1针交叉，上针4针，左上2针与1针交叉（下侧为上针），上针2针，右上2针与1针交叉（下侧为上针），上针4针，左上1针交叉，右上1针交叉，上针向左扭加针1针，上针1针/共28针。
第15行	下针2针，上针4针，下针4针，上针2针，下针4针，上针2针，下针4针，上针4针，下针2针。
第16行	上针2针，右上1针交叉，左上1针交叉，上针3针，左上2针与1针交叉（下侧为上针），上针4针，右上2针与1针交叉（下侧为上针），上针3针，右上1针交叉，左上1针交叉，上针2针。
第17行	下针2针，上针4针，下针3针，上针2针，下针6针，上针2针，下针3针，上针4针，下针2针。
第18行	上针2针，左上1针交叉，右上1针交叉，上针3针，下针2针，上针6针，下针2针，上针3针，左上1针交叉，右上1针交叉，上针2针。
第19行	下针2针，上针4针，下针3针，上针2针，下针6针，上针2针，下针3针，上针4针，下针2针。

第20行	上针1针，上针向左扭加针1针，上针1针，右上1针交叉，左上1针交叉，上针3针，右上2针与1针交叉（下侧为上针），上针4针，左上2针与1针交叉（下侧为上针），上针3针，右上1针交叉，左上1针交叉，上针1针，上针向左扭加针1针，上针1针/共30针。
第21行	下针3针，上针4针，下针4针，上针2针，下针4针，上针2针，下针4针，上针4针，下针3针。
第22行	上针3针，左上1针交叉，右上1针交叉，上针4针，右上2针与1针交叉（下侧为上针），上针2针，左上2针与1针交叉（下侧为上针），上针4针，左上1针交叉，右上1针交叉，上针3针。
第23行	下针3针，上针4针，下针5针，上针2针，下针2针，上针2针，下针5针，上针4针，下针3针。
第24行	上针3针，右上1针交叉，左上1针交叉，上针5针，右上2针与1针交叉（下侧为上针），左上2针与1针交叉（下侧为上针），上针5针，右上1针交叉，左上1针交叉，上针3针。
第25行	下针3针，上针4针，下针6针，上针4针，下针6针，上针4针，下针3针。
第26行	上针1针，上针向左扭加针1针，上针2针，左上1针交叉，右上1针交叉，上针6针，左上2针交叉，上针6针，左上1针交叉，右上1针交叉，上针2针，上针向左扭加针1针，上针1针/共32针。
第27行	下针4针，上针4针，下针6针，上针4针，下针6针，上针4针，下针4针。
第28行	上针4针，右上1针交叉，左上1针交叉，上针5针，左上2针与1针交叉（下侧为上针），右上2针与1针交叉（下侧为上针），上针5针，右上1针交叉，左上1针交叉，上针4针。
第29行	下针4针，上针4针，下针5针，上针2针，下针2针，上针2针，下针5针，上针4针，下针4针。
第30行	上针4针，左上1针交叉，右上1针交叉，上针4针，左上2针与1针交叉（下侧为上针），上针2针，右上2针与1针交叉（下侧为上针），上针4针，左上1针交叉，右上1针交叉，上针4针。
第31行	下针4针，上针4针，下针4针，上针2针，下针4针，上针2针，下针4针，上针4针，下针4针。
第32行	上针1针，上针向左扭加针1针，上针3针，右上1针交叉，左上1针交叉，上针3针，左上2针与1针交叉（下侧为上针），上针4针，右上2针与1针交叉（下侧为上针），上针3针，右上1针交叉，左上1针交叉，上针3针，上针向左扭加针1针，上针1针/共34针。
第33行	下针5针，上针4针，下针3针，上针2针，下针6针，上针2针，下针3针，上针4针，下针5针。
第34行	上针5针，左上1针交叉，右上1针交叉，上针3针，下针2针，上针6针，下针2针，上针3针，左上1针交叉，右上1针交叉，上针5针。
第35行	下针5针，上针4针，下针3针，上针2针，下针6针，上针2针，下针3针，上针4针，下针5针。
第36行	上针5针，右上1针交叉，左上1针交叉，上针3针，右上2针与1针交叉（下侧为上针），上针4针，左上2针与1针交叉（下侧为上针），上针3针，右上1针交叉，左上1针交叉，上针5针。
第37行	下针5针，上针4针，下针4针，上针2针，下针4针，上针2针，下针4针，上针4针，下针5针。
第38行	上针1针，上针向左扭加针1针，上针4针，左上1针交叉，右上1针交叉，上针4针，右上2针与1针交叉（下侧为上针），上针2针，左上2针与1针交叉（下侧为上针），上针4针，左上1针交叉，右上1针交叉，上针4针，上针向左扭加针1针，上针1针/共36针。
第39行	下针6针，上针4针，下针5针，上针2针，下针2针，上针2针，下针5针，上针4针，下针6针。
第40行	上针6针，右上1针交叉，左上1针交叉，上针5针，右上2针与1针交叉（下侧为上针），左上2针与1针交叉（下侧为上针），上针5针，右上1针交叉，左上1针交叉，上针6针。
第41行	下针6针，上针4针，下针6针，上针4针，下针6针，上针4针，下针6针。
第42行	上针6针，左上1针交叉，右上1针交叉，上针6针，左上2针交叉，上针6针，左上1针交叉，右上1针交叉，上针6针。
第43行	下针6针，上针4针，下针6针，上针4针，下针6针，上针4针，下针6针。
第44行	上针6针，右上1针交叉，左上1针交叉，上针5针，左上2针与1针交叉（下侧为上针），右上2针与1针交叉（下侧为上针），上针5针，右上1针交叉，左上1针交叉，上针6针。
第45行	下针6针，上针4针，下针5针，上针2针，下针2针，上针2针，下针5针，上针4针，下针6针。
第46行	上针1针，上针向左扭加针，上针5针，左上1针交叉，右上1针交叉，上针4针，左上2针与1针交叉（下侧为上针），上针2针，右上2针与1针交叉（下侧为上针），上针4针，左上1针交叉，右上1针交叉，上针5针，上针向左扭加针1针，上针1针/共38针。
第47行	下针7针，上针4针，下针4针，上针2针，下针4针，上针2针，下针4针，上针4针，下针7针。
第48行	上针7针，右上1针交叉，左上1针交叉，上针3针，左上2针与1针交叉（下侧为上针），上针4针，右上2针与1针交叉（下侧为上针），上针3针，右上1针交叉，左上1针交叉，上针7针。
第49行	下针7针，上针4针，下针3针，上针2针，下针6针，上针2针，下针3针，上针4针，下针7针。
第50行	上针7针，左上1针交叉，右上1针交叉，上针3针，下针2针，上针6针，下针2针，上针3针，左上1针交叉，右上1针交叉，上针7针。

第51行	下针7针，上针4针，下针3针，上针2针，下针6针，上针2针，下针3针，上针4针，下针7针。
第52行	上针7针，右上1针交叉，左上1针交叉，上针3针，右上2针与1针交叉（下侧为上针），上针4针，左上2针与1针交叉（下侧为上针），上针3针，右上1针交叉，左上1针交叉，上针7针。
第53行	下针7针，上针4针，下针4针，上针2针，下针4针，上针2针，下针4针，上针4针，下针7针。

下针收针。以相同的方法编织另一个袖子。

* **提示** 袖子编织完成后先做刺绣（参考第177页）再进行缝合。袖子缝合后刺绣，空间小不便于作业和整理线头。

缝合袖子

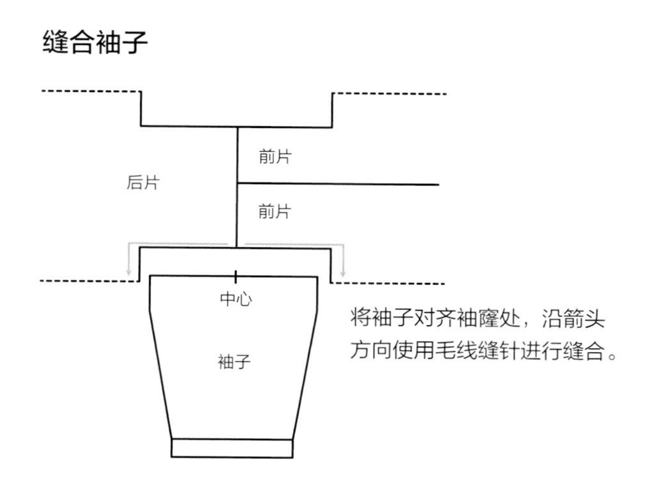

将袖子对齐袖窿处，沿箭头方向使用毛线缝针进行缝合。

袖子侧边缝合

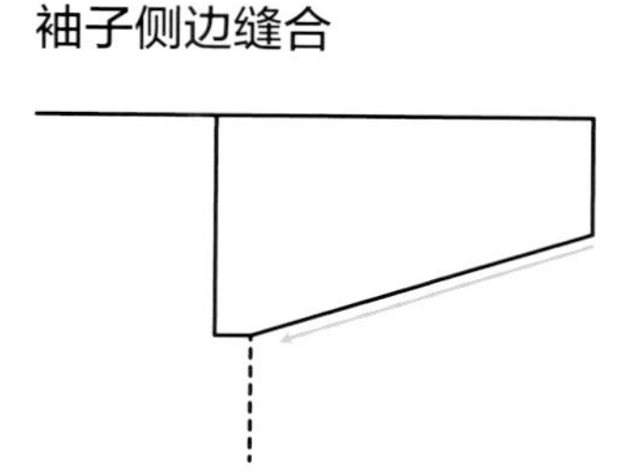

C 帽子

帽子主体

使用2.25mm环形针，穿入左前片的休针12针，在左前片和后片之间挑2针，穿入后片的休针23针，在右前片和后片之间挑2针，穿入右前片的休针12针，此时环形针上共51针，后编织花样。

第1行	上针1针，[右上1针交叉，左上1针交叉，上针3针，左上2针与1针交叉（下侧为上针），上针4针，右上2针与1针交叉（下侧为上针），上针3针，右上1针交叉，左上1针交叉，上针1针] × 2。
第2行	下针1针，（上针4针，下针3针，上针2针，下针6针，上针2针，下针3针，上针4针，下针1针）× 2。
第3行	上针1针，（左上1针交叉，右上1针交叉，上针3针，下针2针，上针6针，下针2针，上针3针，左上1针交叉，右上1针交叉，上针1针）× 2。
第4行	下针1针，（上针4针，下针3针，上针2针，下针6针，上针2针，下针3针，上针4针，下针1针）× 2。
第5行	上针1针，右上1针交叉，左上1针交叉，上针3针，右上2针与1针交叉（下侧为上针），上针4针，左上2针与1针交叉（下侧为上针），上针3针，右上1针交叉，左上1针交叉，上针1针放3针，右上1针交叉，左上1针交叉，上针3针，右上2针与1针交叉（下侧为上针），上针4针，左上2针与1针交叉（下侧为上针），上针3针，右上1针交叉，左上1针交叉，上针1针/共53针。
第6行	下针1针，上针4针，下针4针，上针2针，下针4针，上针2针，下针4针，上针4针，下针3针，上针4针，下针4针，上针2针，下针4针，上针2针，下针4针，上针4针，下针1针。
第7行	上针1针，左上1针交叉，右上1针交叉，上针4针，右上2针与1针交叉（下侧为上针），上针2针，左上2针与1针交叉（下侧为上针），上针4针，左上1针交叉，右上1针交叉，上针3针，左上1针交叉，右上1针交叉，上针4针，右上2针与1针交叉（下侧为上针），上针2针，左上2针与1针交叉（下侧为上针），上针4针，左上1针交叉，右上1针交叉，上针1针。
第8行	下针1针，上针4针，下针5针，上针2针，下针2针，上针2针，下针5针，上针4针，下针3针，上针4针，下针5针，上针2针，下针2针，上针2针，下针5针，上针4针，下针1针。
第9行	上针1针，右上1针交叉，左上1针交叉，上针5针，右上2针与1针交叉（下侧为上针），左上2针与1针交叉（下侧为上针），上针5针，右上1针交叉，左上1针交叉，上针1针，上针向左扭加针1针，上针1针，上针向左扭加针1针，上针1针，右上1针交叉，左上1针交叉，上针5针，右上2针与1针交叉（下侧为上针），左上2针与1针交叉（下侧为上针），上针5针，右上1针交叉，左上1针交叉，上针1针/共55针。

第10行	下针1针，上针4针，下针6针，上针4针，下针6针，上针4针，下针5针，上针4针，下针6针，上针4针，下针6针，上针4针，下针1针。
第11行	上针1针，左上1针交叉，右上1针交叉，上针6针，左上2针交叉，上针6针，左上1针交叉，右上1针交叉，上针5针，左上1针交叉，右上1针交叉，上针6针，左上2针交叉，上针6针，左上1针交叉，右上1针交叉，上针1针。
第12行	下针1针，上针4针，下针6针，上针4针，下针6针，上针4针，下针5针，上针4针，下针6针，上针4针，下针6针，上针4针，下针1针。
第13行	上针1针，右上1针交叉，左上1针交叉，上针5针，左上2针与1针交叉（下侧为上针），右上2针与1针交叉（下侧为上针），上针5针，右上1针交叉，左上1针交叉，上针1针，上针向左扭加针1针，上针3针，上针向左扭加针1针，上针1针，右上1针交叉，左上1针交叉，上针5针，左上2针与1针交叉（下侧为上针），右上2针与1针交叉（下侧为上针），上针5针，右上1针交叉，左上1针交叉，上针1针/共57针。
第14行	下针1针，上针4针，下针5针，上针2针，下针2针，上针2针，下针5针，上针4针，下针7针，上针4针，下针5针，上针2针，下针2针，上针2针，下针5针，上针4针，下针1针。
第15行	上针1针，左上1针交叉，右上1针交叉，上针4针，左上2针与1针交叉（下侧为上针），上针2针，右上2针与1针交叉（下侧为上针），上针4针，左上1针交叉，右上1针交叉，上针7针，左上1针交叉，右上1针交叉，上针4针，左上2针与1针交叉（下侧为上针），上针2针，右上2针与1针交叉（下侧为上针），上针4针，左上1针交叉，右上1针交叉，上针1针。
第16行	下针1针，上针4针，下针4针，上针2针，下针4针，上针2针，下针4针，上针4针，下针7针，上针4针，下针4针，上针2针，下针4针，上针2针，下针4针，上针4针，下针1针。
第17行	上针1针，右上1针交叉，左上1针交叉，上针3针，左上2针与1针交叉（下侧为上针），上针4针，右上2针与1针交叉（下侧为上针），上针3针，右上1针交叉，左上1针交叉，上针1针，上针向左扭加针1针，上针5针，上针向左扭加针1针，上针1针，右上1针交叉，左上1针交叉，上针3针，左上2针与1针交叉（下侧为上针），上针4针，右上2针与1针交叉（下侧为上针），上针3针，右上1针交叉，左上1针交叉，上针1针/共59针。
第18行	下针1针，上针4针，下针3针，上针2针，下针6针，上针2针，下针3针，上针4针，下针9针，上针4针，下针3针，上针2针，下针6针，上针2针，下针3针，上针4针，下针1针。

第19行	上针1针，左上1针交叉，右上1针交叉，上针3针，下针2针，上针6针，下针2针，上针3针，左上1针交叉，右上1针交叉，上针9针，左上1针交叉，右上1针交叉，上针3针，下针2针，上针6针，下针2针，上针3针，左上1针交叉，右上1针交叉，上针1针。
第20行	下针1针，上针4针，下针3针，上针2针，下针6针，上针2针，下针3针，上针4针，下针9针，上针4针，下针3针，上针2针，下针6针，上针2针，下针3针，上针4针，下针1针。
第21行	上针1针，右上1针交叉，左上1针交叉，上针3针，右上2针与1针交叉（下侧为上针），上针4针，左上2针与1针交叉（下侧为上针），上针3针，右上1针交叉，左上1针交叉，上针1针，上针向左扭加针1针，上针7针，上针向左扭加针1针，上针1针，右上1针交叉，左上1针交叉，上针3针，右上2针与1针交叉（下侧为上针），上针4针，左上2针与1针交叉（下侧为上针），上针3针，右上1针交叉，左上1针交叉，上针1针/共61针。
第22行	下针1针，上针4针，下针4针，上针2针，下针4针，上针2针，下针4针，上针4针，下针11针，上针4针，下针4针，上针2针，下针4针，上针2针，下针4针，上针4针，下针1针。
第23行	上针1针，左上1针交叉，右上1针交叉，上针4针，右上2针与1针交叉（下侧为上针），上针2针，左上2针与1针交叉（下侧为上针），上针4针，左上1针交叉，右上1针交叉，上针11针，左上1针交叉，右上1针交叉，上针4针，右上2针与1针交叉（下侧为上针），上针2针，左上2针与1针交叉（下侧为上针），上针4针，左上1针交叉，右上1针交叉，上针1针。
第24行	下针1针，上针4针，下针5针，上针2针，下针2针，上针2针，下针5针，上针4针，下针11针，上针4针，下针5针，上针2针，下针2针，上针2针，下针5针，上针4针，下针1针。
第25行	上针1针，右上1针交叉，左上1针交叉，上针5针，右上2针与1针交叉（下侧为上针），左上2针与1针交叉（下侧为上针），上针5针，右上1针交叉，左上1针交叉，上针1针，上针向左扭加针1针，上针9针，上针向左扭加针1针，上针1针，右上1针交叉，左上1针交叉，上针5针，右上2针与1针交叉（下侧为上针），左上2针与1针交叉（下侧为上针），上针5针，右上1针交叉，左上1针交叉，上针1针/共63针。
第26行	下针1针，上针4针，下针6针，上针4针，下针6针，上针4针，下针13针，上针4针，下针6针，上针4针，下针6针，上针4针，下针1针。
第27行	上针1针，左上1针交叉，右上1针交叉，上针6针，左上2针交叉，上针6针，左上1针交叉，右上1针交叉，上针13针，左上1针交叉，右上1针交叉，上针6针，左上2针交叉，上针6针，左上1针交叉，右上1针交叉，上针1针。

第28行	下针1针，上针4针，下针6针，上针4针，下针6针，上针4针，下针13针，上针4针，下针6针，上针4针，下针6针，上针4针，下针1针。
第29行	上针1针，右上1针交叉，左上1针交叉，上针5针，左上2针与1针交叉（下侧为上针），右上2针与1针交叉（下侧为上针），上针5针，右上1针交叉，左上1针交叉，上针1针，上针向左扭加针1针，上针11针，上针向左扭加针1针，上针1针，右上1针交叉，左上1针交叉，上针5针，左上2针与1针交叉（下侧为上针），右上2针与1针交叉（下侧为上针），上针5针，右上1针交叉，左上1针交叉，上针1针/共65针。
第30行	下针1针，上针4针，下针5针，上针2针，下针2针，上针2针，下针5针，上针4针，下针15针，上针4针，下针5针，上针2针，下针2针，上针2针，下针5针，上针4针，下针1针。
第31行	上针1针，左上1针交叉，右上1针交叉，上针4针，左上2针与1针交叉（下侧为上针），上针2针，右上2针与1针交叉（下侧为上针），上针4针，左上1针交叉，右上1针交叉，上针15针，左上1针交叉，右上1针交叉，上针4针，左上2针与1针交叉（下侧为上针），上针2针，右上2针与1针交叉（下侧为上针），上针4针，左上1针交叉，右上1针交叉，上针1针。
第32行	下针1针，上针4针，下针4针，上针2针，下针4针，上针2针，下针4针，上针4针，下针15针，上针4针，下针4针，上针2针，下针4针，上针2针，下针4针，上针4针，下针1针。
第33行	上针1针，右上1针交叉，左上1针交叉，上针3针，左上2针与1针交叉（下侧为上针），上针4针，右上2针与1针交叉（下侧为上针），上针3针，右上1针交叉，左上1针交叉，上针1针，上针向左扭加针1针，上针13针，上针向左扭加针1针，上针1针，右上1针交叉，左上1针交叉，上针3针，左上2针与1针交叉（下侧为上针），上针4针，右上2针与1针交叉（下侧为上针），上针3针，右上1针交叉，左上1针交叉，上针1针/共67针。
第34行	下针1针，上针4针，下针3针，上针2针，下针6针，上针2针，下针3针，上针4针，下针17针，上针4针，下针3针，上针2针，下针6针，上针2针，下针3针，上针4针，下针1针。
第35行	上针1针，左上1针交叉，右上1针交叉，上针3针，下针2针，上针6针，下针2针，上针3针，左上1针交叉，右上1针交叉，上针17针，左上1针交叉，右上1针交叉，上针3针，下针2针，上针6针，下针2针，上针3针，左上1针交叉，右上1针交叉，上针1针。
第36行	下针1针，上针4针，下针3针，上针2针，下针6针，上针2针，下针3针，上针4针，下针17针，上针4针，下针3针，上针2针，下针6针，上针2针，下针3针，上针4针，下针1针。
第37行	上针1针，右上1针交叉，左上1针交叉，上针3针，右上2针与1针交叉（下侧为上针），上针4针，左上2针与1针交叉（下侧为上针），上针3针，右上1针交叉，左上1针交叉，上针1针，上针向左扭加针1针，上针15针，上针向左扭加针1针，上针1针，右上1针交叉，左上1针交叉，上针3针，右上2针与1针交叉（下侧为上针），上针4针，左上2针与1针交叉（下侧为上针），上针3针，右上1针交叉，左上1针交叉，上针1针/共69针。
第38行	下针1针，上针4针，下针4针，上针2针，下针4针，上针2针，下针4针，上针4针，下针19针，上针4针，下针4针，上针2针，下针4针，上针2针，下针4针，上针4针，下针1针。
第39行	上针1针，左上1针交叉，右上1针交叉，上针4针，右上2针与1针交叉（下侧为上针），上针2针，左上2针与1针交叉（下侧为上针），上针4针，左上1针交叉，右上1针交叉，上针19针，左上1针交叉，右上1针交叉，上针4针，右上2针与1针交叉（下侧为上针），上针2针，左上2针与1针交叉（下侧为上针），上针4针，左上1针交叉，右上1针交叉，上针1针。
第40行	下针1针，上针4针，下针5针，上针2针，下针2针，上针2针，下针5针，上针4针，下针19针，上针4针，下针5针，上针2针，下针2针，上针2针，下针5针，上针4针，下针1针。
第41行	上针1针，右上1针交叉，左上1针交叉，上针5针，右上2针与1针交叉（下侧为上针），左上2针与1针交叉（下侧为上针），上针5针，右上1针交叉，左上1针交叉，上针1针，上针向左扭加针1针，上针17针，上针向左扭加针1针，上针1针，右上1针交叉，左上1针交叉，上针5针，右上2针与1针交叉（下侧为上针），左上2针与1针交叉（下侧为上针），上针5针，右上1针交叉，左上1针交叉，上针1针/共71针。
第42行	下针1针，上针4针，下针6针，上针4针，下针6针，上针4针，下针21针，上针4针，下针6针，上针4针，下针6针，上针4针，下针1针。
第43行	上针1针，左上1针交叉，右上1针交叉，上针6针，左上2针交叉，上针6针，左上1针交叉，右上1针交叉，上针21针，左上1针交叉，右上1针交叉，上针6针，左上2针交叉，上针6针，左上1针交叉，右上1针交叉，上针1针。
第44行	下针1针，上针4针，下针6针，上针4针，下针6针，上针4针，下针21针，上针4针，下针6针，上针4针，下针6针，上针4针，下针1针。
第45行	上针1针，右上1针交叉，左上1针交叉，上针5针，左上2针与1针交叉（下侧为上针），右上2针与1针交叉（下侧为上针），上针5针，右上1针交叉，左上1针交叉，上针21针，右上1针交叉，左上1针交叉，上针5针，左上2针与1针交叉（下侧为上针），右上2针与1针交叉（下侧为上针），上针5针，右上1针交叉，左上1针交叉，上针1针。

第46行	下针1针，上针4针，下针5针，上针2针，下针2针，上针2针，下针5针，上针4针，下针21针，上针4针，下针5针，上针2针，下针2针，上针2针，下针5针，上针4针，下针1针。
第47行	上针1针，左上1针交叉，右上1针交叉，上针4针，左上2针与1针交叉（下侧为上针），上针2针，右上2针与1针交叉（下侧为上针），上针4针，左上1针交叉，右上1针交叉，上针21针，左上1针交叉，右上1针交叉，上针4针，左上2针与1针交叉（下侧为上针），上针2针，右上2针与1针交叉（下侧为上针），上针4针，左上1针交叉，右上1针交叉，上针1针。
第48行	下针1针，上针4针，下针4针，上针2针，下针4针，上针2针，下针4针，上针4针，下针21针，上针4针，下针4针，上针2针，下针4针，上针2针，下针4针，上针4针，下针1针。
第49行	上针1针，右上1针交叉，左上1针交叉，上针3针，左上2针与1针交叉（下侧为上针），上针4针，右上2针与1针交叉（下侧为上针），上针3针，右上1针交叉，左上1针交叉，上针21针，右上1针交叉，左上1针交叉，上针3针，左上2针与1针交叉（下侧为上针），上针4针，右上2针与1针交叉（下侧为上针），上针3针，右上1针交叉，左上1针交叉，上针1针。
第50行	下针1针，上针4针，下针3针，上针2针，下针6针，上针2针，下针3针，上针4针，下针21针，上针4针，下针3针，上针2针，下针6针，上针2针，下针3针，上针4针，下针1针。

织好的帽子对折正面对正面。接下来前后2针同时下针编织3根针收针法收针。

帽子上的流苏

1.3指并拢将线缠绕25~30次做成线圈（以下用a标记）。
2.留出40cm线头（以下用b标记）后断线。在a的上端往下1cm处用b缠绕5圈。
3.在a的下端插入剪刀，将线对半剪断，将其中一根拉起与b系在一起。
4.剩余b线头插入毛线缝针，穿入a的上端线圈（没剪开的线圈）绕3圈拉紧后，使用0号钩针编织4针锁针，最后在帽尖处做引拔。
5.在4针锁针处引拔。帽尖处打一个结。
6.毛线缝针穿入线头，从流苏处穿出。
7.用剪刀将流苏整理成3~4cm。

制作流苏

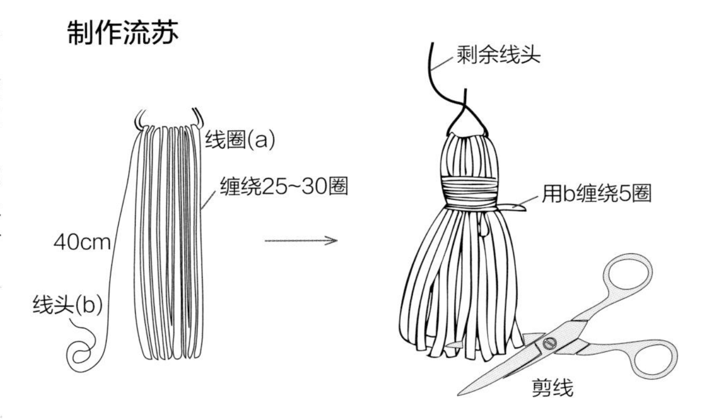

D 收尾

1 衣身和袖子对齐，用毛线缝针缝合。

2 从正面用毛线缝针进行行和行缝合袖子边线。

3 右前襟 67 针，帽子 78 针，左前襟 67 针，共挑 212 针编织 5 行双罗纹。这时开始和结尾处编织 3 针下针。编织 5 行后，下针织下针，上针织上针，罗纹套收收针。

4 使用 REINFORCEMEN 线在右前襟处按照纽襻制作方法（参考第 214 页）完成 15 针的 6 个环。对齐左前襟纽襻的位置完成另一侧纽襻，套在牛角扣上后，将纽襻的末端固定在衣身上。

5 在反面整理线头收尾。

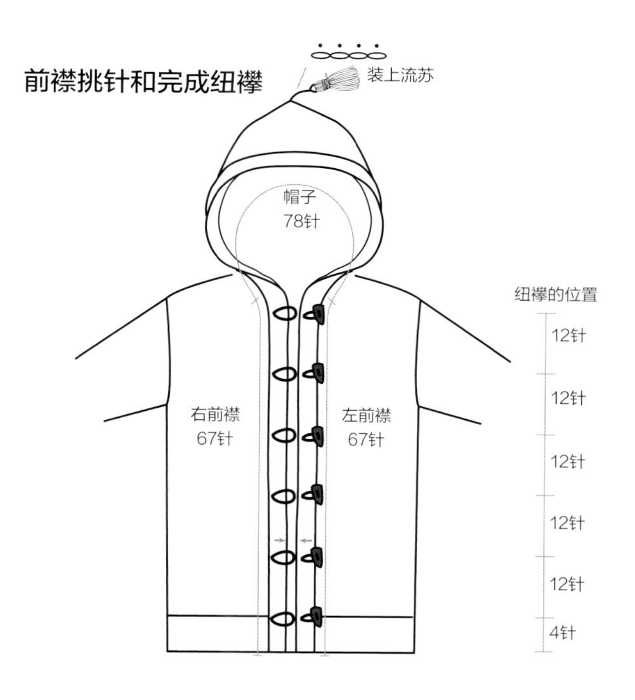

刺绣（在衣身，帽子，袖子的交叉花样位置上进行刺绣。）

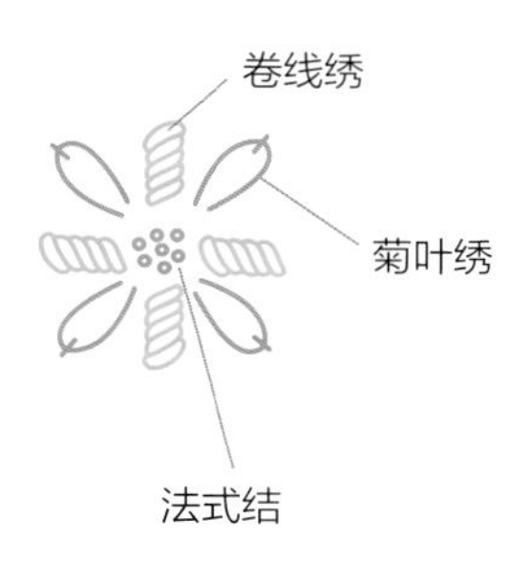

刺绣技法

卷线绣

1

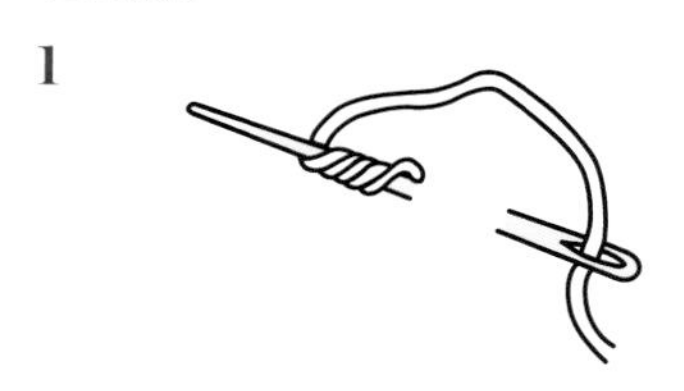

在刺绣面绣 1 针后，针上绕线 4~5 圈，然后来轻轻地拉出针。

2

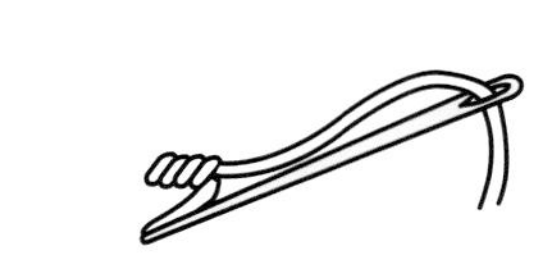

在起始处入针拉紧后，在反面打结结束。

3

完成的样子。

菊叶绣

1

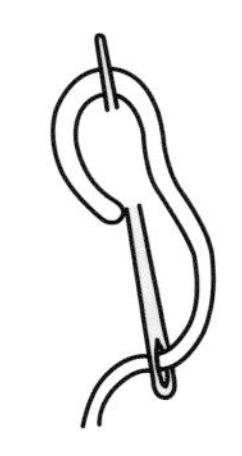

按照需要的花瓣大小绣 1 针后，如图在针上绕线。

2

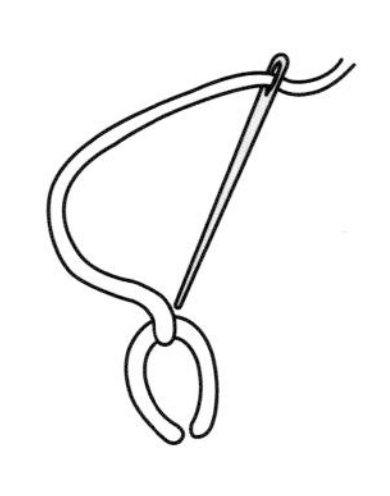

拉出针后，从花瓣的上方入针进行固定，然后从反面将针拔出。

3

完成的样子。

法式结

1

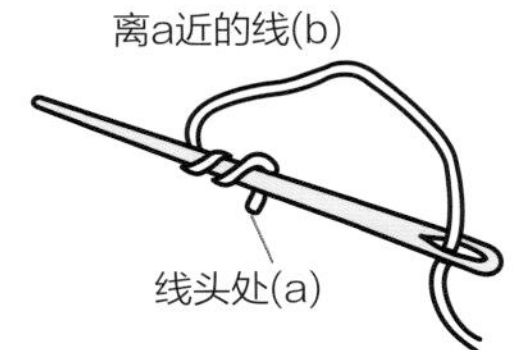

在针织衫上绣法式结的时候，要考虑到织物的伸缩性，刺绣的过程中要轻轻地拉线。先将针穿线，从绣面下方向上穿出，按照缝补衣物后收尾的样子打结。把针贴近线头处（a）绕线 2 圈，一只手轻轻按压并拉紧（b），绕的线尽可能贴近 a 和针尖将其聚拢。

2

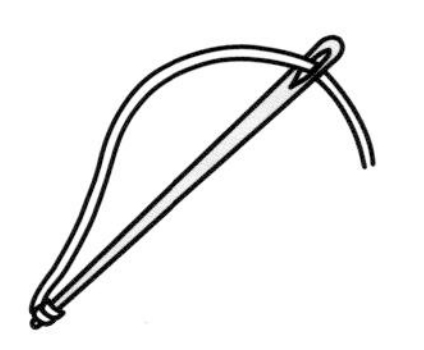

将线处再次穿入出针处，在反面拉出线打结完成。如果打的结过紧，可能会从织物穿出。因此要轻轻调节力度。略微偏差于出针的位置入针会好操作一些。

3

完成的样子。

直线绣

1

从绣面出针，如图在后退 1 针的位置入针。

2

完成 1 针的样子。用同样的方法完成需要的线条或完成绣面。

（上接第111页）

第40行	下针滑针1针,（下针2针，上针2针）×4,下针2针，上针1针，上针向左扭加针1针,下针2针,上针向左扭加针1针，上针1针，（下针2针，上针2针）×6,下针2针，上针1针，上针向左扭加针1针,下针2针，上针向左扭加针1针，上针1针，（下针2针，上针2针）×8,下针2针，上针1针，上针向左扭加针1针,下针2针，上针向左扭加针1针，上针1针，（下针2针，上针2针）×6,下针2针，上针1针，上针向左扭加针1针,下针2针，上针向左扭加针1针，上针1针，（下针2针,上针2针）×4,下针3针/共148针。
第41行	上针滑针1针,（上针2针,下针2针）×36，上针3针。
第42行	下针滑针1针,（下针2针，上针2针）×5,下针向左扭加针1针,下针2针,下针向左扭加针1针,（上针2针,下针2针）×7，上针2针,下针向左扭加针1针,下针2针,下针向左扭加针1针,（上针2针,下针2针）×9，上针2针,下针向左扭加针1针,下针2针,下针向左扭加针1针,（上针2针,下针2针）×7，上针2针,下针向左扭加针1针,下针2针,下针向左扭加针1针,（上针2针,下针2针）×5,下针1针/共156针。
第43行	上针滑针1针,（上针2针,下针2针）×5，上针4针,（下针2针，上针2针）×7,下针2针，上针4针,（下针2针，上针2针）×9,下针2针，上针4针,（下针2针，上针2针）×7,下针2针，上针4针,（下针2针，上针2针）×5，上针1针。
第44行	下针滑针1针,（左上1针交叉，上针2针）×5,下针1针,下针向左扭加针1针,下针2针,下针向左扭加针1针,下针1针,（上针2针，左上1针交叉）×7，上针2针,下针1针,下针向左扭加针1针,下针2针,下针向左扭加针1针,下针1针,（上针2针，左上1针交叉）×9，上针2针,下针1针,下针向左扭加针1针,下针2针,下针向左扭加针1针,下针1针,（上针2针，左上1针交叉）×7，上针2针,下针1针,下针向左扭加针1针,下针2针,下针向左扭加针1针,下针1针,（上针2针，左上1针交叉）×5,下针1针/共164针。
第45行	上针滑针1针,（上针2针,下针2针）×5，上针6针,（下针2针，上针2针）×7,下针2针，上针6针,（下针2针，上针2针）×9,下针2针，上针6针,（下针2针，上针2针）×7,下针2针，上针6针,（下针2针,上针2针）×5，上针1针。
第46行	下针滑针1针,（下针2针，上针2针）×5,下针2针，上针向左扭加针1针,下针2针，上针向左扭加针1针,（下针2针，上针2针）×8,下针2针，上针向左扭加针1针,下针2针，上针向左扭加针1针,（下针2针，上针2针）×10,下针2针，上针向左扭加针1针,下针2针，上针向左扭加针1针,（下针2针，上针2针）×8,下针2针，上针向左扭加针1针,下针2针，上针向左扭加针1针,（下针2针，上针2针）×5,下针3针/共172针。
第47行	上针滑针1针,（上针2针,下针2针）×5,（上针2针,下针1针）×2,（上针2针,下针2针）×8,（上针2针，下针1针）×2,（上针2针，下针2针）×10,（上针2针,下针1针）×2,（上针2针,下针2针）×8,（上针2针,下针1针）×2,（上针2针,下针2针）×5，上针3针。

圣诞图案马甲和帽子

这是一款为满心期待着白色圣诞节和圣诞老人礼物的少女准备的提花马甲和帽子。

将红色和绿色巧妙搭配营造出浓浓的圣诞氛围。

马甲的设计不分前后，可以根据自己的喜好任意搭配！

帽子

马甲（正面）

马甲（背面）

基本信息

模特 JerryBerry【petite cozy】

适合尺寸

马甲：OB11，iMda Doll Timp，hedongyi

帽子：OB11，momo，kuku clara

尺寸 马甲：胸围9cm，衣长4cm | 帽子：帽围14cm，长9.8cm

使用线材

马甲：Schachemayr Regia 2股线·白色（1992），红色（02054），黄色（2041），深绿色（01994）| Appletons羊毛刺绣线·米黄色（901）

帽子：Schachemayr Regia 2股线·白色，红色，深绿色 | Schachemayr Textura Soft·白色（002）

可替代线材 2股线（2ply），羊毛刺绣线

针 直棒针·1.2mm（4根），1.5mm（4根）

其他工具 纽扣4.0mm（3个），剪刀，毛线缝针，缝衣针，缝衣线，透明线，串珠（5颗）

编织密度 马甲：53针×80行=10cm×10cm |
帽子：57针×80行=10cm×10cm

• **提示** 更换配色也很有趣。可以将马甲的红色和白色线，帽子的绿色和红色线互换（参考第21页照片）会呈现不一样的风格。

制作方法

圣诞图案马甲

难易程度 ★★★☆☆

×部分编织图收录在第193页。

A 衣身

起针~第3行

起针	使用1.2mm直棒针和深绿色线，长尾起针法起45针。
第1行	腰间配色编织单罗纹。(白)下针1针，(下针1针，上针1针)×21，下针2针。
第2行	上针1针，(上针1针，下针1针)×21，上针2针。
第3行	重复编织1行1次。

提花

第4行	**更换1.5mm直棒针**，红色线编织上针45针。
第5行	(白)下针45针。
第6行	(白)上针21针，(米黄)上针3针，(白)上针21针。
第7行	(白)下针2针，[(红)下针1针，(白)下针3针]×4，(白)下针3针，(米黄)下针3针，(白)下针3针，[(白)下针3针，(红)下针1针]×4，(白)下针2针。
第8行	(白)上针18针，(深绿)上针9针，(白)上针18针。
第9行	(白)下针19针，(深绿)下针7针，(白)下针19针。
第10行	(白)上针20针，(深绿)上针5针，(白)上针20针。
第11行	(白)下针1针，[(白)下针3针，(红)下针1针]×4，(白)下针4针，(深绿)下针3针，(白)下针4针，[(红)下针1针，(白)下针3针]×4，(白)下针1针。
第12行	(白)上针19针，(深绿)上针7针，(白)上针19针。
第13行	(白)下针20针，(深绿)下针5针，(白)下针20针。
第14行	(白)上针21针，(深绿)上针3针，(白)上针21针。

右侧后片

第15行	(白)下针2针，[(红)下针1针，(白)下针3针]×2，剩余35针移到另一根棒针上休针(休针①)，仅用右侧后片的10针编织。
第16行	(白)上针左上2针并1针，上针8针/共9针。
第17行	(白)下针9针。
第18行	(白)上针左上2针并1针，上针7针/共8针。
第19行	(白)下针4针，(红)下针1针，(白)下针3针。
第20行	仅用白色线编织，上针8针/共8针。
第21行	下针收针3针，下针5针/共5针。
第22行	上针5针。
第23行	下针右上2针并1针，下针3针/共4针。
第24~28行	上针开始的平针5行，4针移到另一根棒针上作为肩部的休针(右后肩)。

前片

休针①(35针)换白色线编织下针。

第15行	使用白色线下针收针2针，(白)下针2针，(红)下针1针，(白)下针3针，(红)下针1针，(白)下针1针，(深绿)下针5针，(白)下针1针，(红)下针1针，(白)下针3针，(红)下针1针，(白)下针4针/共23针，剩余10针移至另一根棒针上休针(休针②)，仅编织前片的23针。
第16行	使用白色线上针收针2针，(白)上针9针，(深绿)上针3针，(白)上针9针/共21针。
第17行	(白)下针右上2针并1针，下针8针，(深绿)下针1针，(白)下针10针/共20针。
第18行	(白)上针左上2针并1针，上针8针，(黄)上针1针，(白)上针9针/共19针。
第19行	(白)下针右上2针并1针，下针1针，[(红)下针1针，(白)下针3针]×4/共18针。
第20行	(白)上针左上2针并1针，上针16针/共17针。

右前肩

第21行	（白）下针6针，剩余11针移至另一根棒针上休针（休针①），仅用6针编织。
第22行	仅用白色线编织，上针左上2针并1针，上针4针/共5针。
第23行	下针5针。
第24行	上针左上2针并1针，上针3针/共4针。
第25~28行	下针开始的平针4行。剩余4针移至其他棒针上作为肩部的（右前肩）的休针。

左前肩

休针③（11针）上换白色线进行下针编织。

第21行	下针收针5针，下针6针/共6针。
第22行	上针6针。
第23行	下针右上2针并1针，下针4针/共5针。
第24行	上针5针。
第25行	下针右上2针并1针，下针3针/共4针。
第26~28行	上针开始的平针3行。剩余4针移至其他棒针上作为肩部的（左前肩）的休针。

左后片

休针②（10针）第1针上换白色线进行编织。

第15行	[（白）下针3针，（红）下针1针]×2，（白）下针2针/共10针。
第16行	（白）上针10针。
第17行	（白）下针右上2针并1针，下针8针/共9针。
第18行	（白）上针9针。
第19行	（白）下针右上2针并1针，下针2针，（红）下针1针，（白）下针4针/共8针。
第20、21行	仅用白色线编织，上针开始的平针编织2行。
第22行	上针收针3针，上针5针/共5针。
第23行	下针5针。
第24行	上针左上2针并1针，上针3针/共4针。
第25~28行	下针开始的平针4行。剩余4针移至其他棒针上作为肩部的（左后肩）的休针。

B 肩部休针连接

1 右后肩和右前肩的正面相对，在反面下针用3根针收针法收针。

2 左后肩和左前肩的正面相对，在反面下针用3根针收针法收针。

领口行和袖窿行

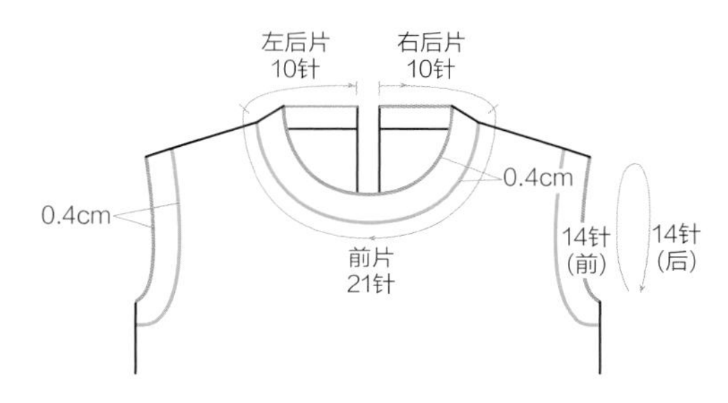

领口行

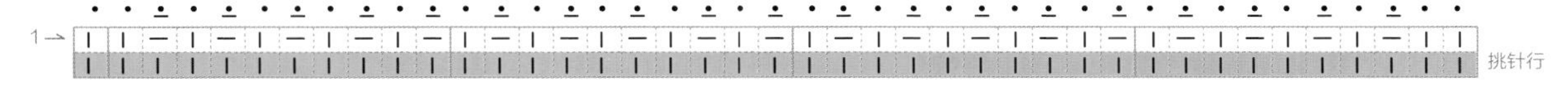

C 领口行

编织单罗纹。使用1.2mm直棒针和红色线，在右后片挑10针，前片挑21针，左后片挑10针/共41针。

第1行	（白）上针1针，（上针1针，下针1针）×19，上针2针。

使用深绿色线，下针织下针，上针织上针，罗纹套收收针。

D 袖窿行

使用1.2mm直棒针4根圈织。

起针	袖窿下端开始使用红色线，第1根棒针挑9针，第2根棒针挑9针，第3根棒针挑10针/共28针。
第1行	使用白色线，（下针1针，上针1针）×14。

使用深绿色线，下针织下针，上针织上针，罗纹套收收针。

后开襟行

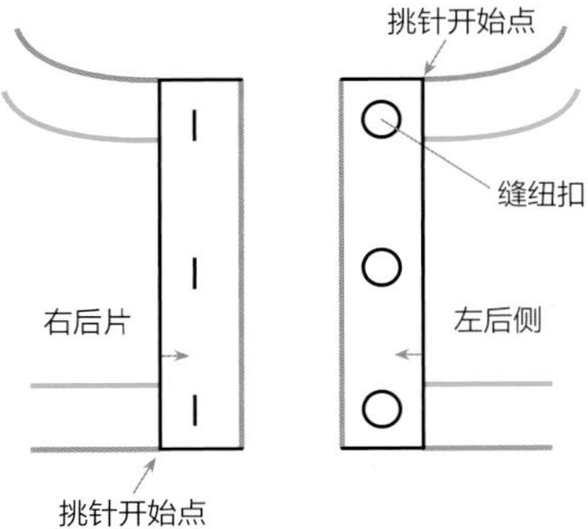

后开襟行（右后片）

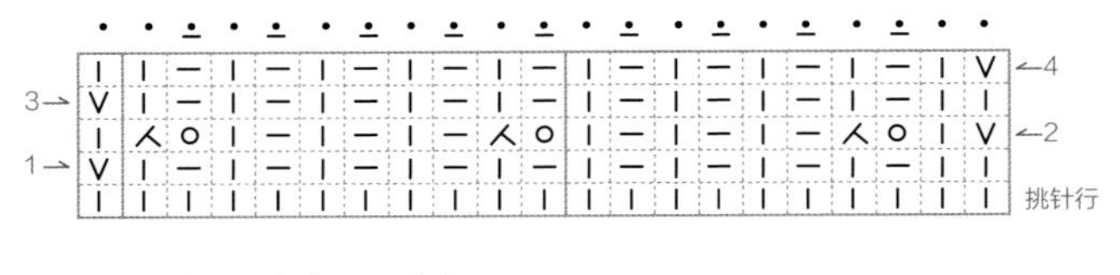

后开襟行（左后片）

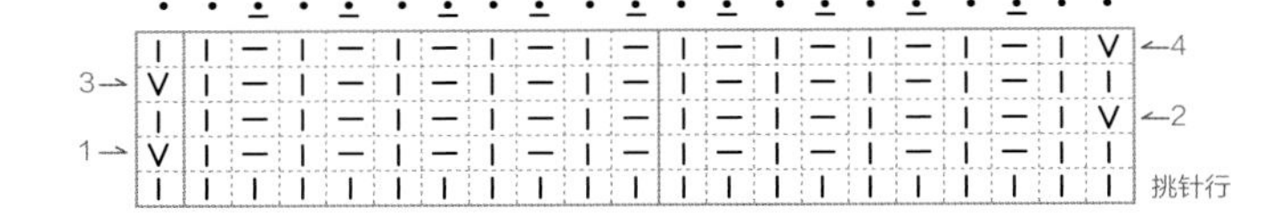

E 后开襟行

右后片	
挑针	使用白色线和1.2mm直棒针，从底边开始下针挑针21针。为保证两边对齐需要维持均匀的间隔进行挑针。
第1行	反面：上针滑针1针，（上针1针，下针1针）×9，上针2针。
第2行	扣眼行：下针滑针1针，下针1针，空加针1针，下针左上2针并1针，（上针1针，下针1针）×3，空加针1针，下针左上2针并1针，（上针1针，下针1针）×3，空加针1针，下针左上2针并1针，下针1针。
第3行	反面：上针滑针1针，（上针1针，下针1针）×9，上针2针。
第4行	下针滑针1针，（下针1针，上针1针）×9，下针2针。
使用深绿色线，下针织下针，上针织上针，罗纹套收收针。	

左后片	
挑针	使用白色线和1.2mm直棒针，从后领开始下针挑21针。为保证两边对齐需要维持均匀的间隔进行挑针。
第1行	反面：上针滑针1针，（上针1针，下针1针）×9，上针2针。
第2行	下针滑针1针，（下针1针，上针1针）×9，下针2针。
第3、4行	与右侧后片第3、4行相同，收针也相同。

F 收尾

1 熨烫后将配色部分整理平整。
2 使用毛线缝针在反面整理线头。
3 对齐扣眼，在对应位置缝上3颗扣子。
4 使用串珠和透明线，装饰圣诞树图案。

制作方法

圣诞帽

难易程度 ★★☆☆☆

× 从帽围开始起针向上圈织，每3行换线编织条纹。
× 帽顶处减针后安装上毛线球收尾。

A 帽子

起针~第5行	
起针	使用1.2mm直棒针和红色线，长尾起针法起80针后圈织。
红色线和深绿色配色编织单罗纹。	
第1~5行	[（红）下针1针，（深绿）上针1针]×40。

配色花样	
第6行	**更换1.5mm直棒针**，（红）下针80针。
第7~9行	（白）下针3行。
第10~11行	（深绿）下针2行。
第12行	[（深绿）下针4针，下针左上2针并1针，下针4针]×8/共72针。
第13~15行	（白）下针3行。
第16~17行	（深绿）下针2行。
第18行	[（深绿）下针3针，下针左上2针并1针，下针4针]×8/共64针。
第19~23行	重复编织第13~17行1次。
第24行	[（深绿）下针3针，下针左上2针并1针，下针3针]×8/共56针。
第25~29行	重复编织第13~17行1次。
第30行	[（深绿）下针2针，下针左上2针并1针，下针3针]×8/共48针。
第31~33行	（白）下针3行。
第34~35行	（红）下针2行。
第36行	[（红）下针2针，下针左上2针并1针，下针2针]×8/共40针。
第37~41行	重复编织第13~17行1次。
第42行	[（深绿）下针1针，下针左上2针并1针，下针2针]×8/32针。
第43~47行	重复编织第13~17行1次。
第48行	[（深绿）下针1针，下针左上2针并1针，下针1针]×8/24针。
第49~53行	重复编织第13~17行1次。
第54行	[（深绿）下针1针，下针左上2针并1针]×8/共16针。
第55~59行	重复编织第13~17行1次。
第60行	[（深绿）下针左上2针并1针]×8/共8针。
第61~65行	重复编织第13~17行1次。
第66行	[（深绿）下针左上2针并1针]×4/共4针。
编织4针I-Cord（参考第61页I-Cord）。	
第67~69行	（白）下针3行。
第70~72行	（深绿）下针3行。
第73~78行	重复编织第67~72行1次。

B 收尾

1 留出10cm以上线头后断线。
2 将线头穿入毛线缝针，穿过剩余线圈后拉紧。
3 熨烫。
4 在反面整理线头。
5 使用Schachemayr Textura Soft白色线，制作直径2cm大小的毛线球，安装在帽顶。

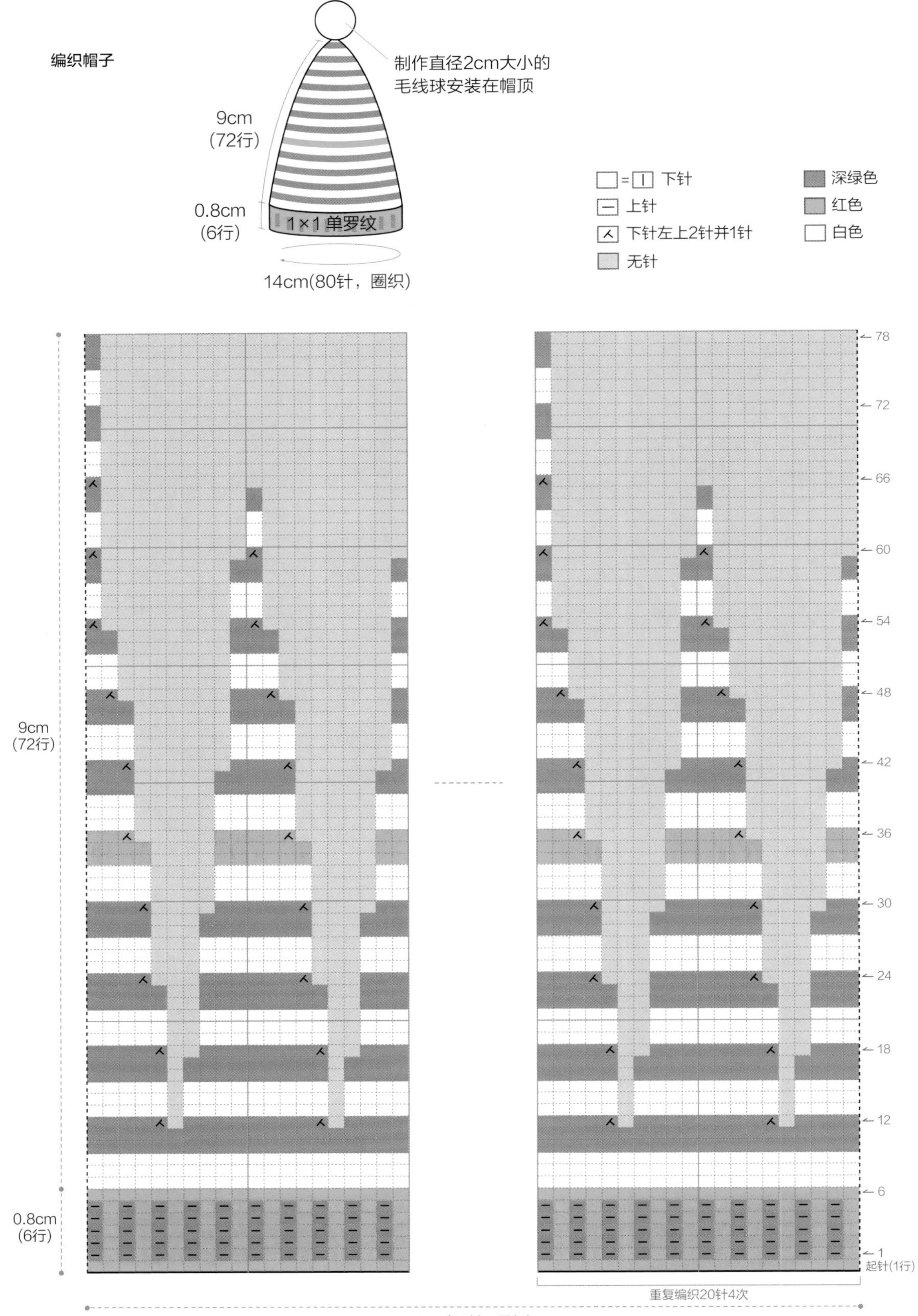

编织帽子
制作直径2cm大小的
毛线球安装在帽顶
9cm
(72行)
0.8cm
(6行)
1×1单罗纹
14cm(80针，圈织)
□=| 下针
— 上针
⋏ 下针左上2针并1针
无针
深绿色
红色
白色
78
72
66
60
54
48
42
36
30
24
18
12
6
1
起针(1行)
重复编织20针4次

对所有给予拍摄许可、赞助及租赁娃娃、提供服装和道具的朋友们表示深深的感谢。

（按字母顺序进行介绍）

娃娃

Darak-i

制作者：junibaba

Diana Doll

制作者：灰林鸮

Doll Hwoo

制作者：李恩坤

iMda Doll

制作者：DongA Lim

JerryBerry

制作者：Bebelouis

TTYA

制作者：许智英

娃屋

petitmini

制作者：朴尚民

毛线提供

针织衫部落

娃妆

熊姐姐（Lagom）

服装

Loublans

jjam

道具提供

Gowoonrattan

知更鸟的阁楼

Tinibear

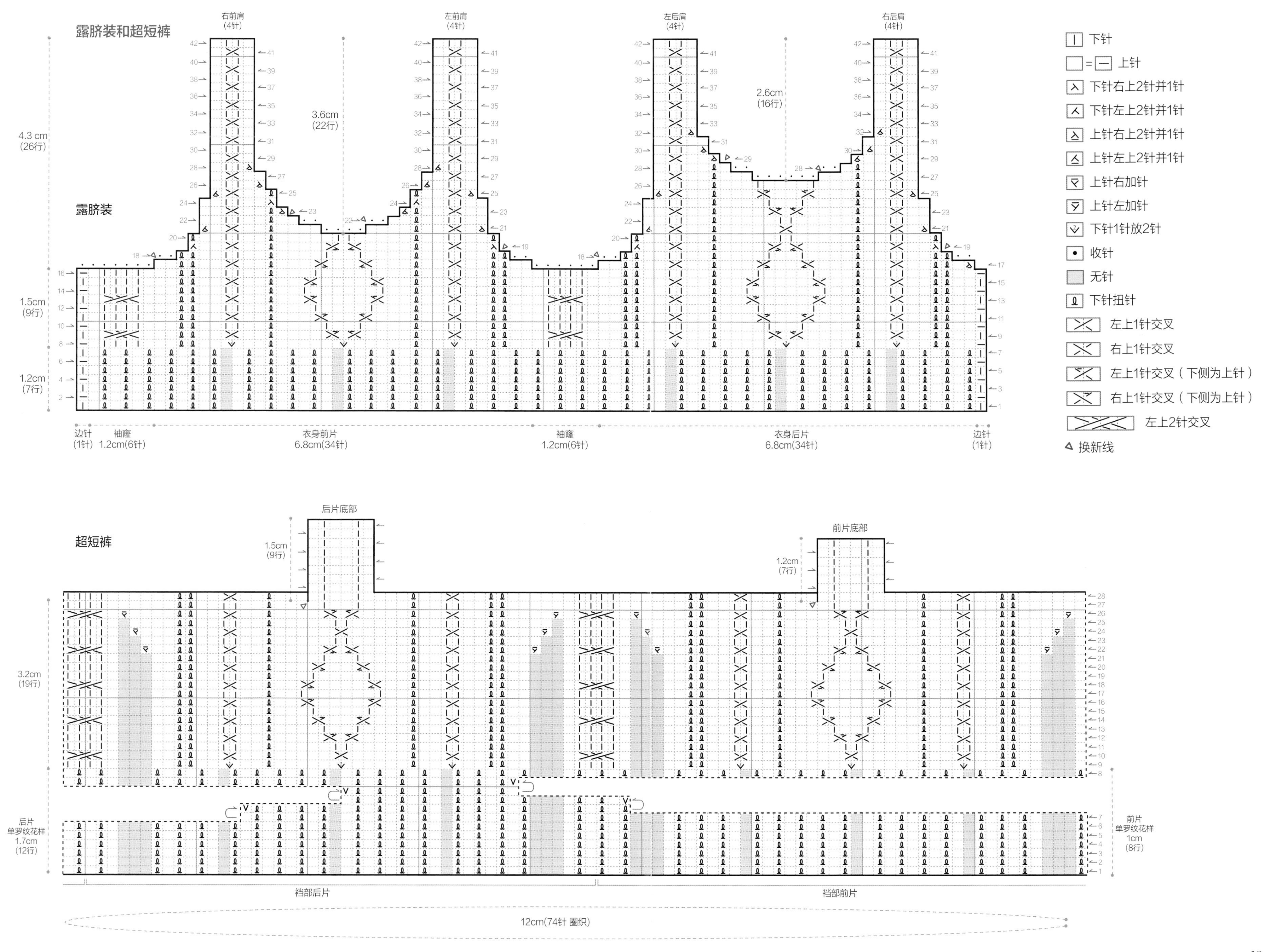
露脐装和超短裤
露脐装
右前肩
(4针)
左前肩
(4针)
左后肩
(4针)
右后肩
(4针)
4.3 cm
(26行)
1.5cm
(9行)
1.2cm
(7行)
3.6cm
(22行)
2.6cm
(16行)
边针
(1针)
袖窿
1.2cm(6针)
衣身前片
6.8cm(34针)
袖窿
1.2cm(6针)
衣身后片
6.8cm(34针)
边针
(1针)
下针
= 上针
下针右上2针并1针
下针左上2针并1针
上针右上2针并1针
上针左上2针并1针
上针右加针
上针左加针
下针1针放2针
收针
无针
下针扭针
左上1针交叉
右上1针交叉
左上1针交叉（下侧为上针）
右上1针交叉（下侧为上针）
左上2针交叉
换新线
超短裤
后片底部
1.5cm
(9行)
前片底部
1.2cm
(7行)
3.2cm
(19行)
后片
单罗纹花样
1.7cm
(12行)
前片
单罗纹花样
1cm
(8行)
裆部后片
裆部前片
12cm(74针 圈织)

蕾丝礼服和披肩

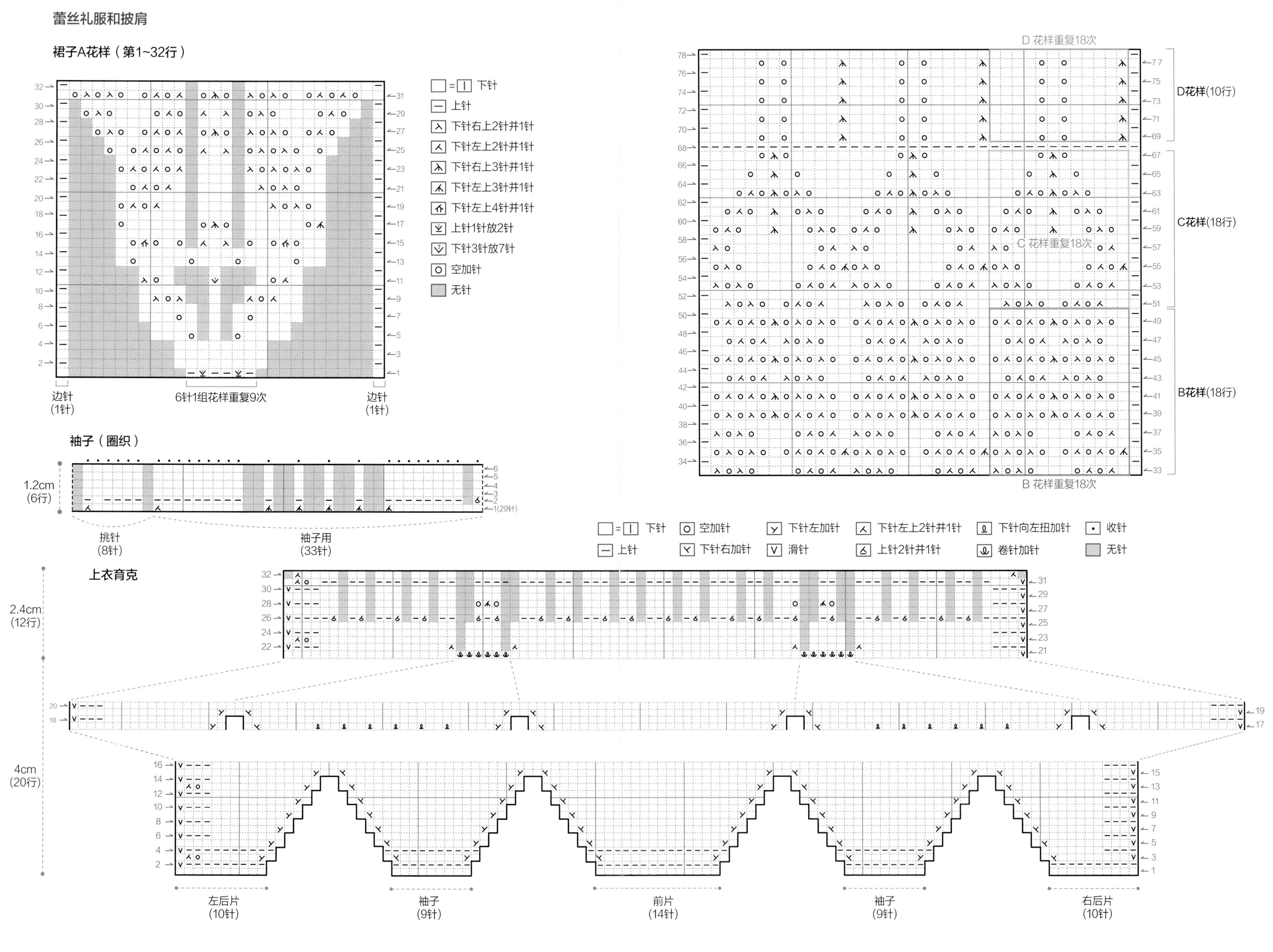

裙子A花样（第1~32行）
□=| 下针
— 上针
下针右上2针并1针
下针左上2针并1针
下针右上3针并1针
下针左上3针并1针
下针左上4针并1针
上针1针放2针
下针3针放7针
空加针
无针
边针 (1针)
6针1组花样重复9次
边针 (1针)
D 花样重复18次
D花样(10行)
C花样(18行)
C 花样重复18次
B花样(18行)
B 花样重复18次
袖子（圈织）
1.2cm (6行)
1(29针)
挑针 (8针)
袖子用 (33针)
□=| 下针
— 上针
空加针
下针右加针
下针左加针
滑针
下针左上2针并1针
上针2针并1针
下针向左扭加针
卷针加针
收针
无针
上衣育克
2.4cm (12行)
4cm (20行)
左后片 (10针)
袖子 (9针)
前片 (14针)
袖子 (9针)
右后片 (10针)

蕾丝礼服和披肩

披肩

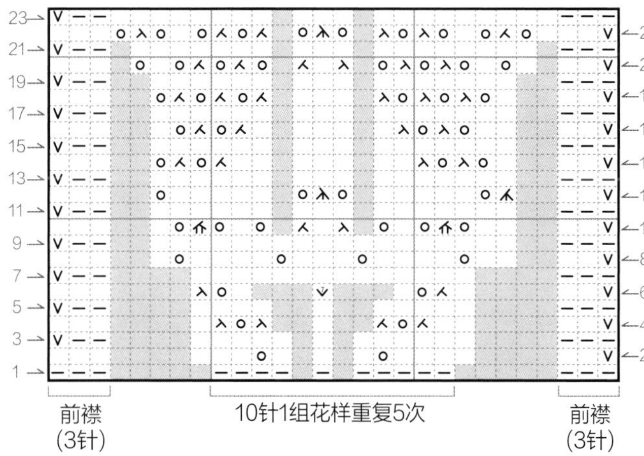

前襟(3针) 10针1组花样重复5次 前襟(3针)

□=□ 下针
□ 上针
⋋ 下针右上2针并1针
⋌ 下针左上2针并1针
下针右上3针并1针
下针左上3针并1针
下针左上4针并1针
○ 空加针
V 滑针
无针
下针的3针放7针

披肩领口装饰行

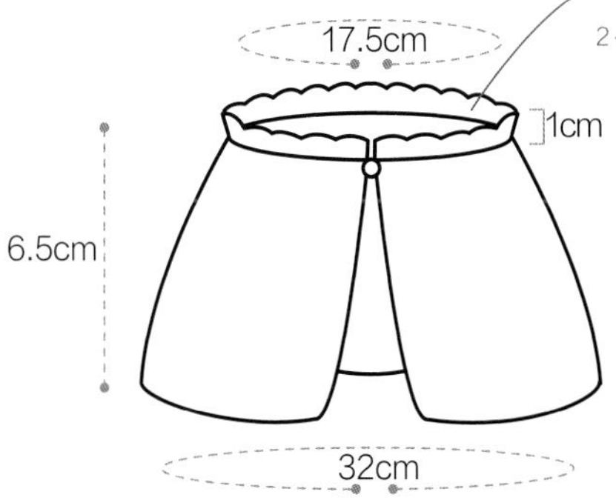

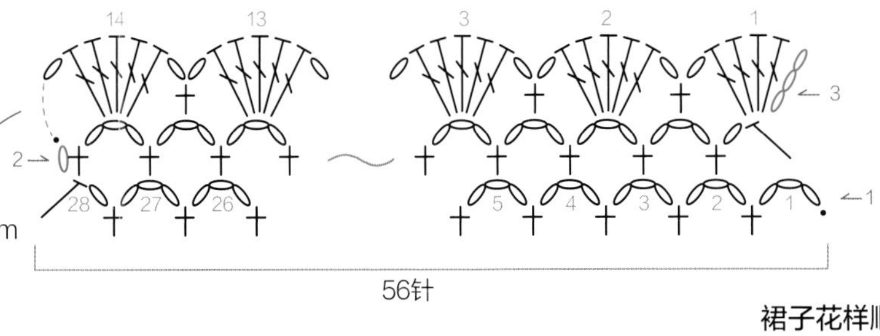

17.5cm
1cm
6.5cm
32cm
56针

起立针
锁针
短针
引拔针
中长针
长针

裙子花样顺序

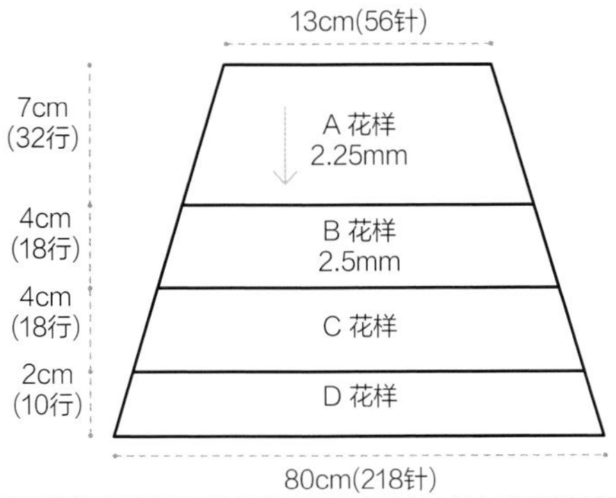

13cm(56针)

7cm(32行)	A 花样 2.25mm
4cm(18行)	B 花样 2.5mm
4cm(18行)	C 花样
2cm(10行)	D 花样

80cm(218针)

秋日森林开衫

紫色
青色
浅绿色
绿色
米白色
草绿色
深棕色
浅栗色
红色
□=□ 下针
□ 上针
下针左上2针并1针
下针右上2针并1针
下针的扭针
卷针加针
下针1针放2针的
下针收针
上针收针

袖子配色

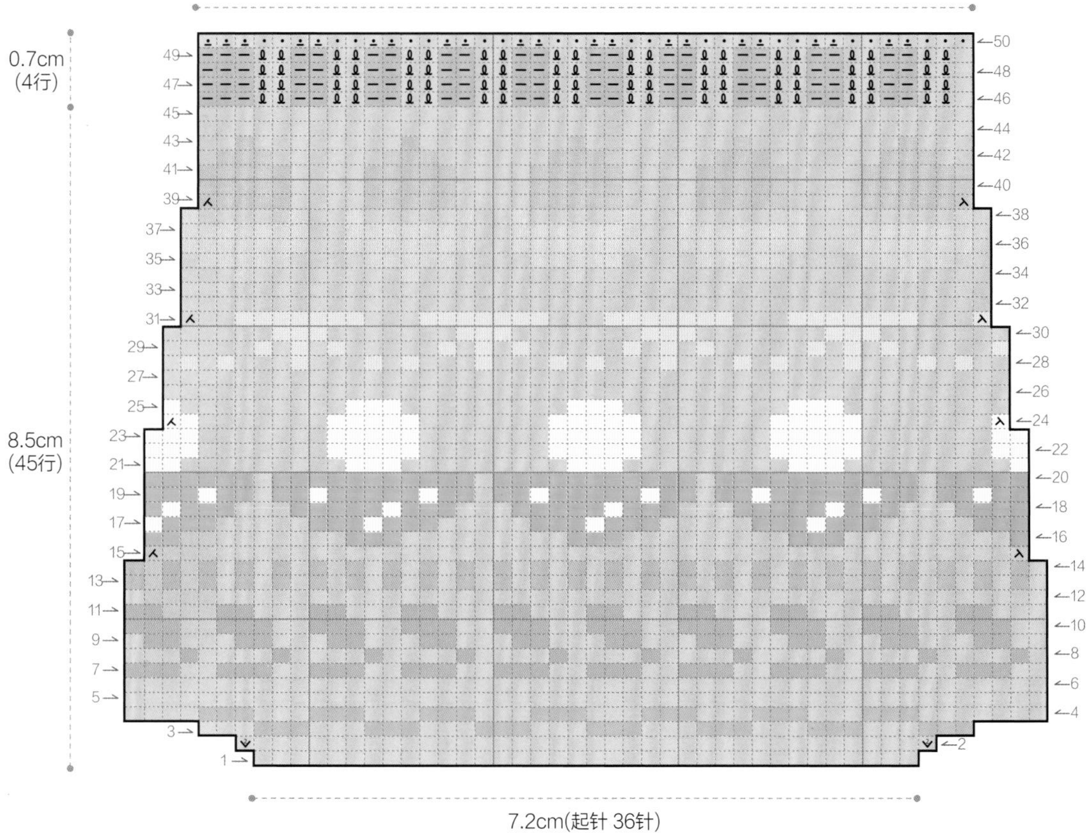

7cm(42针)
0.7cm(4行)
8.5cm(45行)
7.2cm(起针 36针)

前襟挑针

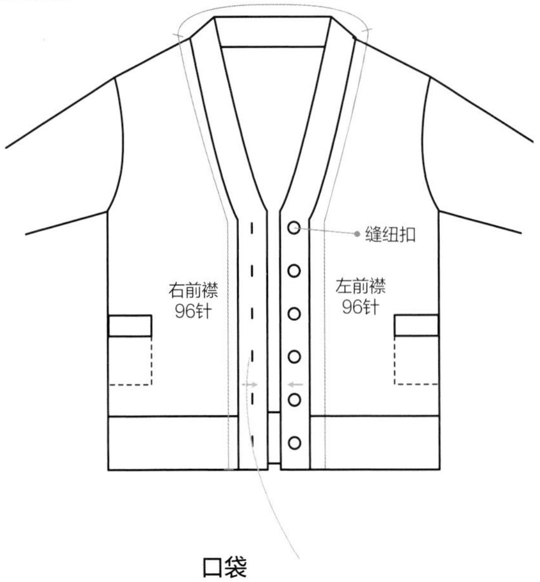

领子后片20针
缝纽扣
右前襟 96针
左前襟 96针

口袋

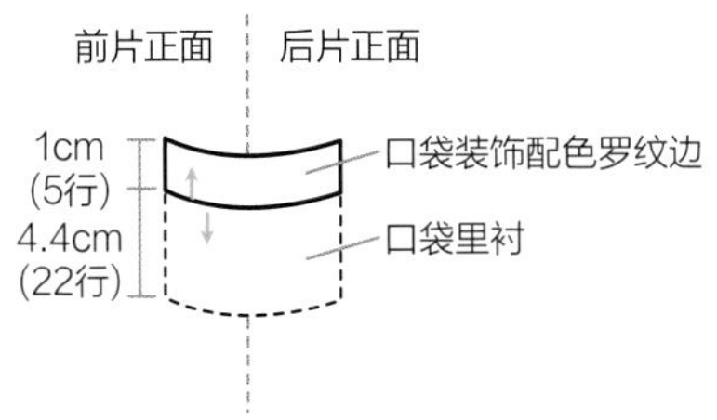

前片正面 后片正面
1cm(5行)
4.4cm(22行)
口袋装饰配色罗纹边
口袋里衬

扣眼行

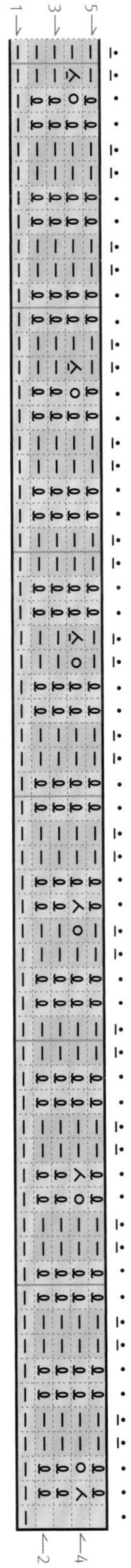

秋日森林开衫

身体配色

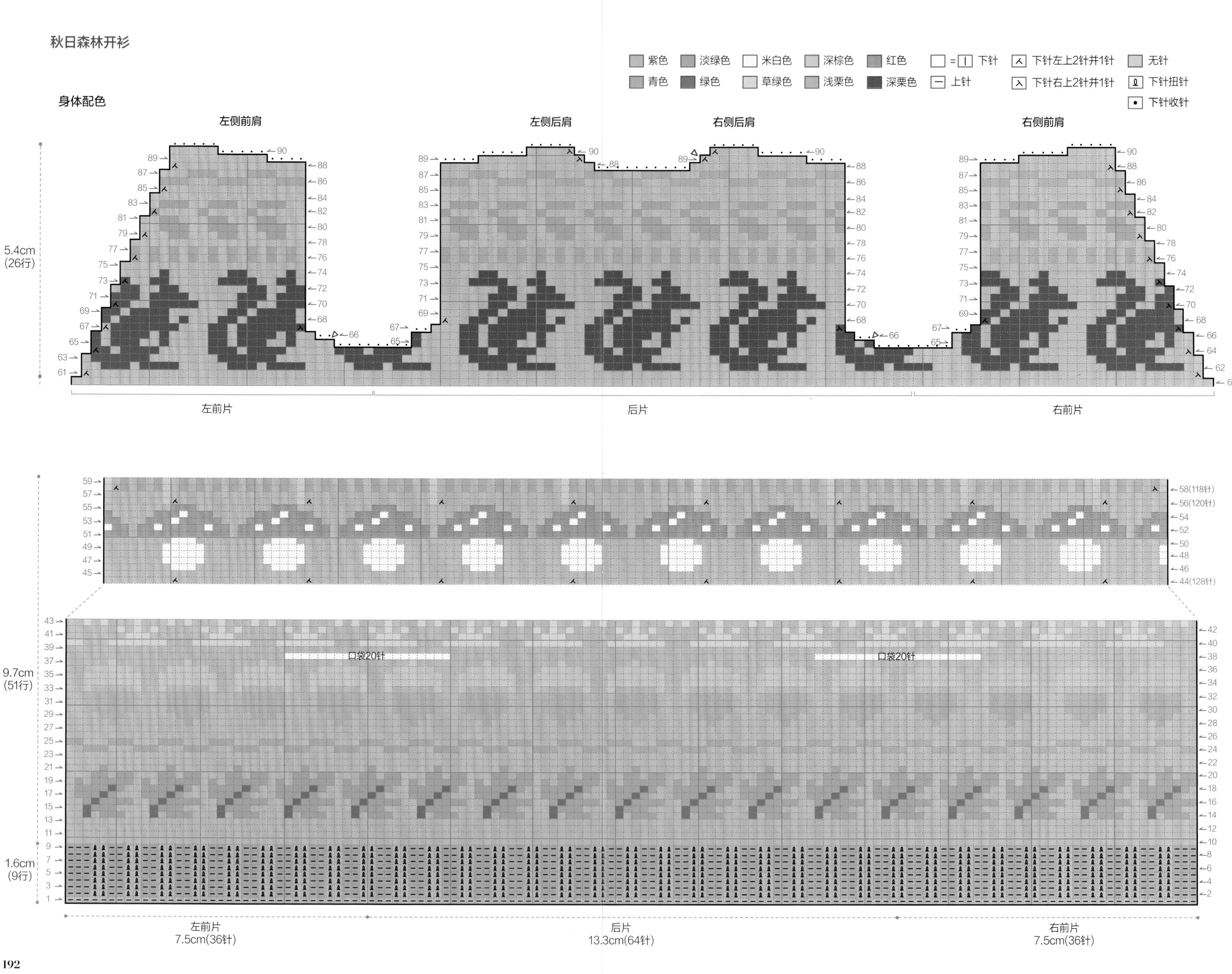

紫色
淡绿色
米白色
深棕色
红色
青色
绿色
草绿色
浅栗色
深栗色
= 下针
上针
下针左上2针并1针
下针右上2针并1针
无针
下针扭针
下针收针
左侧前肩
左侧后肩
右侧后肩
右侧前肩
5.4cm
(26行)
左前片
后片
右前片
58(118针)
56(120针)
44(128针)
口袋20针
口袋20针
9.7cm
(51行)
1.6cm
(9行)
左前片
7.5cm(36针)
后片
13.3cm(64针)
右前片
7.5cm(36针)

简约高领套头衫

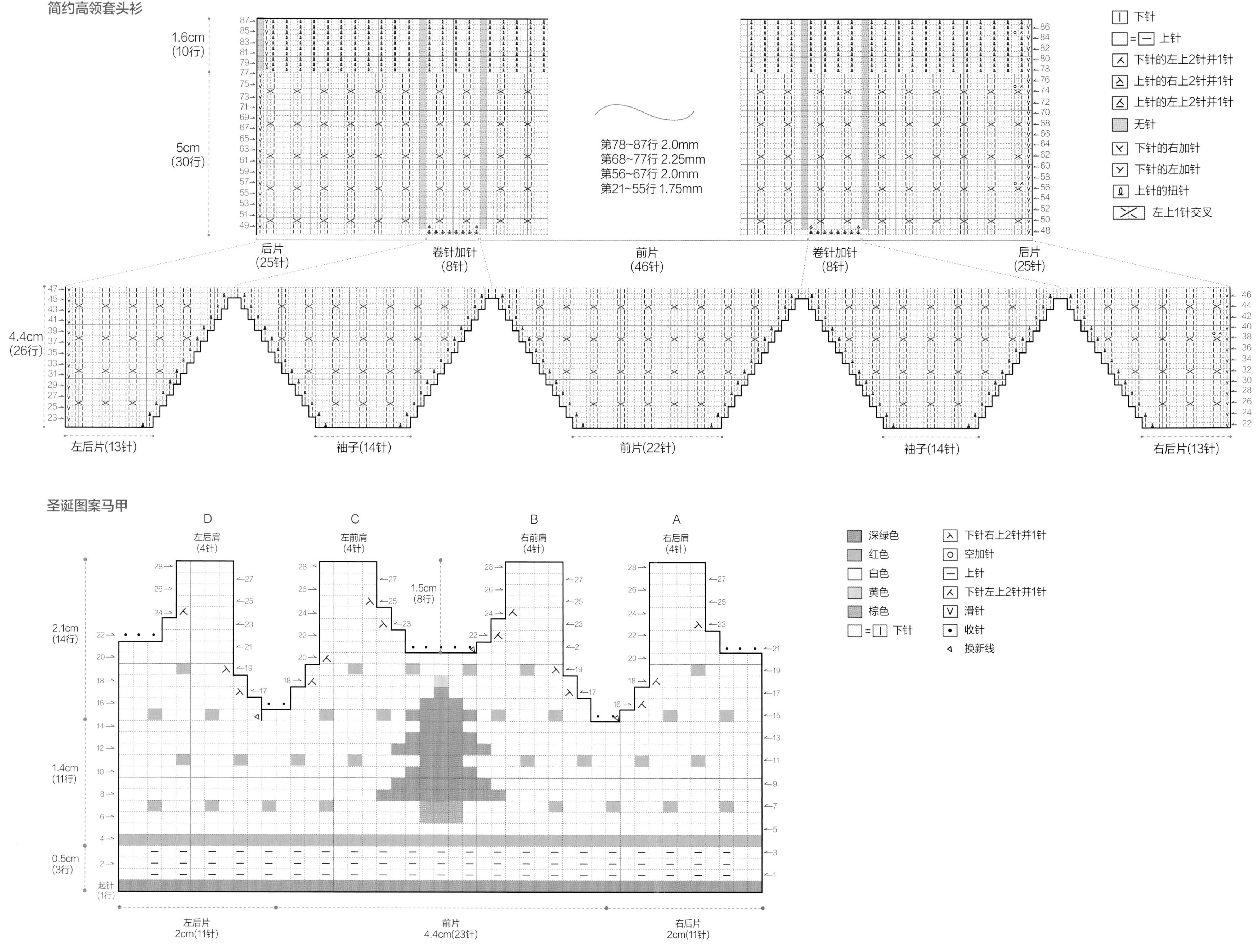

1.6cm (10行)
5cm (30行)
4.4cm (26行)
第78~87行 2.0mm
第68~77行 2.25mm
第56~67行 2.0mm
第21~55行 1.75mm
后片 (25针)
卷针加针 (8针)
前片 (46针)
卷针加针 (8针)
后片 (25针)
左后片(13针)
袖子(14针)
前片(22针)
袖子(14针)
右后片(13针)
下针
= 上针
下针的左上2针并1针
上针的右上2针并1针
上针的左上2针并1针
无针
下针的右加针
下针的左加针
上针的扭针
左上1针交叉
圣诞图案马甲
D 左后肩 (4针)
C 左前肩 (4针)
B 右前肩 (4针)
A 右后肩 (4针)
1.5cm (8行)
2.1cm (14行)
1.4cm (11行)
0.5cm (3行)
起针 (1行)
左后片 2cm(11针)
前片 4.4cm(23针)
右后片 2cm(11针)
深绿色
红色
白色
黄色
棕色
= 下针
下针右上2针并1针
空加针
上针
下针左上2针并1针
滑针
收针
换新线

结编花样外套

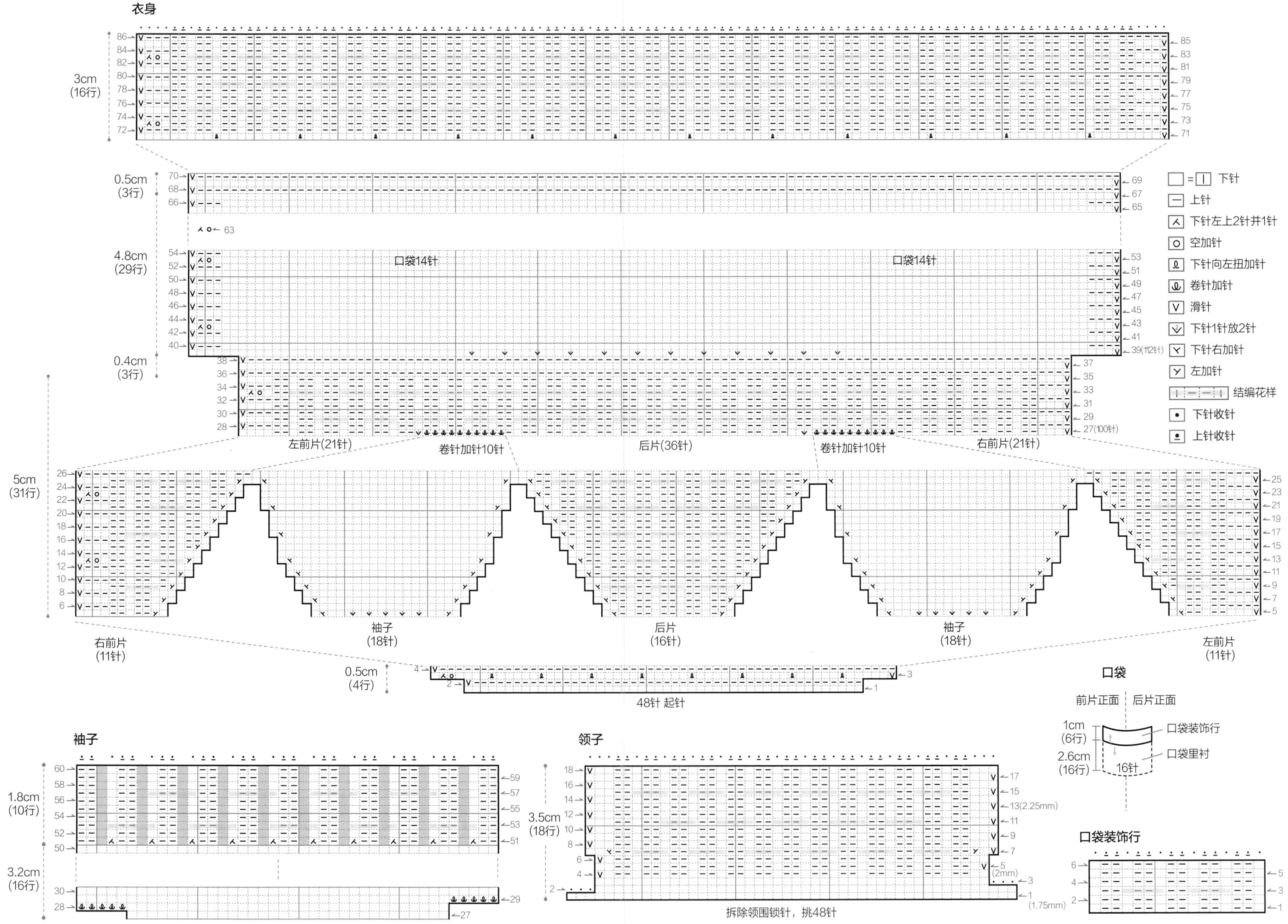

衣身

3cm (16行)

0.5cm (3行)

4.8cm (29行)

0.4cm (3行)

5cm (31行)

0.5cm (4行)

口袋14针　口袋14针

39(112针)

27(100针)

左前片(21针)　卷针加针10针　后片(36针)　卷针加针10针　右前片(21针)

右前片(11针)　袖子(18针)　后片(16针)　袖子(18针)　左前片(11针)

48针 起针

- □ = | 下针
- — 上针
- 下针左上2针并1针
- ○ 空加针
- 下针向左扭加针
- 卷针加针
- V 滑针
- 下针1针放2针
- 下针右加针
- 左加针
- 结编花样
- • 下针收针
- 上针收针

口袋

前片正面　后片正面

1cm (6行)

2.6cm (16行)

口袋装饰行

口袋里衬

16针

袖子

1.8cm (10行)

3.2cm (16行)

领子

3.5cm (18行)

13(2.25mm)

5 (2mm)

1 (1.75mm)

拆除领围锁针，挑48针

口袋装饰行

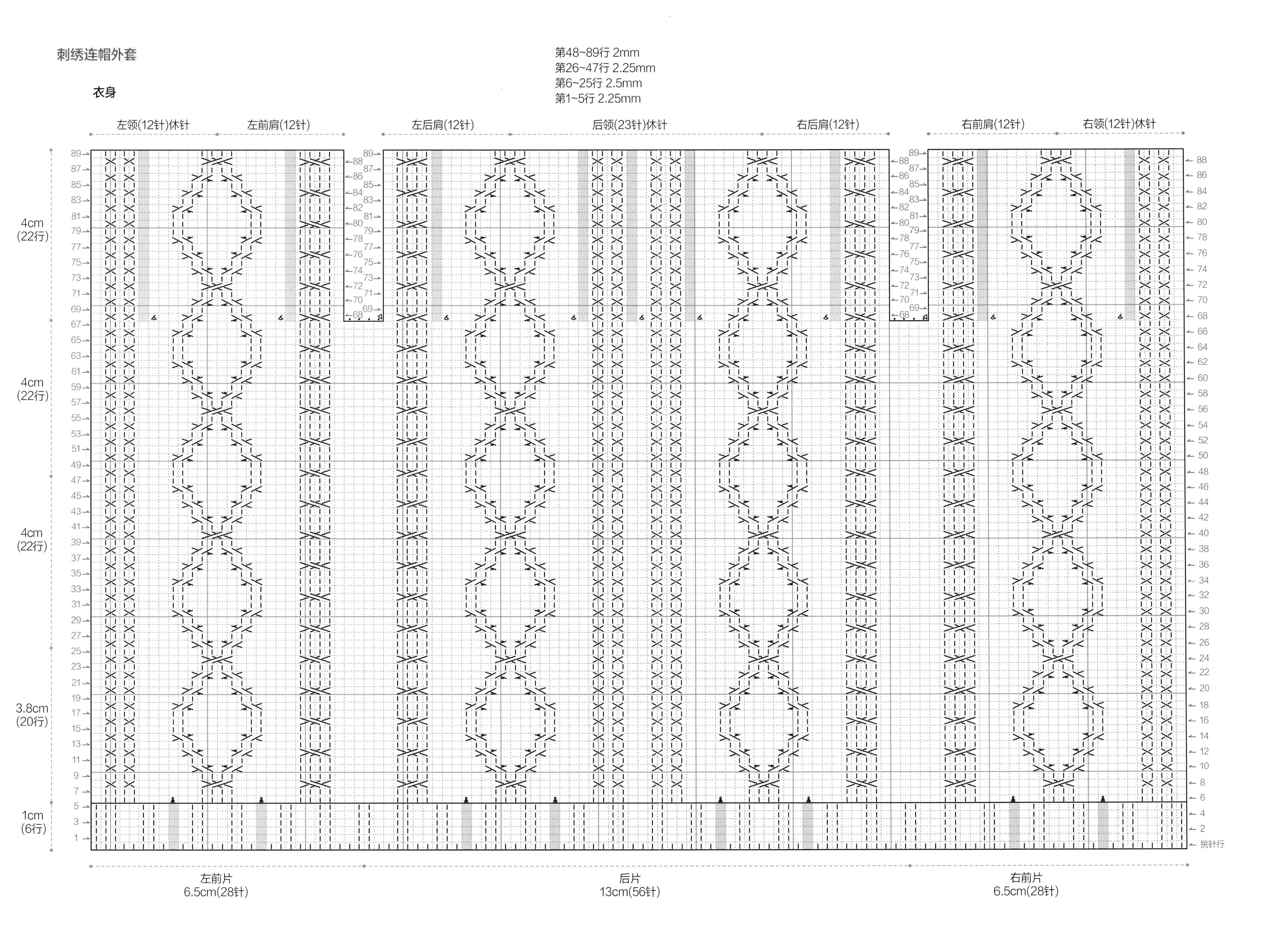
衣身
第48~89行 2mm
第26~47行 2.25mm
第6~25行 2.5mm
第1~5行 2.25mm
左领(12针)休针
左前肩(12针)
左后肩(12针)
后领(23针)休针
右后肩(12针)
右前肩(12针)
右领(12针)休针
4cm
(22行)
4cm
(22行)
4cm
(22行)
3.8cm
(20行)
1cm
(6行)
挑针行
左前片
6.5cm(28针)
后片
13cm(56针)
右前片
6.5cm(28针)

刺绣连帽外套

袖子

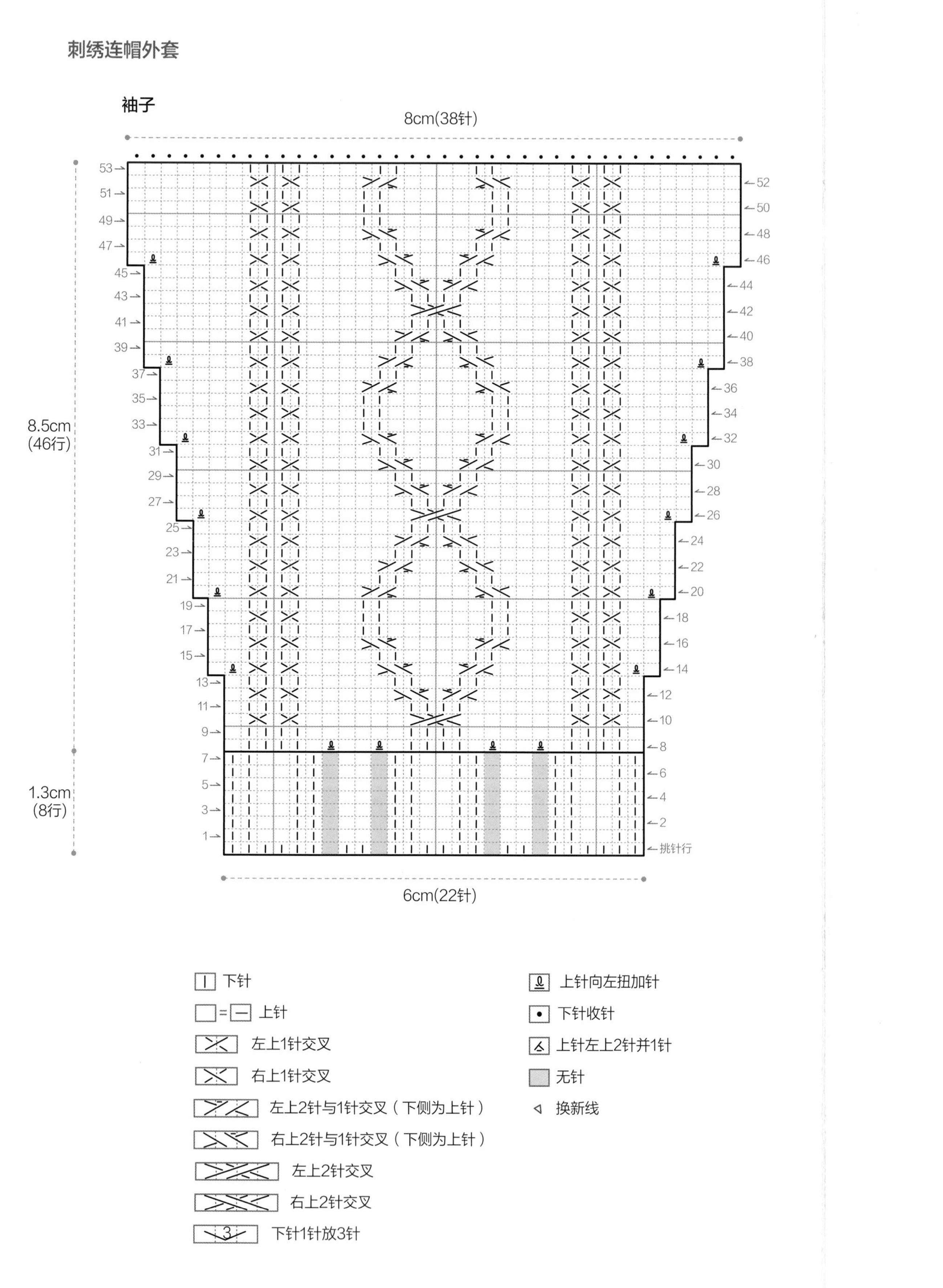

- 下针
- □=□ 上针
- 左上1针交叉
- 右上1针交叉
- 左上2针与1针交叉（下侧为上针）
- 右上2针与1针交叉（下侧为上针）
- 左上2针交叉
- 右上2针交叉
- 下针1针放3针
- 上针向左扭加针
- 下针收针
- 上针左上2针并1针
- 无针
- 换新线

帽子

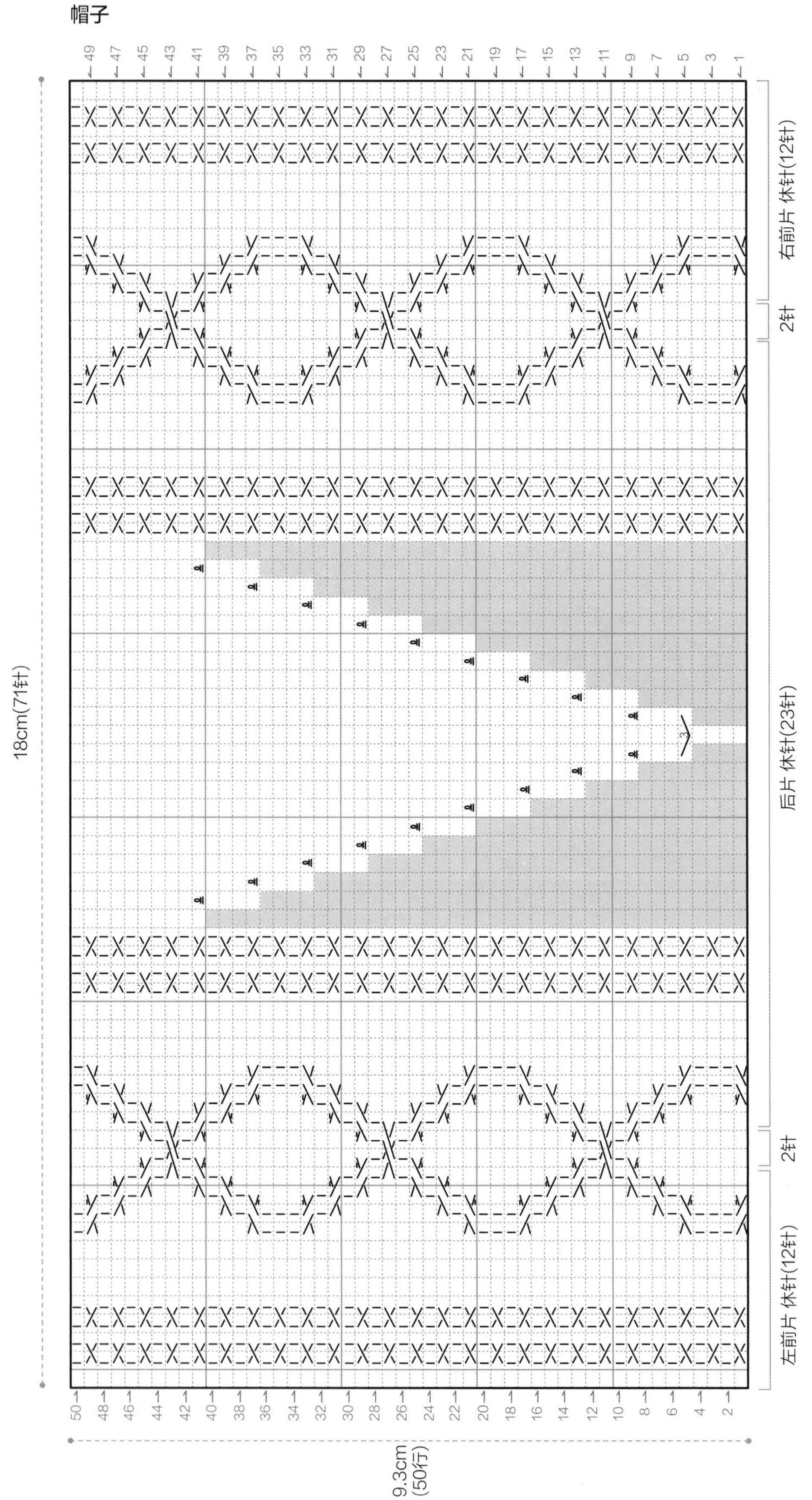

编织基础课程

棒针编织技法

◆起针

❶ 长尾起针法

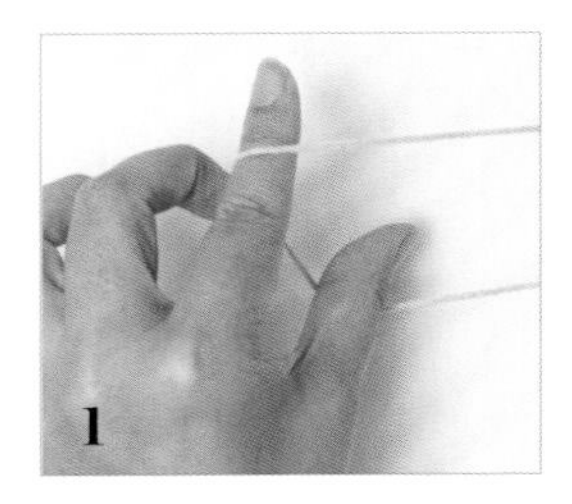

将线挂在左手的拇指和食指上。此时，线头在拇指方向。

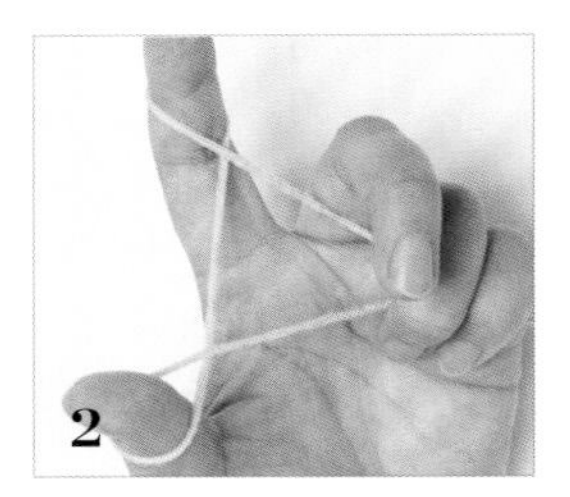

如图，扭转左手将线向上翻转。

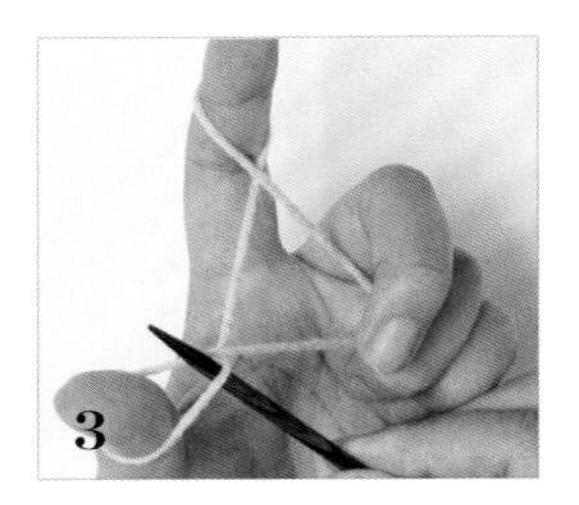

从拇指的线圈入针。

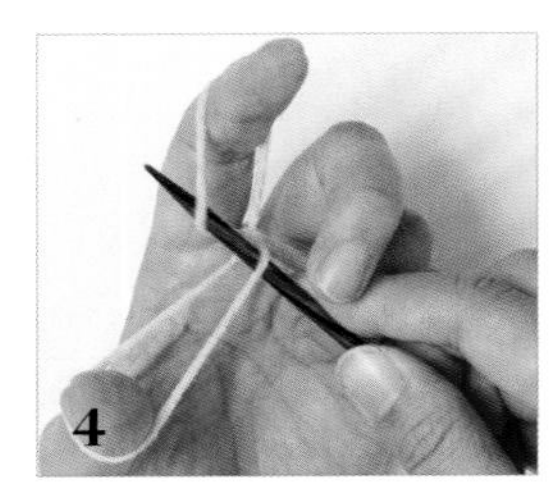

钩住食指的线圈。

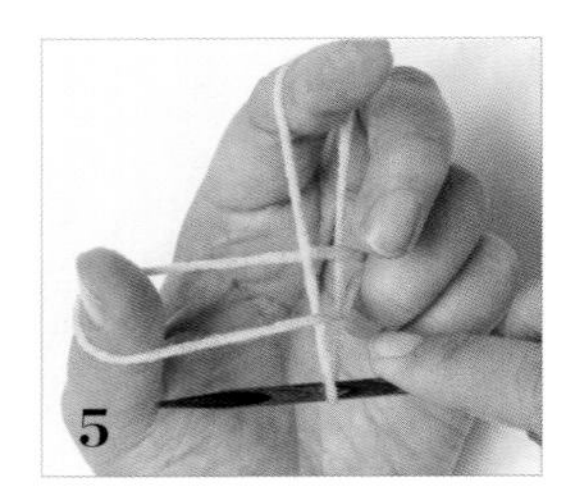

从拇指线圈处将步骤**4**的线拉出。

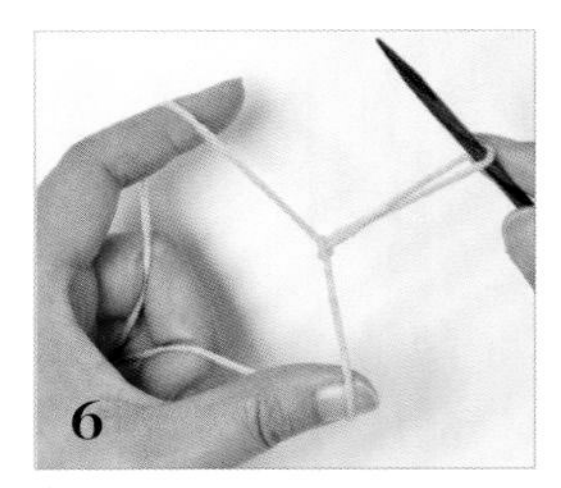

完成1针的状态。

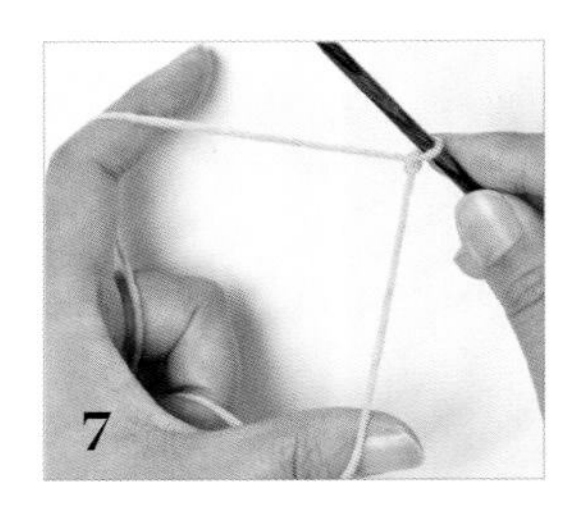

将线拉紧。

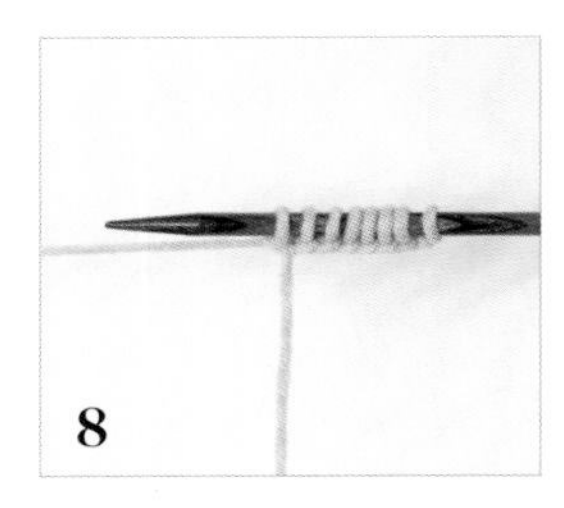

重复步骤**3**~**7**完成需要的针数。

❷ 别线锁针起针法

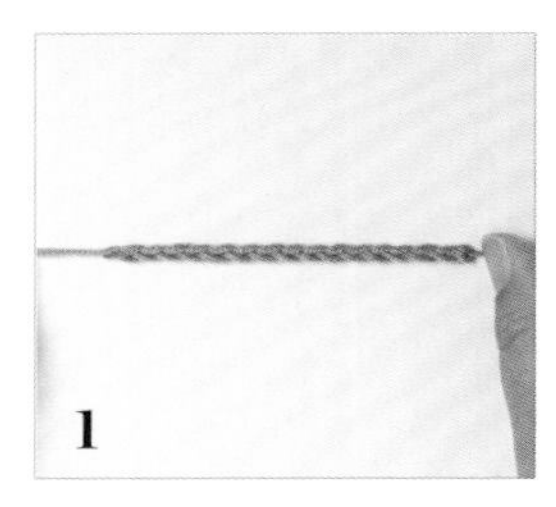

使用钩针和最后会拆除的线（别线），钩出需要的锁针针数。

在锁针的里山处插入棒针。

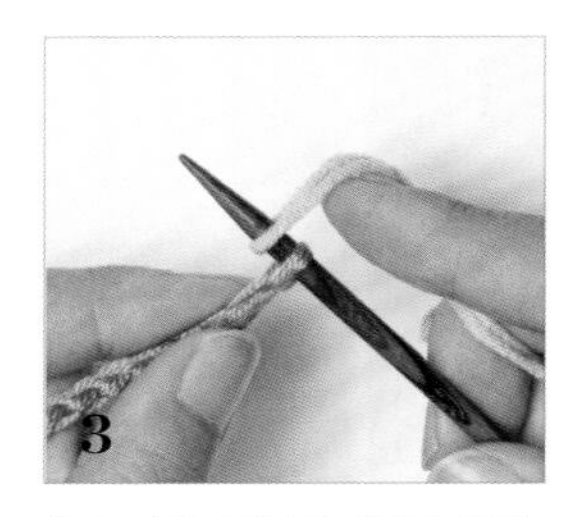

将正式使用的线（编织线）绕在棒针上。

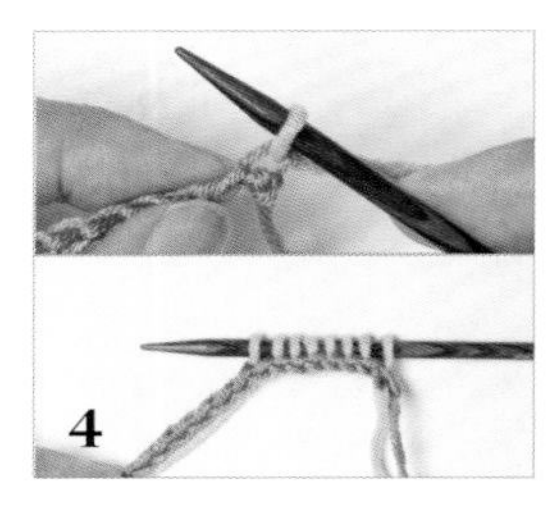

拉出线完成1针。重复步骤**2**~**4**完成需要的针数。

◆下针 [丨]

在第1针的外侧入针。

由外向内挂线。

将线从针眼里拉出。

完成1针的样子。重复步骤1~3的过程完成需要的针数。

◆上针 [一]

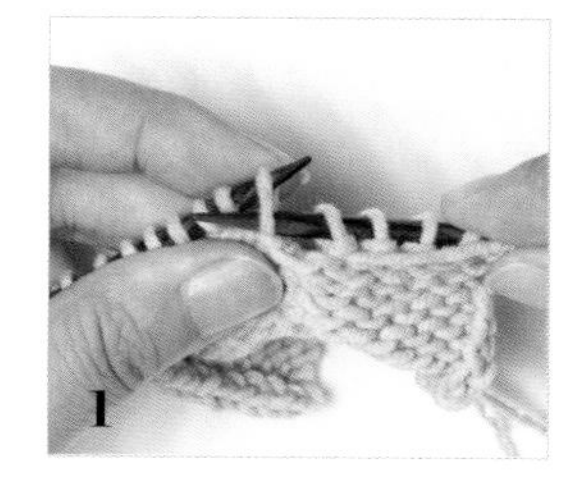
在第1针的内侧入针。

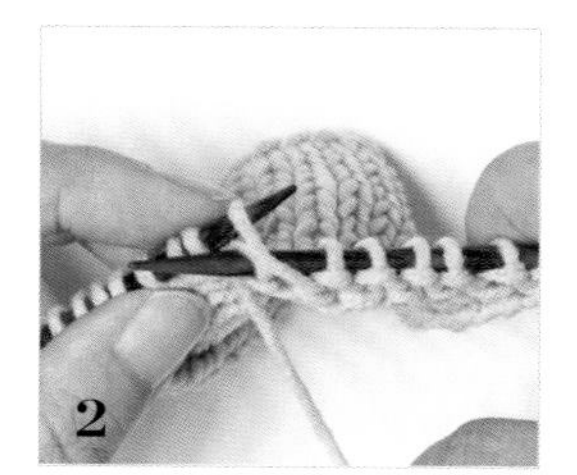
由外向内挂线。

将线拉出。

完成1针的样子。

◆下针滑针

下针方向入针不织，将线圈移到右棒针。

◆上针滑针

上针方向入针不织，将线圈移到右棒针。

◆收针

❶ 下针（套收）收针，上针（套收）收针 [•] [•̲]

编织2针下针。

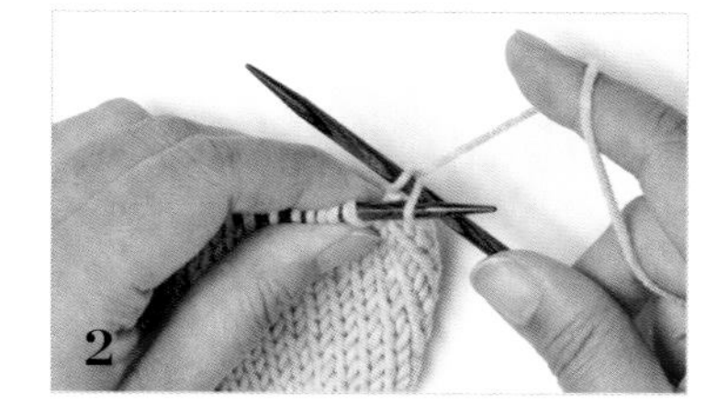
将左棒针插入右棒针上右侧的线圈，接下来从左侧线圈上方将右侧线圈向右棒针外侧挑出。

从右棒针上挑下来的线圈里拔出左棒针。

完成1针收针的样子。

下一针编织1针下针。重复步骤2~3。

上针收针。用上针替换下针重复步骤2~3过程。

❷ 罗纹套收收针

第1针织下针。

第2针织上针。

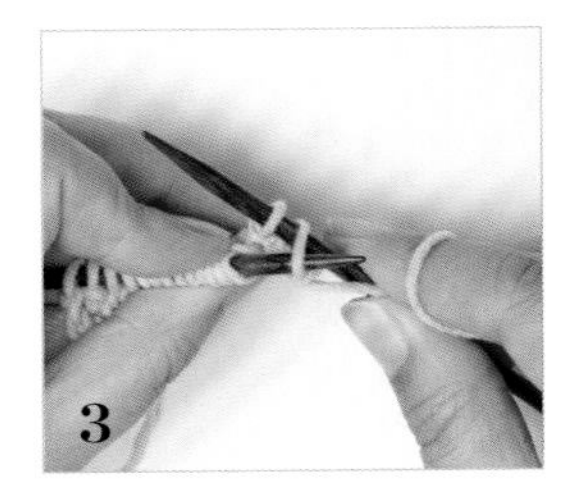

将左棒针插入右棒针上的右侧线圈中，接下来跳过左侧线圈上方，向右棒针外侧方向挑出1针。

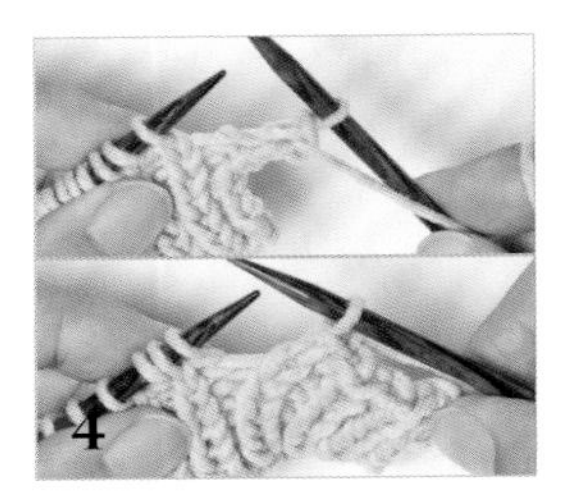

收针1针后，下针编织下针，上针编织上针重复步骤3。

❸ 用缝衣针罗纹收针

（单罗纹示范）将穿线后的毛线缝针在第1针的下针里以上针方向插入后，移到缝针上。

在第2针的上针里以下针方向插入缝针后向上挑出，将线穿过挂在毛线缝针上的线圈。

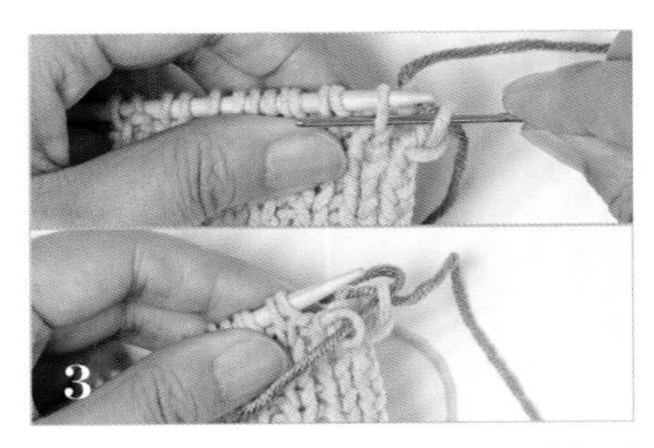

再一次在第1针下针和第3针下针线圈里，以上针方向同时穿入毛线缝针后挑下来并将线穿过线圈。

在第2针上针后方，向前插入毛线缝针后，在第4针上针里以下针方向插入毛线缝针，向上挑出。

重复步骤2~4。

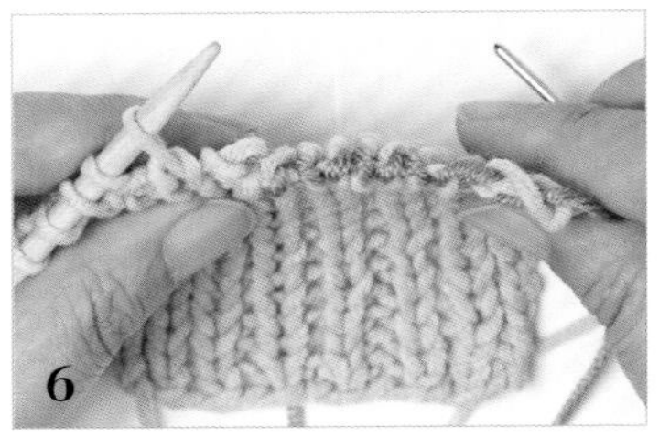

完成后的样子。

狗牙边收针

收针3针。

右棒针上的1针移至左棒针。

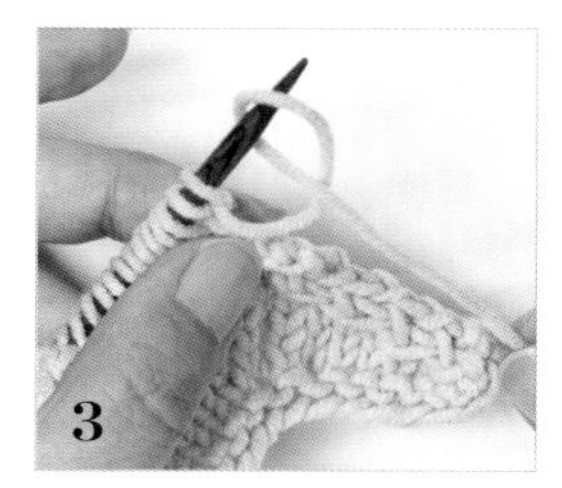

卷针加针3针。

套收8针后完成。

单罗纹扭针 · 下针扭针 · 上针扭针

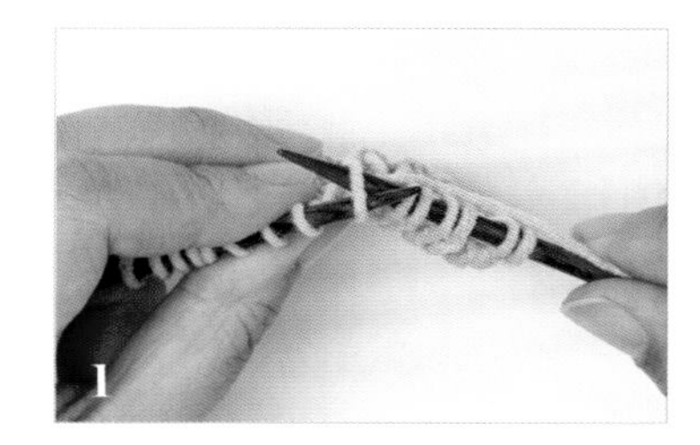

在下针后方半针里以下针方向入针。

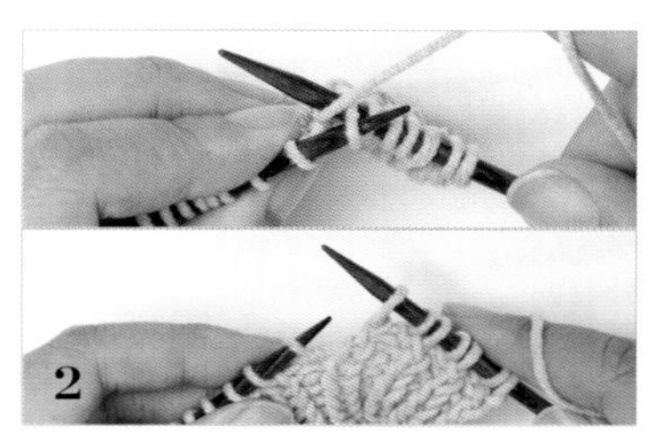

在针上绕线后挑出。这样的技法叫作“下针扭针”。

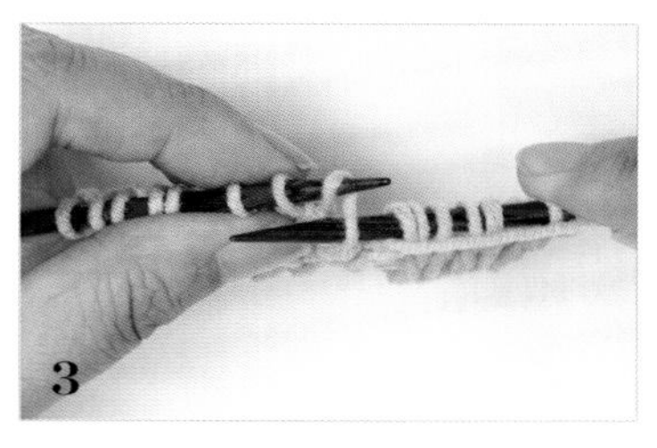

在上针后方半针里以上针方向入针。

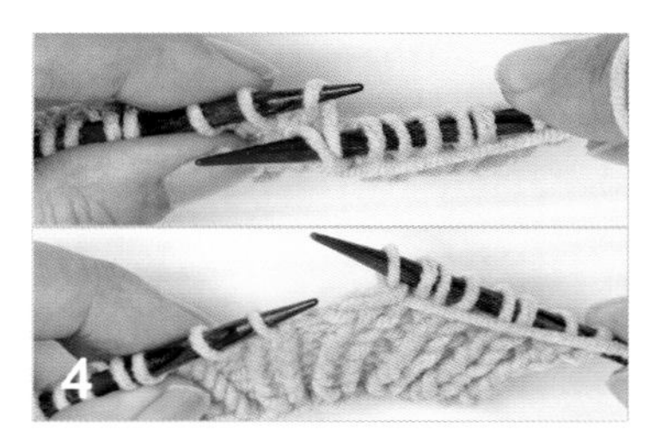

在针上绕线后挑出。这样的技法叫作“上针扭针”。

在罗纹行上重复编织步骤**1~4**完成单罗纹扭针后的样子。

※ 本书中用扭针技法编织罗纹针时，正面只做下针扭针（上针织上针），反面只做上针扭针（下针织下针）。

加针

❶ 下针右加针

在左棒针上的线圈下1行的右侧线圈里插入右棒针。

挑起该线圈挂在左棒针上。

下针方向入针。

针上绕线后挑出完成。

❷ 下针左加针

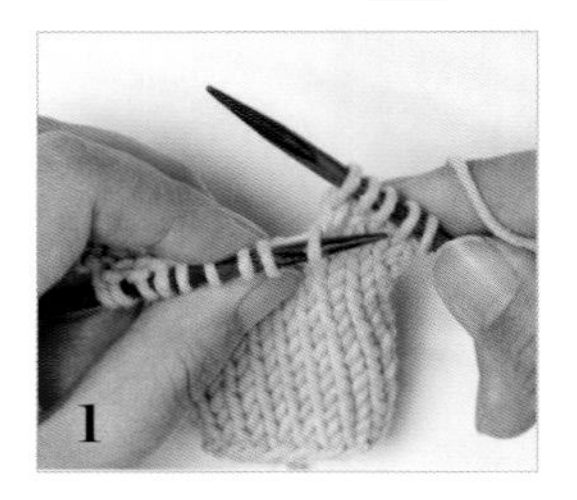

在右棒针上的线圈下2行的左侧线圈里插入左棒针。

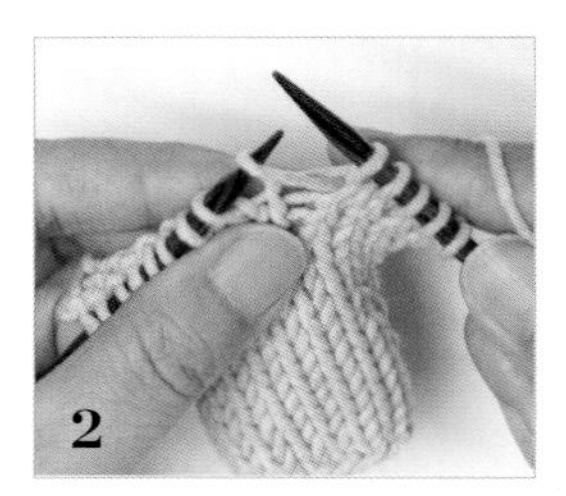

将其挑起。

编织下针。

完成的样子。

❸ 卷针加针

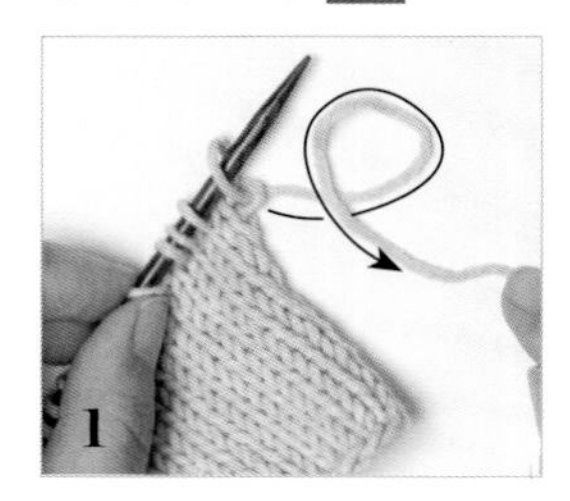

按箭头方向绕圈。

将完成的线圈挂在棒针上。

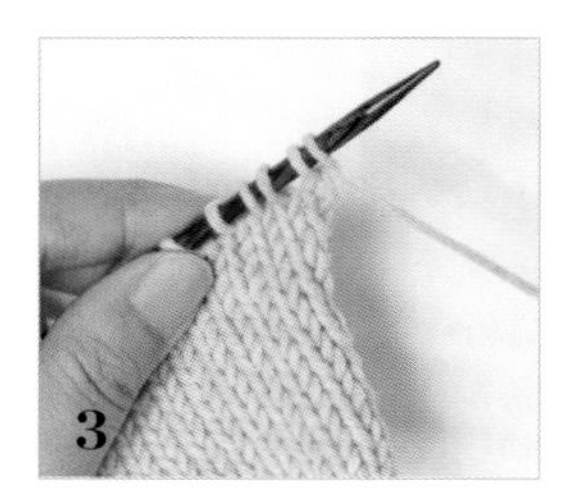

拉紧线完成1针。

重复步骤1~2完成想要的针数。

❹ 下针1针放2针

在左棒针上的第1针上插入右棒针，从下针方向挑出1针。

左侧线圈不脱落，再次从左侧线圈的后侧，下针方向插入右棒针。

在针上绕线后排出。

完成的样子。

❺ 下针向左扭加针

将右棒针和左棒针间的渡线用右棒针挑起。

挑起的线挂在左棒针上。

将右棒针从挂上去的线圈后面插入。

入针后的样子。

绕线后挑出。

完成的样子。

❻ 下针3针放7针

按箭头指示的方向入针。

3个线圈里同时入针。

在3个线圈里同时编织下针。

左棒针上的3个线圈里不脱落，将线放到前面。

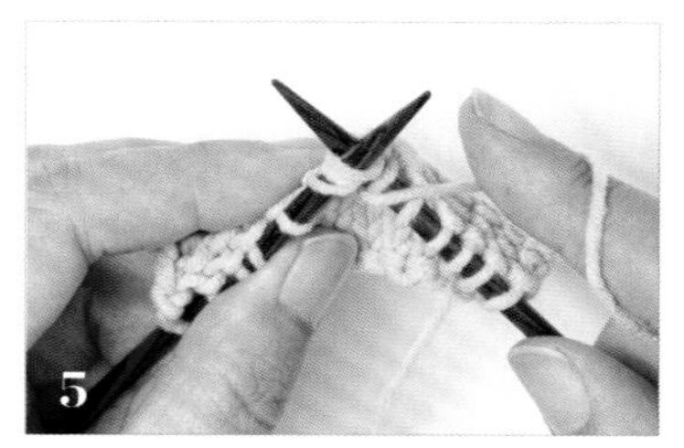

线在前的状态下，在左棒针的3个线圈里入针。

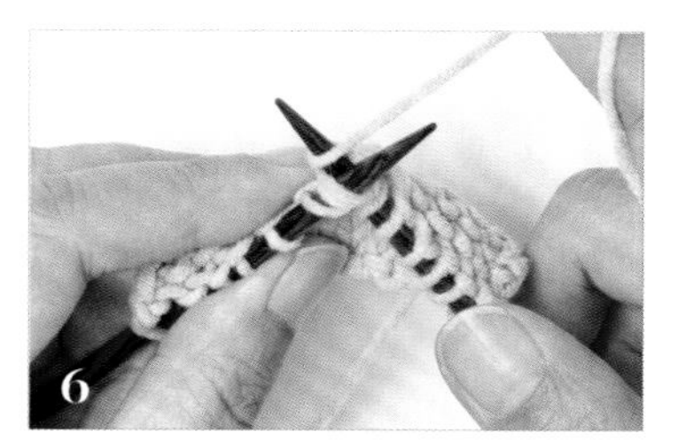

针上绕针编织下针。

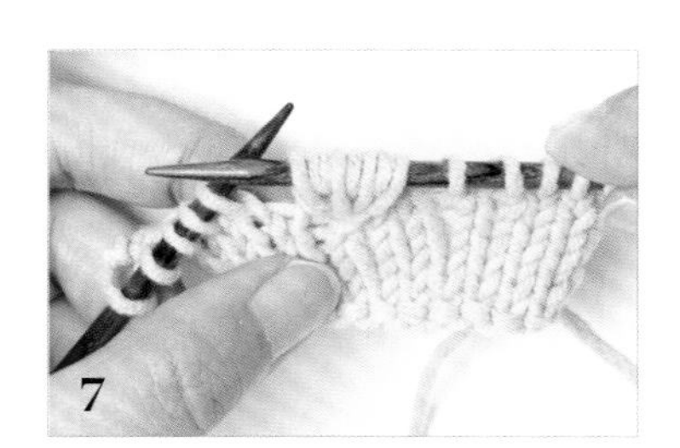

重复步骤**4～6**完成7针。完成后的样子。

* 减针

❶ 下针右上2针并1针 入

左棒针上的第1针不织，从下针方向滑到右棒针上。

在下一针里插入右棒针，针上绕线。

将线挑出。

从不织的那一针里插入左棒针后，按箭头方向套收完成减针。

❷ 下针左上2针并1针（下针同时织2针） 人

在左棒针上的前2个线圈里，从下针方向同时插入右棒针。

入针后的样子。

针上绕线并挑出。

完成的样子。

❸ 上针右上2针并1针

按箭头方向插入右棒针。

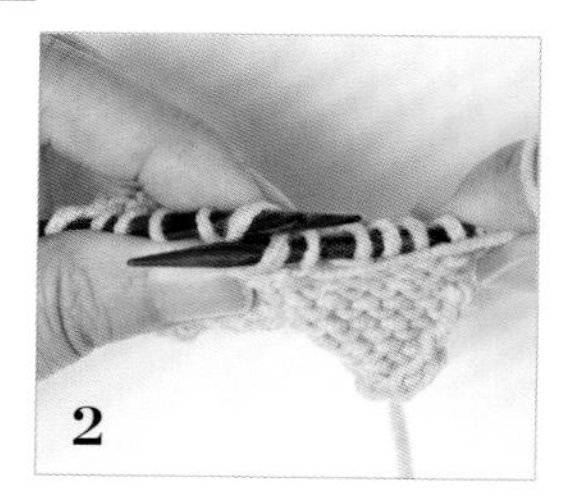

入针后的样子。

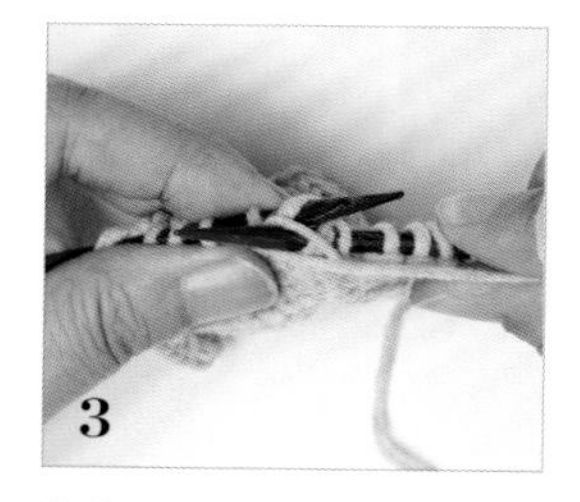

绕线后挑出。

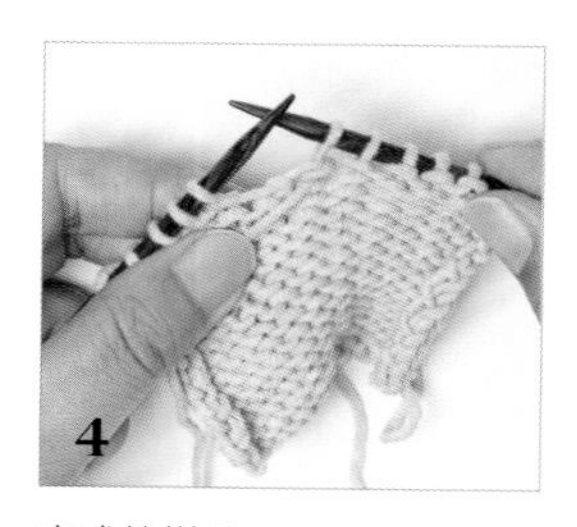

完成的样子。

❹ 上针左上2针并1针

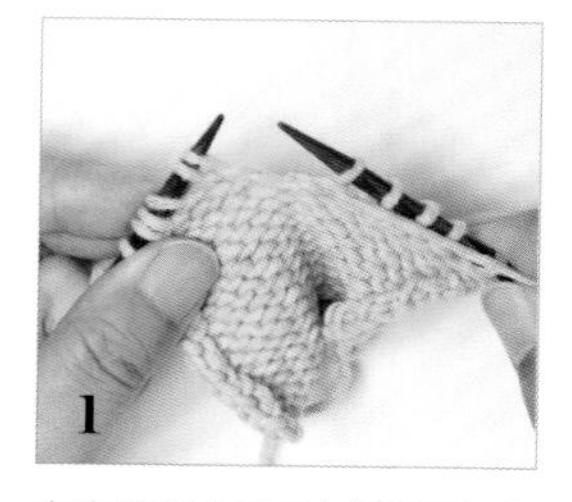

在左棒针上的2个线圈里，从上针方向同时入针。

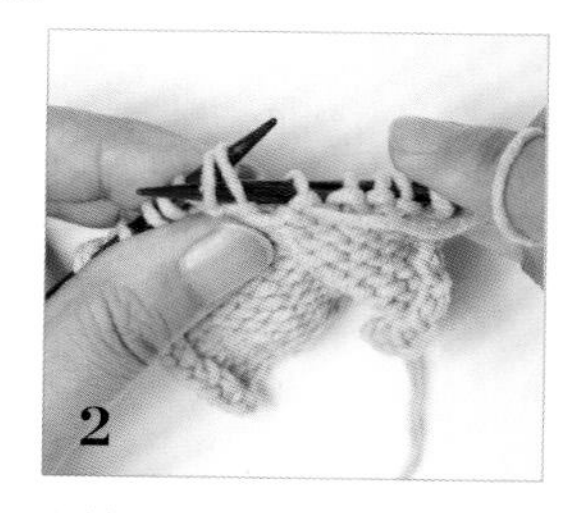

入针后的样子。

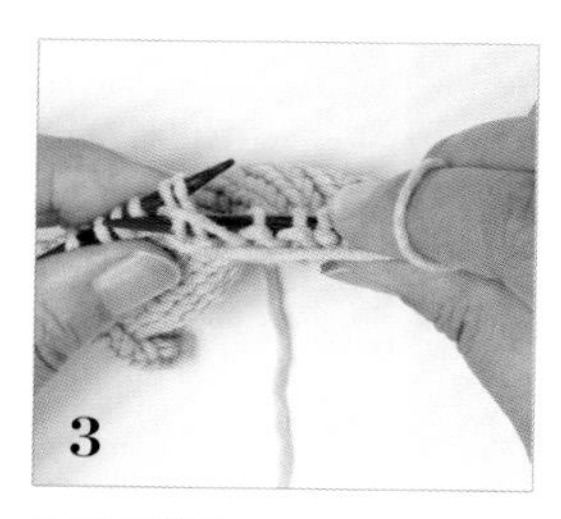

绕线后挑出。

完成的样子。

❺ 下针右上3针并1针

按箭头方向插入右棒针。

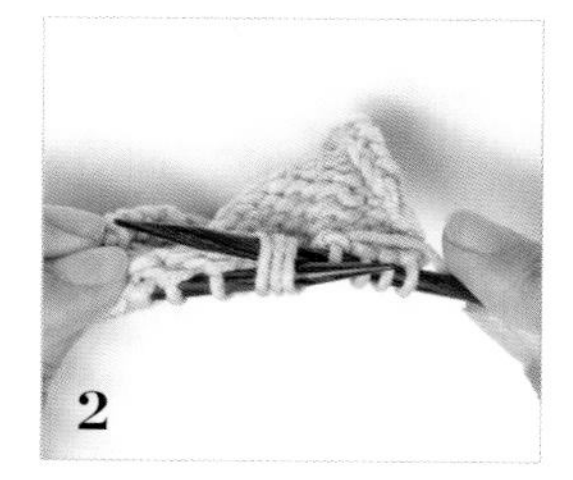

入针后的样子。

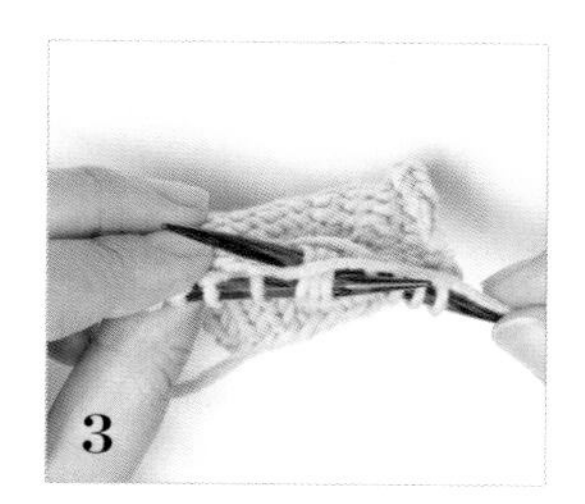

绕线后挑出。

完成后的样子。

❻ 下针左上4针并1针

从下针方向4个线圈里同时入针。

针上绕线。

挑出后完成。
提示 下针左上3针并1针的针法与此相同。只将4个线圈换成3个线圈同时入针编织下针即可。

❼ 下针中上3针并1针

在左棒针上的前2个线圈里，从下针方向插入右棒针。

此时线圈不织移到右棒针上后（上图），下一针编织下针（下图）。

在一开始移到右棒针上的2个线圈里插入左棒针后，轻轻撑开方便挑针。

将2个线圈同时盖过前一针，套收完成。

• 空加针 ○

下针结束后的编织线放到前面。

线在前的状态下，在左棒针的线圈里，从下针方向插入右棒针。

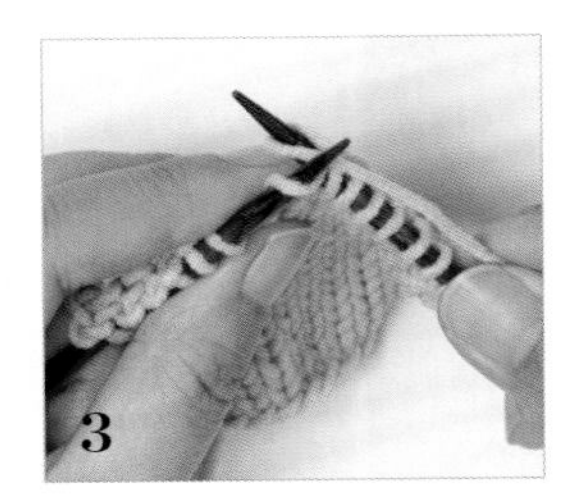

将前面的线挂在右棒针上编织下针。

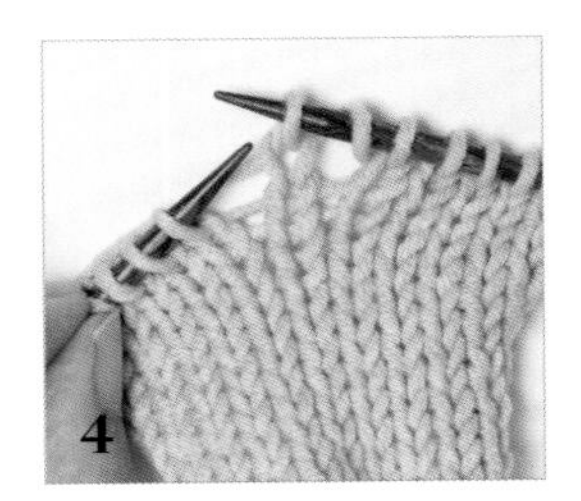

完成空加针后的样子。

• 缝合

❶ 行和行的缝合

将织物的正面对齐，在左侧织物的第1针和右侧织物的第1针里插入毛线缝针。

将左侧织物的边上1针内侧横向渡线挑起入针。

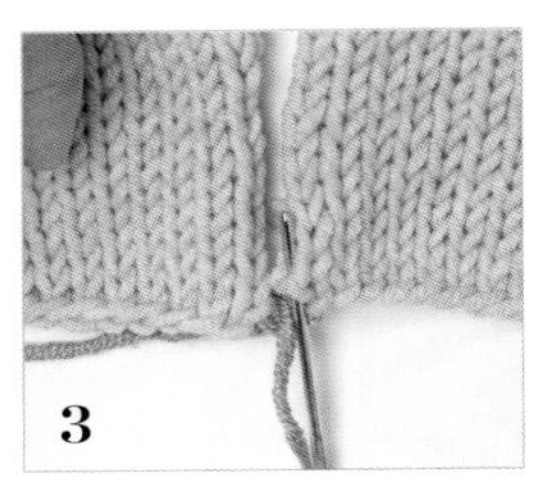

将右侧织物的边上1针内侧横向渡线挑起入针。

左右侧织物每一行交替入针缝合。

❷ 针和针的缝合

织物的正面对齐，从下面的织物第1针里入针后，从上面的织物上按照箭头方向入针。

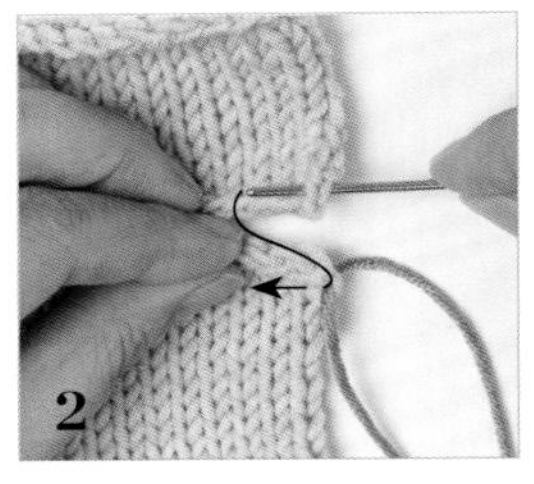

接下来按照箭头方向从下面的织物里入针。

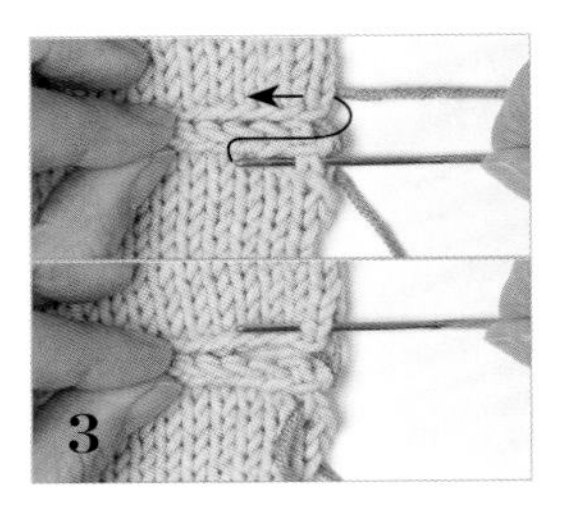

再一次按照箭头方向从上面的织物里入针（上图）。入针后的样子（下图）。

重复编织步骤**2~4**进行缝合。

❸ 行与针的缝合

从下面的织物（行）的第1针里入针后，从上面的织物（针脚）的第1针里入针。

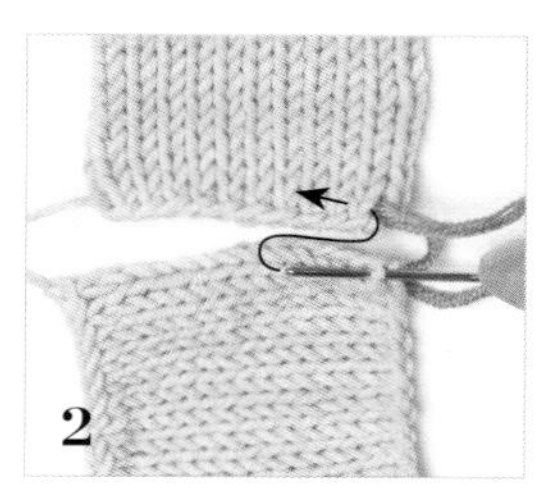

从下面织物边上1针内侧的横向渡线入针后，按箭头方向在上面的织物里入针。

重复步骤1~2。

完成后的样子。

❹ 3根针收针法缝合

将缝合的两个织物正面相对，从下针方向，在两个棒针的第1针里同时入针。

针上绕线。

拔出线。

下一针按照步骤1~3进行编织。

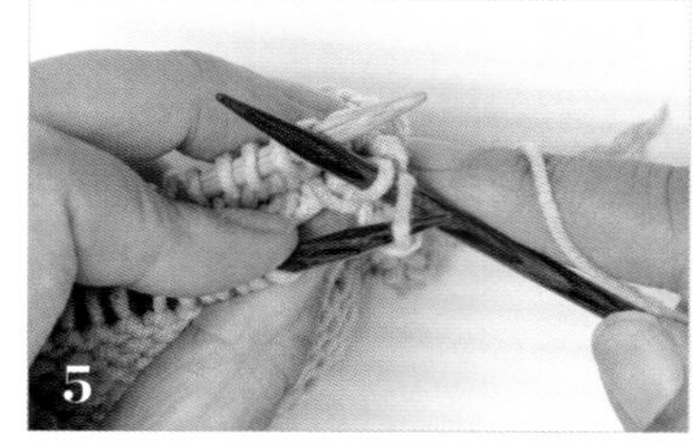

将左棒针插入右棒针的右侧线圈后，绕过左侧线圈向右棒针的外侧进行套收。

重复步骤4~5。

• 平针编织 | 上针平针编织 | 单罗纹 | 桂花针 | 起伏针

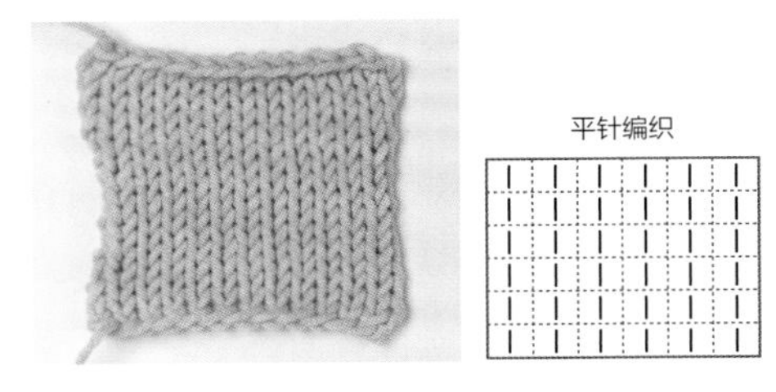

棒针编织的基本针法。重复编织1行下针和1行上针。

平针编织的背面

上针平针编织。

单罗纹

桂花针

单罗纹指交替编织1针下针和1针上针技法。伸缩性好，适用于毛衣的下摆、袖口、领口等。桂花针指在编织单罗纹时每一次换行时调换下针和上针顺序的编织技法。

起伏针

连续编织下针或上针技法。

• 挑针

❶ 领口挑针

在起针处的第1针上，从下针方向入针。

将线绕在针上。

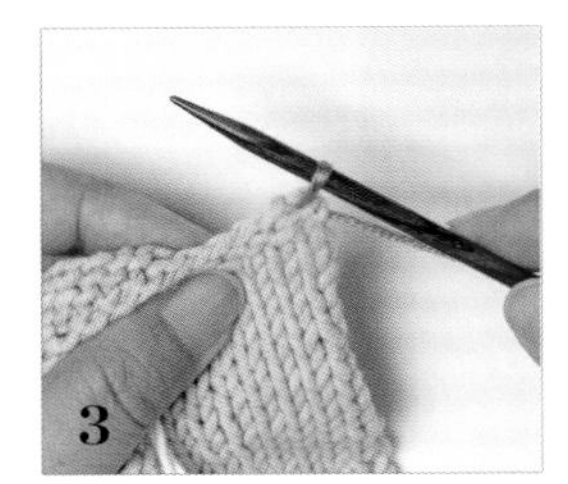

将线挑出。

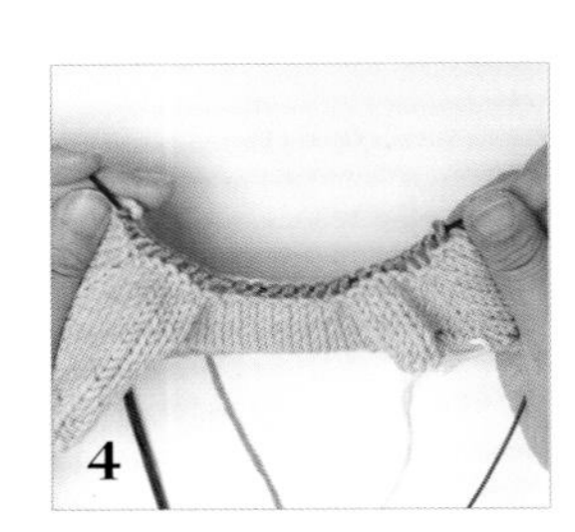

重复步骤1~3完成挑针。

❷ 竖向挑针

在起针处的第1针上，从下针方向入针。

针上挂线。

将线挑出。

重复步骤1～3完成需要的针数。

❸ 袖窿处挑针

从袖窿处卷针加针的中心点入针。

针上挂线。

将线挑出。

如图在标记处以相同方法挑针。

在标记处以相同方法挑针。

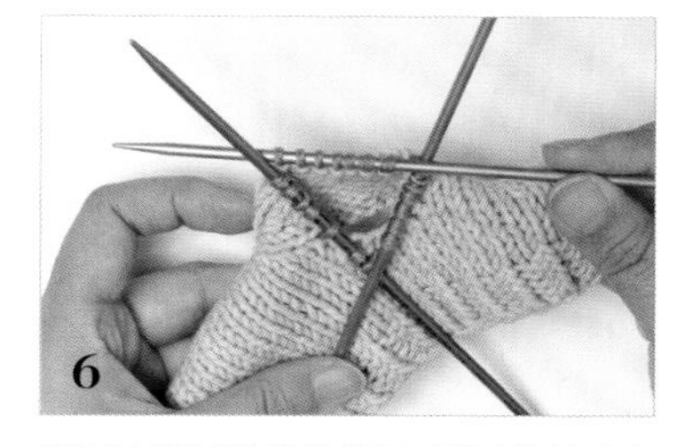

用下针编织挑起的线圈，同时将其分在3根棒针上。

❹ 横向挑针

在起始处入针。

针上绕线。

将线挑出。

重复步骤1～3完成需要的针数。

• 交叉针

❶ 右上2针交叉 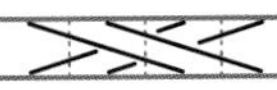 · 左上2针交叉 

在交叉花样的位置上插入麻花针。

移到麻花针上的2针放到前面。

下针编织下面的2针。

下针编织麻花针上的2针，完成右上2针交叉。

将2针移到麻花针上后放在后面，下针编织下面的2针。接下来下针编织麻花针上的2针。

❷ 右上2针与1针交叉（下侧为上针）
左上2针与1针交叉（下侧为上针）

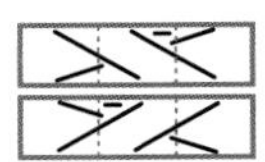

在交叉花样的位置上插入麻花针。

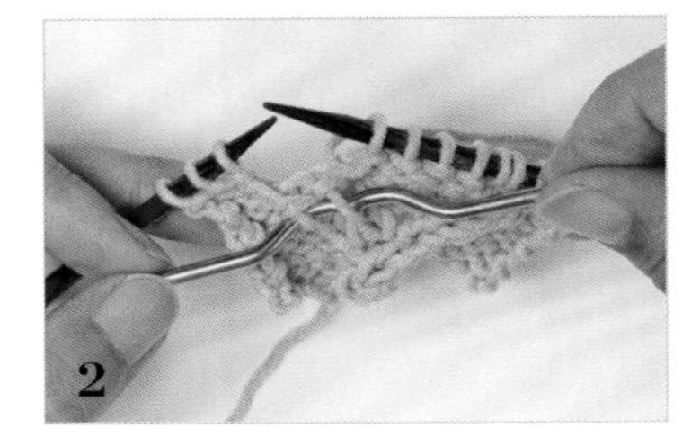

移到麻花针上的2针放到前面。

上针编织下面的1针。

下针编织麻花针上的2针。

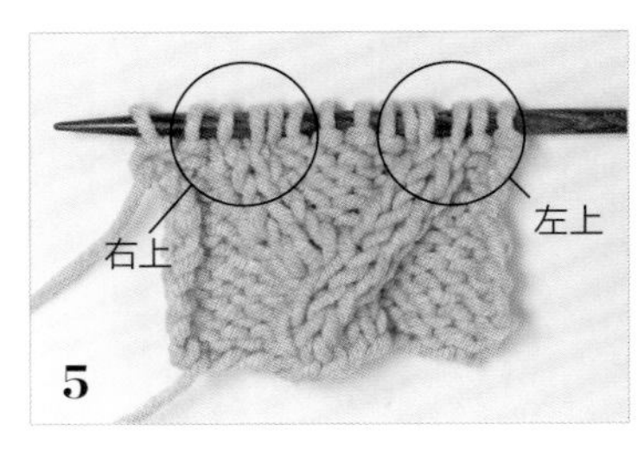

完成的样子。

将1针挂在麻花针上后放在后面，先织下面的2针下针后，上针编织麻花针上的1针。

❸ 右上 1 针交叉（下侧为上针） 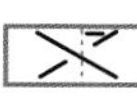 · 左上 1 针交叉（下侧为上针） 

花交叉花样的位置上插入麻花针。

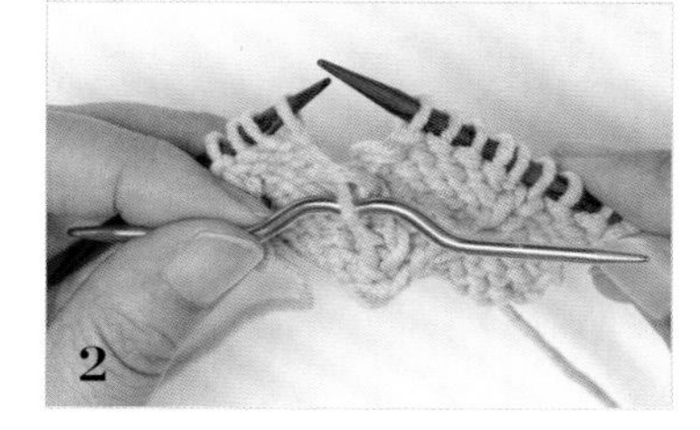

将移到麻花针上的1针放在前面。

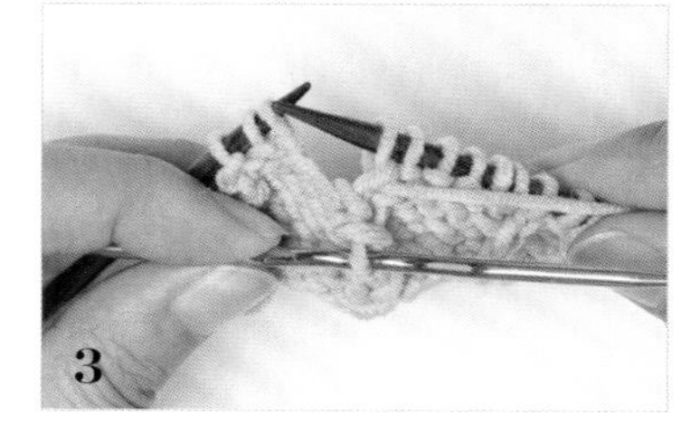

上针编织下面的1针。

下针编织麻花针上的1针。

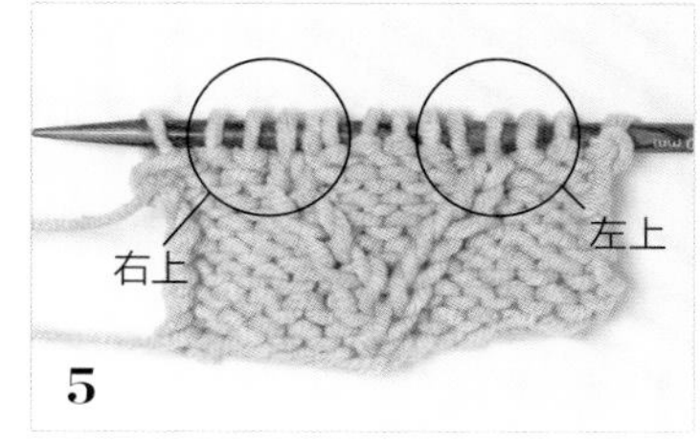

完成的样子。

左上 1 针交叉（下侧为上针）

将1针移到麻花针上后放在后面，下针编织下面的1针。接下来上针编织麻花针上的1针。

❹ 右上 1 针交叉 · 左上 1 针交叉

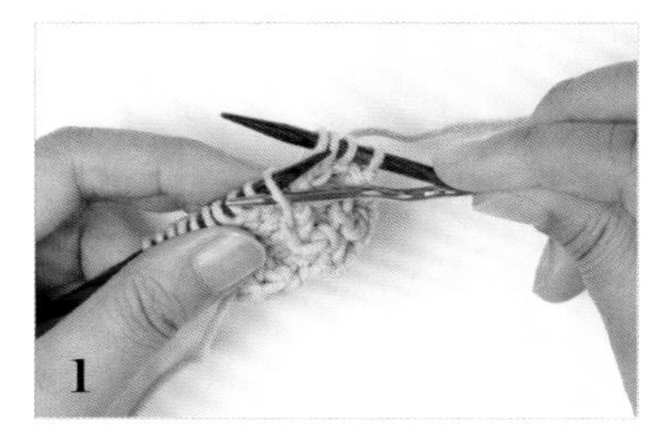

在交叉花样的位置上插入麻花针。

将移到麻花针上的1针放在前面。

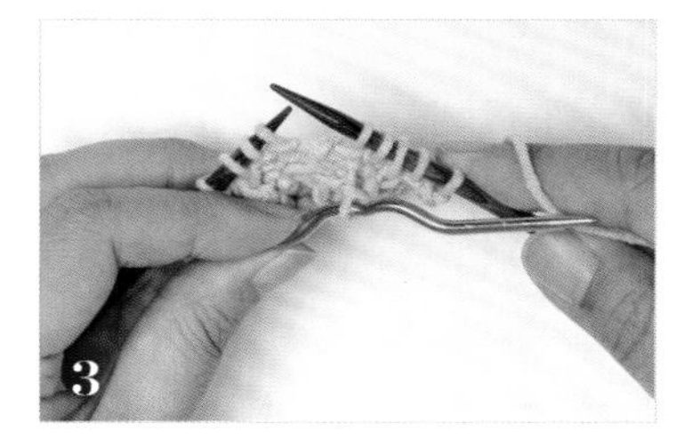

下针编织下面的1针。

下针编织移到麻花针上的1针，完成右上1针交叉。

左上 1 针交叉

将1针移到麻花针上后放到后面，下针编织下面1针。接下来下针编织麻花针上的1针。

❺ 右上扭针 1 针交叉 · 左上扭针 1 针交叉

在交叉针的位置上插入麻花针。

移到麻花针上的1针放在前面。

接下来下针编织1针。

移到麻花针上的1针编织下针扭针，完成右上扭针1针交叉。

左上扭针 1 针交叉

将1针移至麻花针后放在后面，编织1针下针扭针。接下来下针编织麻花针上的1针。

❻ 右上 1 针与 2 针交叉  · 左上 1 针与 2 针交叉 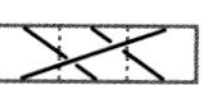

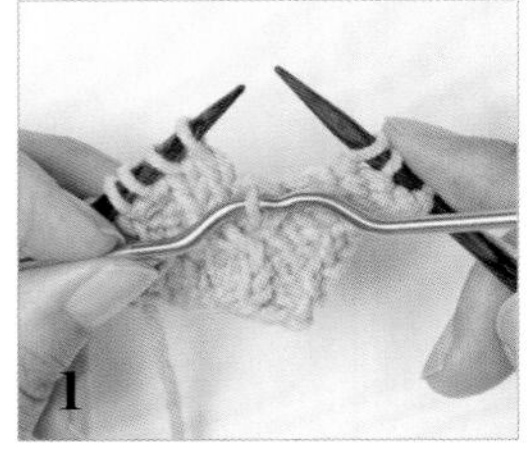

将1针移到麻花针上后放在前面。

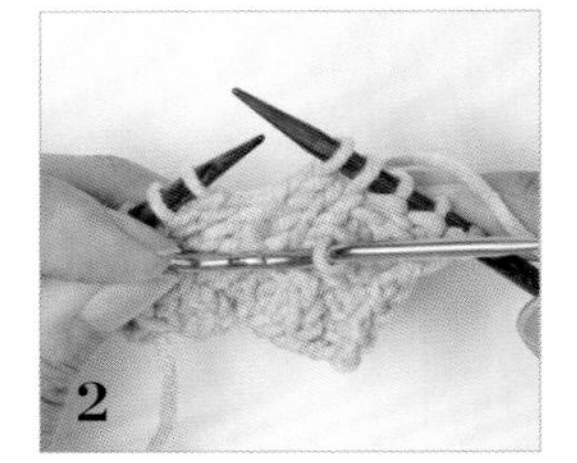

下面2针下针编织。

下针编织麻花针上的1针，完成右上1针与2针的交叉。

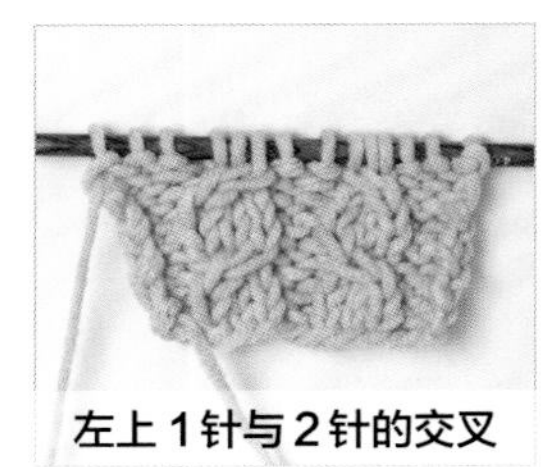

左上 1 针与 2 针的交叉

将2针移到麻花针上后放在后面，下针编织1针。接下来下针编织麻花针上的2针。照片是完成后的样子。

❼ 右上 3 针交叉

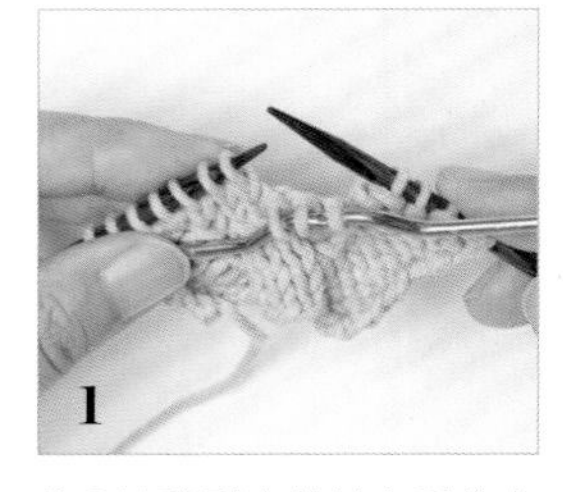

将3针移到麻花针上后放在前面。

下针编织下面的3针。

下针编织麻花针上的3针。

完成后的样子。

* 3针3行的枣形针 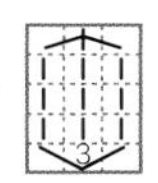

下针方向入针后在针上绕线。

将线挑出。

左棒针上的线圈不脱落，在此状态下将线放到前面。

线在前的状态下，下针编织完成3针线圈。

翻转织物，上针编织3针。

翻转织物，下针编织3针。

翻转织物，上针编织3针。

在前2个线圈里同时入针。

不织，移到右针上。

下一针编织下针。

将移到右针上的2针一起套收。

完成后的样子。

* 制作纽襻

在毛线缝针上穿线后，在纽襻的位置，从背面入针正面拉出。

使用同一根缝针，在前襟缝1针后针上绕线。

向上拉出缝针固定线圈，此时控制力度不要将线圈拉得过紧。

在锁针的中心入针后绕线，并向上拉线。

重复步骤**4**完成需要的锁针。

从前襟的开始位置里入针后，在反面打结后固定。

* 记号扣

❶ 别针记号扣

图中的别针记号扣通常适用于标记行的减针或加针的位置。

❷ 环形记号扣

挂在针上的环形记号扣通常用于编织扣眼、育克、衣身、袖子时标记加针位置。

钩针编织技法

环形起针

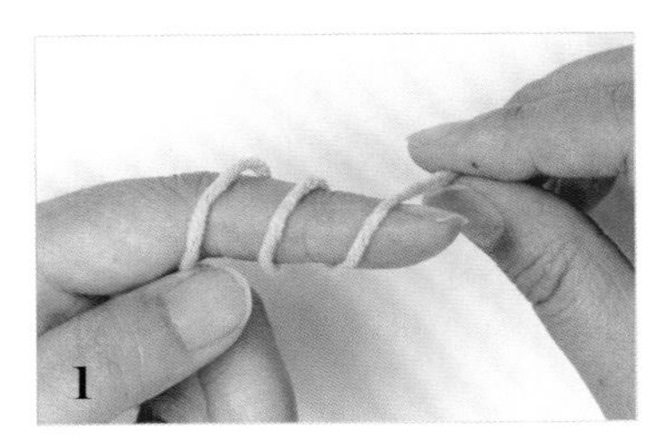

在左侧食指上绕线2圈。

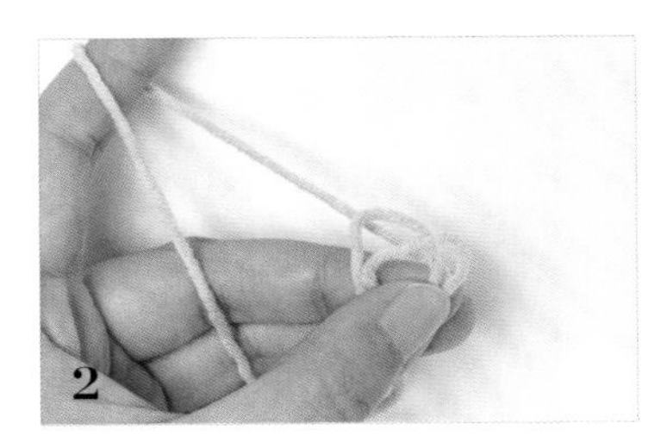

为防止线圈松动，用拇指和中指固定。

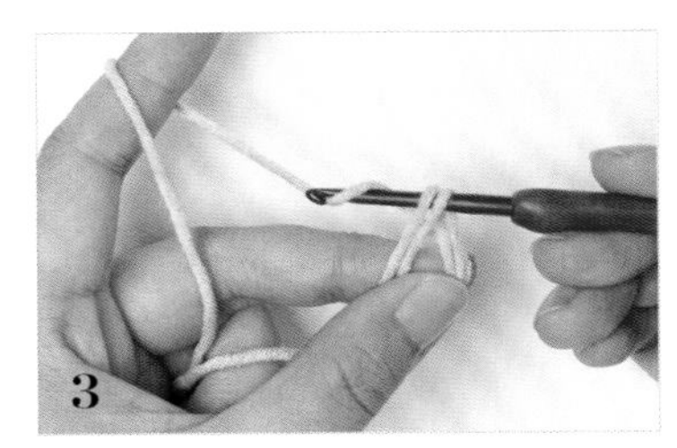

将钩针穿入线圈后绕线。

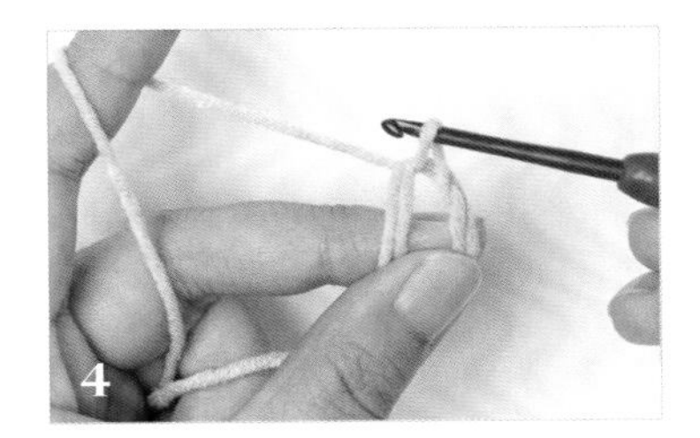

将线从线圈中拉出。

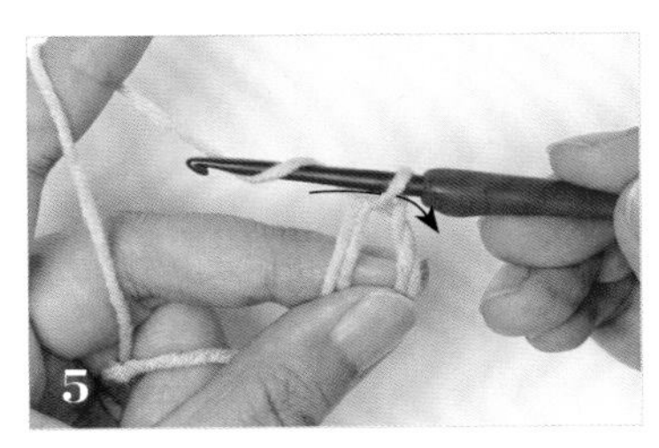

重新绕线按箭头方向将线拉出。

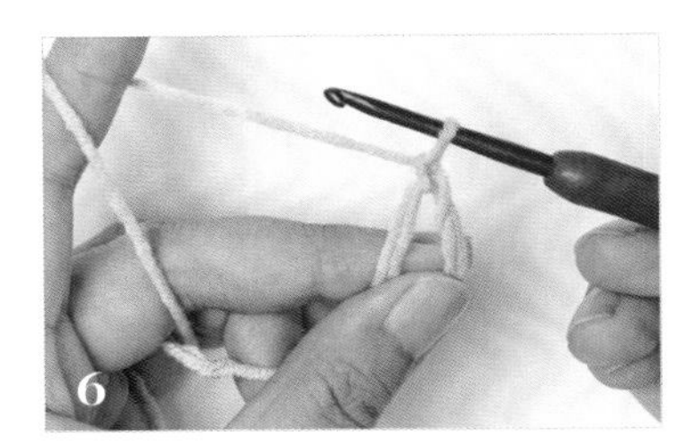

拉出线后的样子。

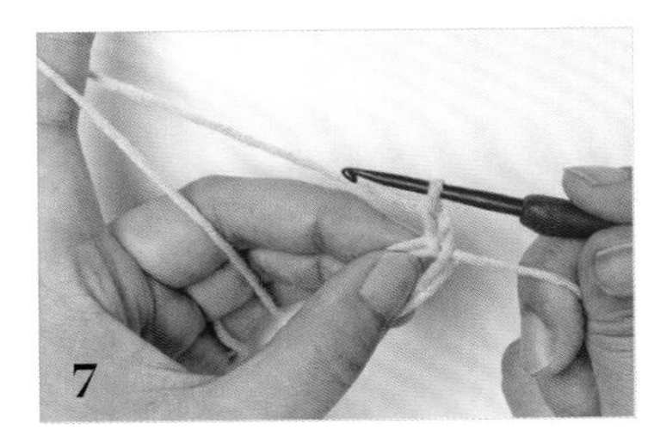

绕线钩1针锁针完成一个起立针。

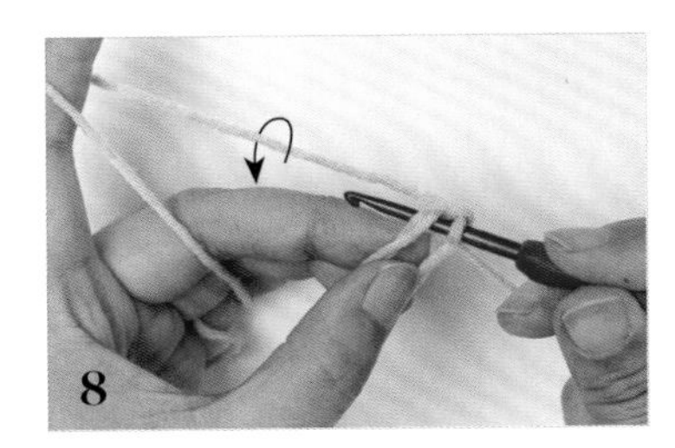

将钩针穿入线圈按箭头方向绕线。

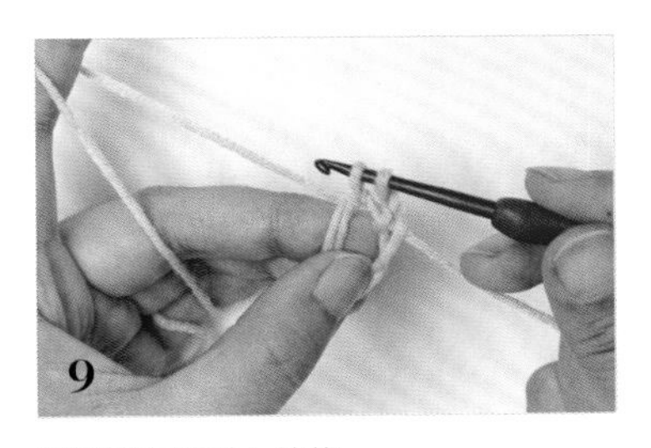

拉出绕在钩针上的线。

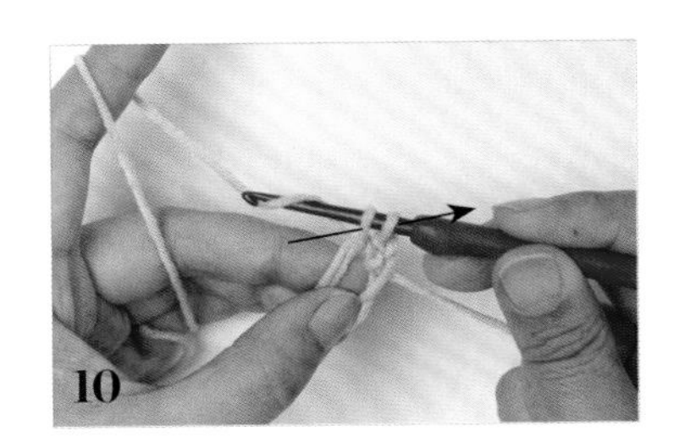

再次绕线在2个线圈里沿箭头方向一次拉出。

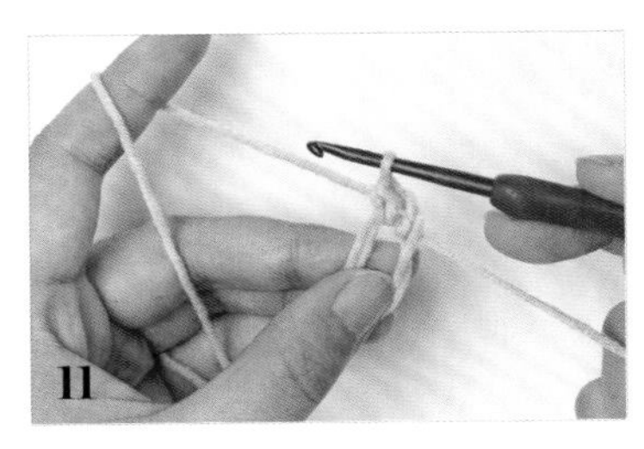

钩1针短针。

重复步骤8~10完成需要的针数。

沿箭头方向拉动短线。拉动线时①号线会动。

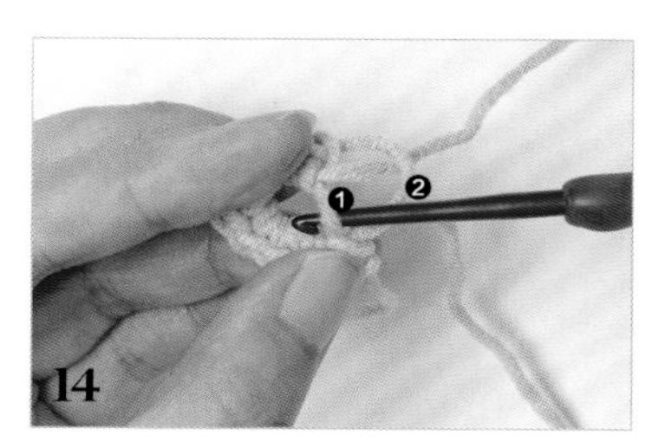

手指固定住①号线。

拉动①号线，②号线将被拉紧。

圆形线圈变小，①号线被拉长。再次拉动短线，①号线也将缩短。

中间的圆形线圈拉紧完成的样子。

• 锁针 ○

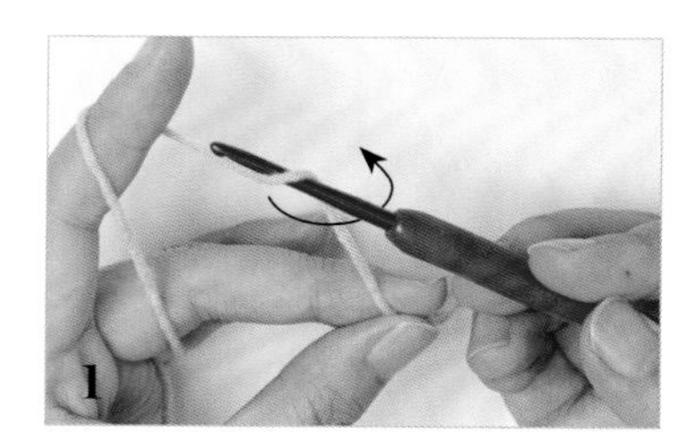

沿箭头方向旋转360°。

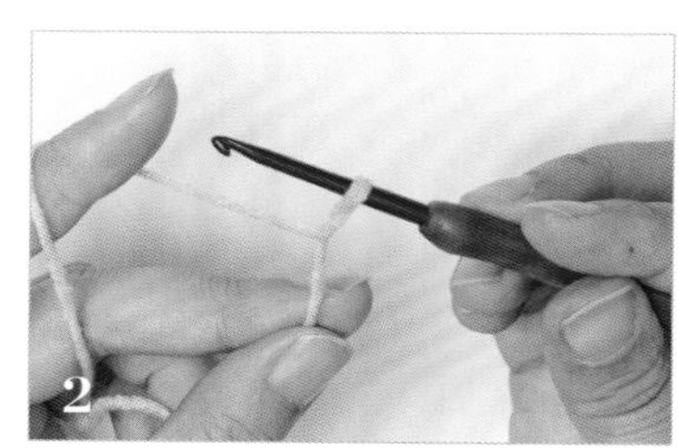

钩针绕线。

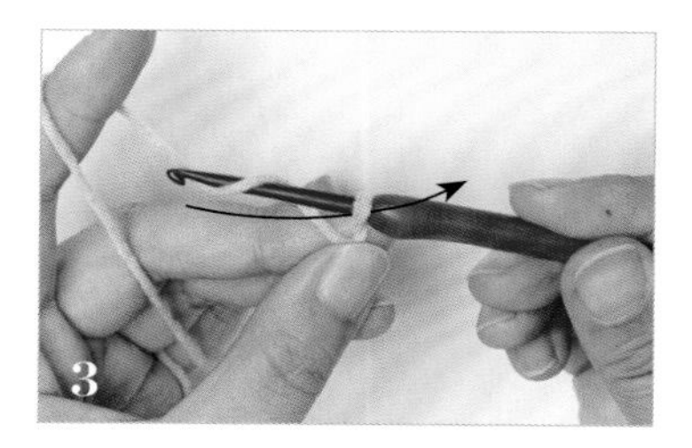

为防止线圈松动，用拇指和中指固定线圈，绕线后沿箭头方向拉出，完成1针。

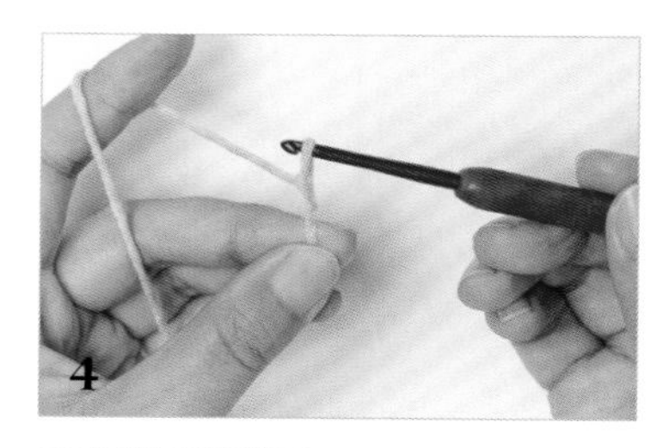

完成1针后的样子。

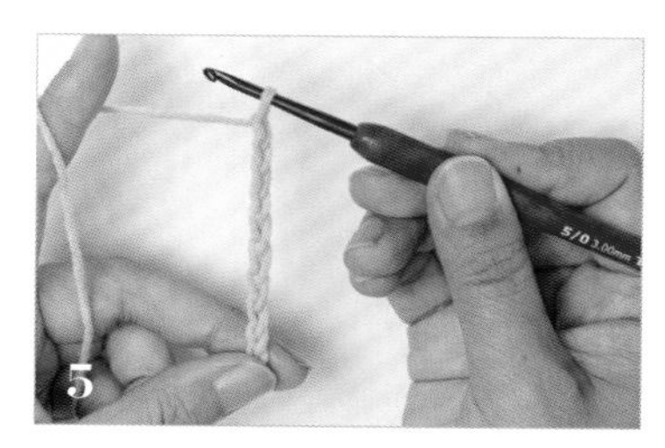

重复编织步骤3，完成需要的针数。

引拔针 ●

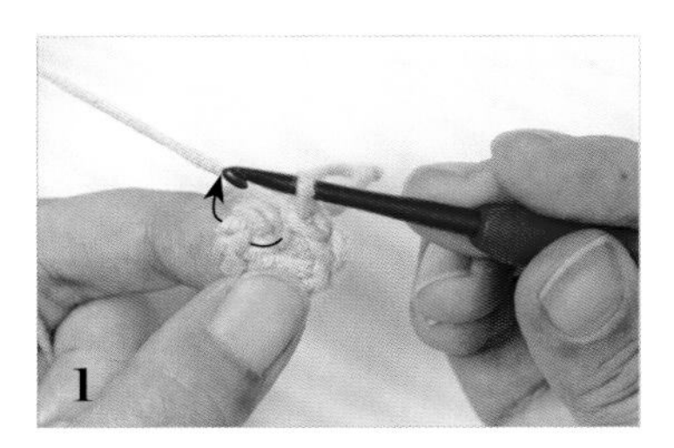

沿箭头方向入针。

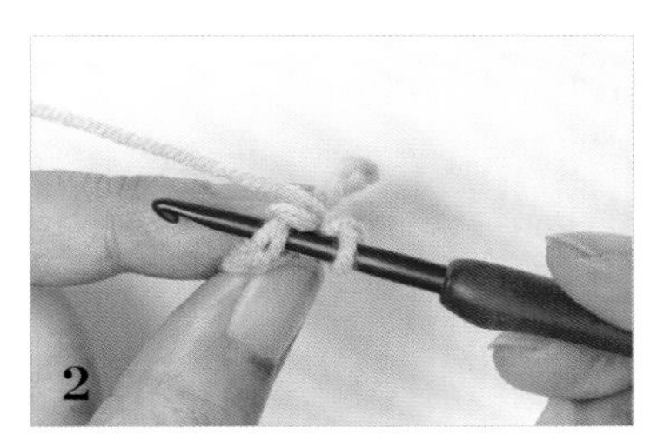

入针后的样子。

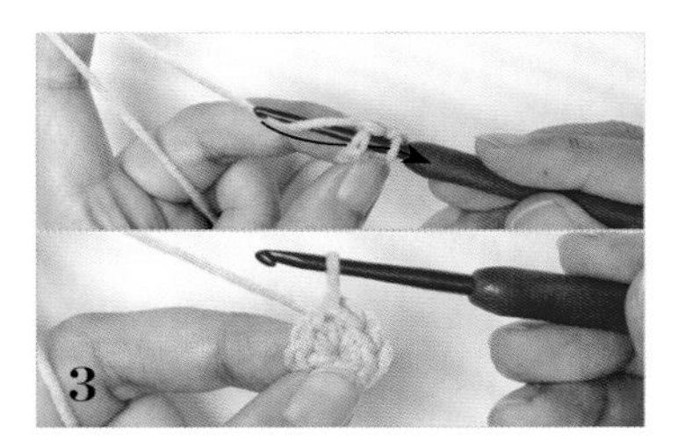

绕线后沿箭头方向拉线后完成。

短针 ×

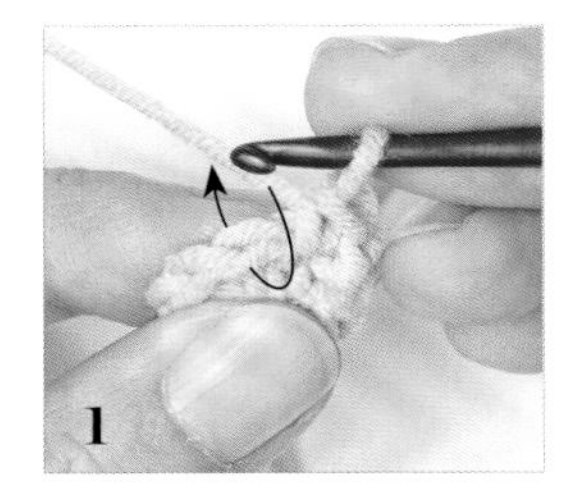

沿箭头方向入针。

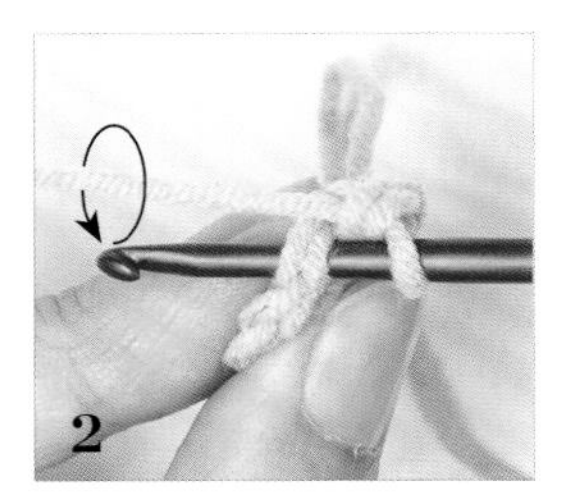

钩针穿入线圈后绕线拉出。

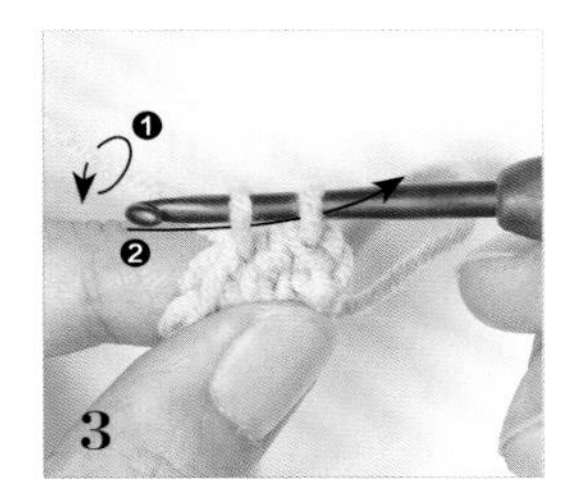

拉出线后变为2针，钩针上再一次绕线，①沿箭头方向拉出②。

完成后的样子。

中长针 T

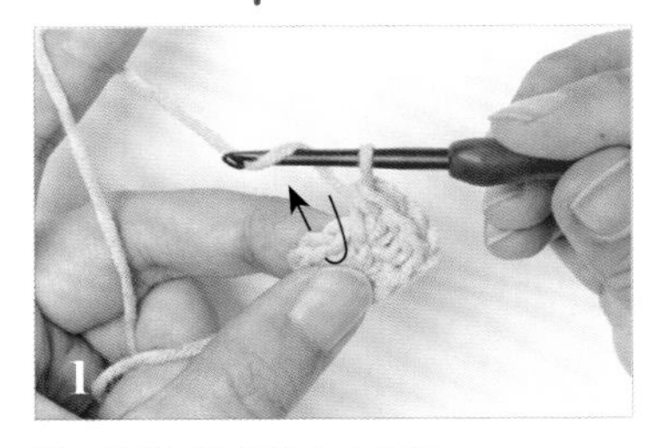

针上绕线，沿箭头方向入针。

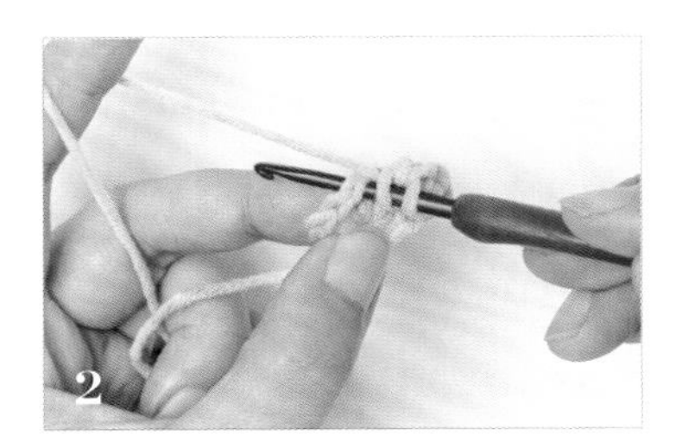

入针后的样子。

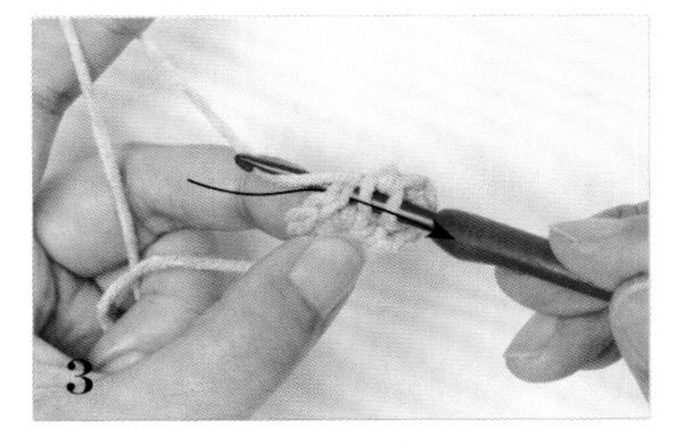

针上绕线后沿箭头方向拉出。

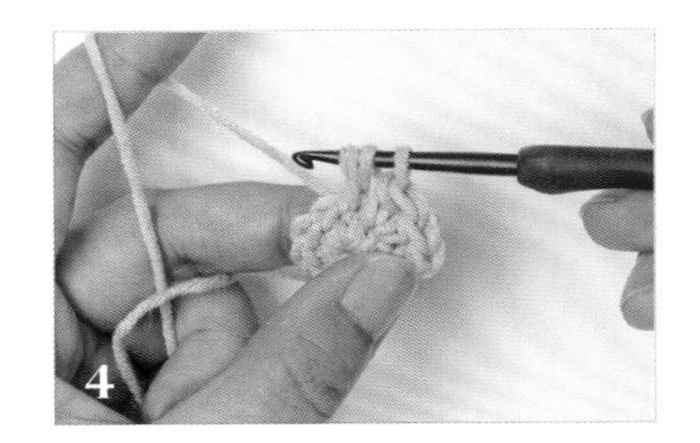

拉出线后变成3针。

针上绕线，沿箭头方向拉出。

完成后的样子。

◆长针

针上绕线，沿箭头方向入针。

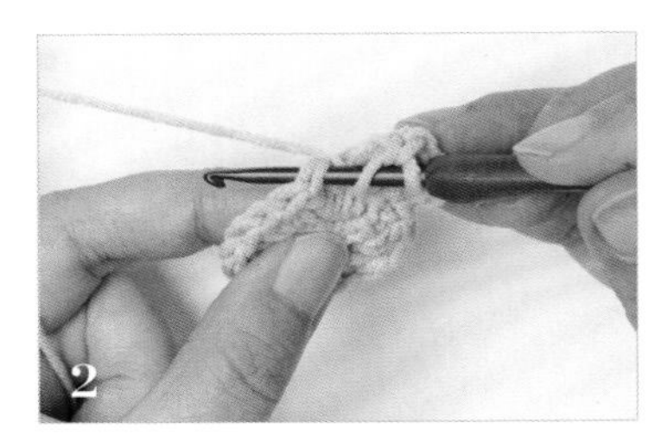

入针后的样子。

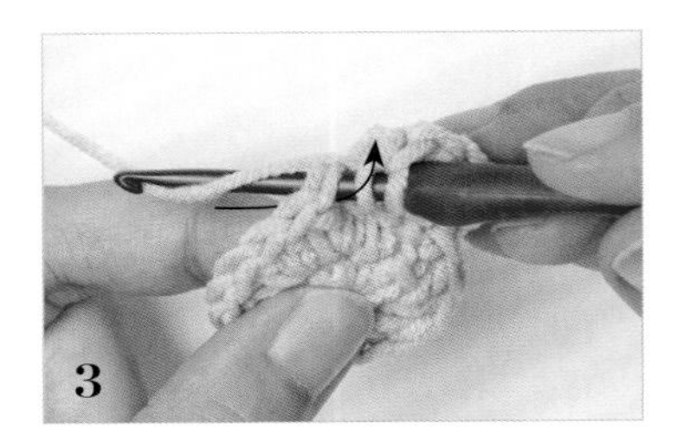

针上绕线，沿箭头方向拉出。

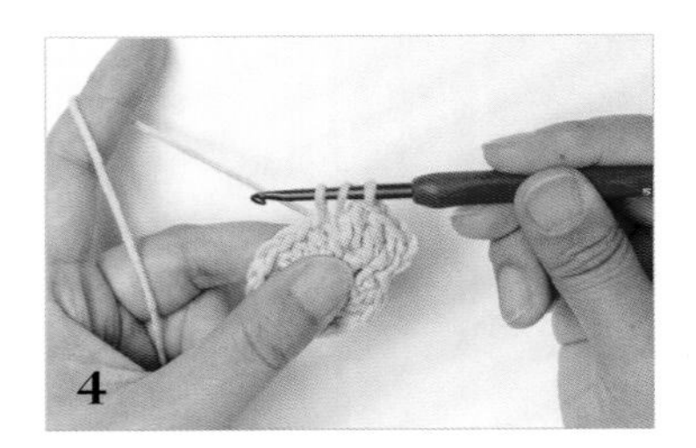

拉出线后变成3针。

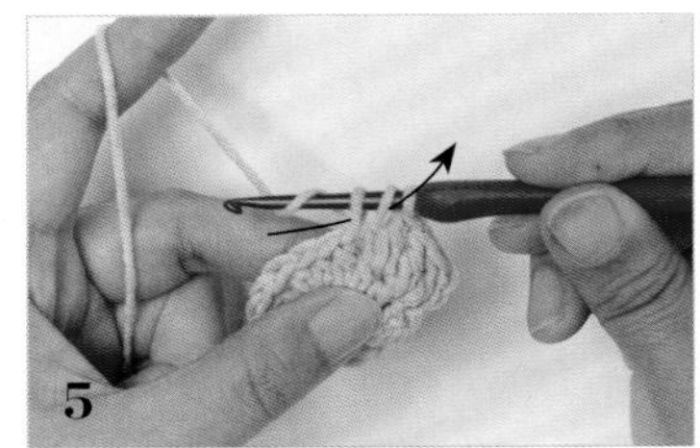

针上绕线，沿箭头方向拉出。

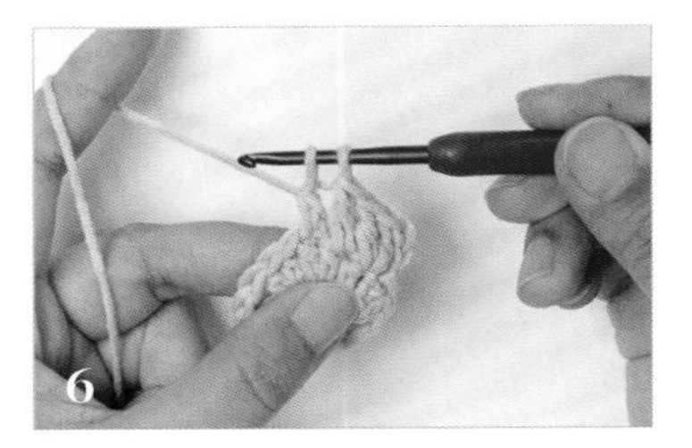

拉出线后变成2针。

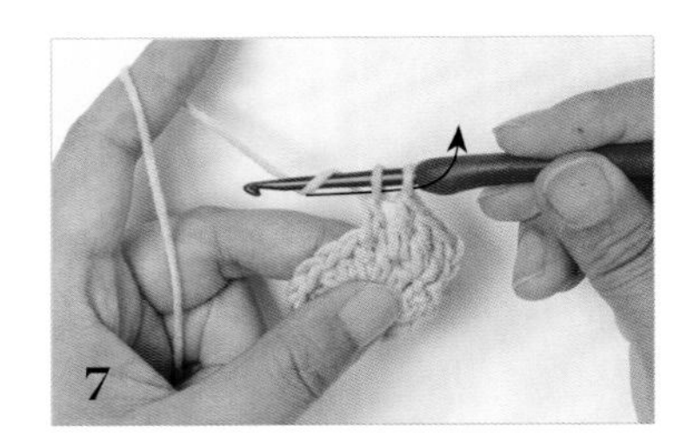

针上绕线，沿箭头的方向拉出。

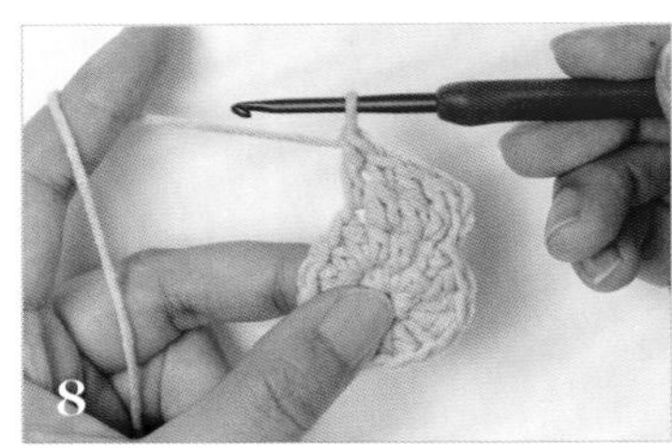

完成后的样子。

• 中长针3针的枣形针

针上绕线，沿箭头方向入针。

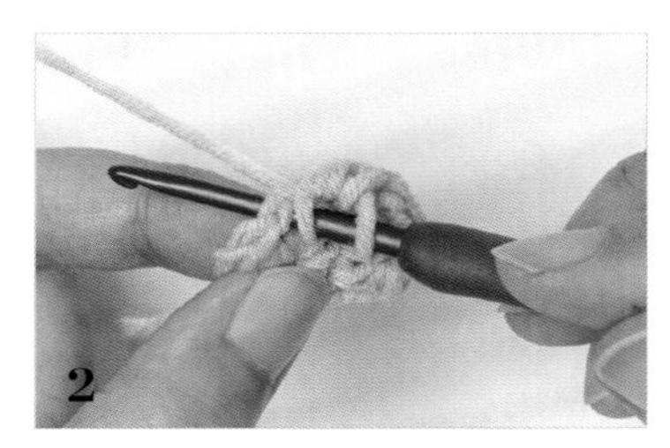

入针后的样子。

针上绕线，从线圈中拉出变成3针。

重复步骤**1~2** 2次。

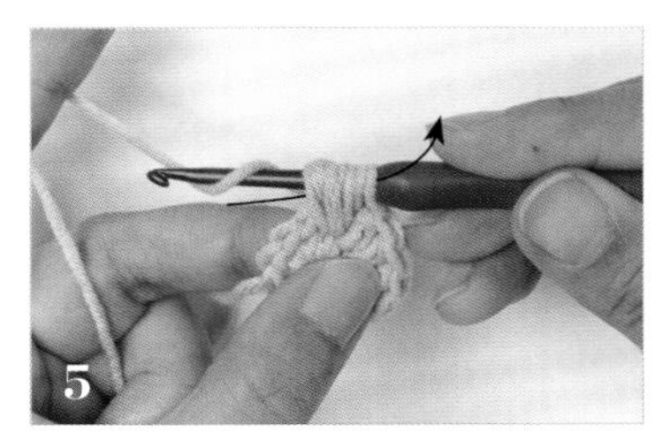

针上绕线，沿箭头方向拉出。

完成后的样子。

• 中长针2针的枣形针

将中长针3针的枣形针的步骤**2**、**3**重复2次，绕线后一次性穿过所有线圈，完成中长针2针的枣形针。

• 长针2针的枣形针

长针的步骤**1~5**重复2次，绕线后一次性穿过所有线圈，完成长针2针的枣形针。